国防科技图书出版基金

空间站运营任务规划

Space Station Operation Mission Planning

罗亚中　张进　朱阅訸　著

国防工业出版社

·北京·

图书在版编目(CIP)数据

空间站运营任务规划/罗亚中,张进,朱阅訸著.
—北京:国防工业出版社,2020.5
ISBN 978-7-118-12003-5

Ⅰ.①空… Ⅱ.①罗… ②张… ③朱… Ⅲ.①星际站
—研究 Ⅳ.①V476.1

中国版本图书馆 CIP 数据核字(2020)第 040215 号

※

国防工业出版社出版发行

(北京市海淀区紫竹院南路23号 邮政编码 100048)
三河市腾飞印务有限公司印刷
新华书店经售

*

开本 710×1000 1/16 印张 19½ 字数 330 千字
2020 年 5 月第 1 版第 1 次印刷 印数 1—1500 册 定价 120.00 元

(本书如有印装错误,我社负责调换)

国防书店:(010)88540777 发行邮购:(010)88540776
发行传真:(010)88540755 发行业务:(010)88540717

致 读 者

本书由中央军委装备发展部**国防科技图书出版基金**资助出版。

为了促进国防科技和武器装备发展，加强社会主义物质文明和精神文明建设，培养优秀科技人才，确保国防科技优秀图书的出版，原国防科工委于 1988 年初决定每年拨出专款，设立国防科技图书出版基金，成立评审委员会，扶持、审定出版国防科技优秀图书。这是一项具有深远意义的创举。

国防科技图书出版基金资助的对象是：

1. 在国防科学技术领域中，学术水平高，内容有创见，在学科上居领先地位的基础科学理论图书；在工程技术理论方面有突破的应用科学专著。

2. 学术思想新颖，内容具体、实用，对国防科技和武器装备发展具有较大推动作用的专著；密切结合国防现代化和武器装备现代化需要的高新技术内容的专著。

3. 有重要发展前景和有重大开拓使用价值，密切结合国防现代化和武器装备现代化需要的新工艺、新材料内容的专著。

4. 填补目前我国科技领域空白并具有军事应用前景的薄弱学科和边缘学科的科技图书。

国防科技图书出版基金评审委员会在中央军委装备发展部的领导下开展工作，负责掌握出版基金的使用方向，评审受理的图书选题，决定资助的图书选题和资助金额，以及决定中断或取消资助等。经评审给予资助的图书，由中央军委装备发展部国防工业出版社出版发行。

国防科技和武器装备发展已经取得了举世瞩目的成就。国防科技图书承担着记载和弘扬这些成就，积累和传播科技知识的使命。开展好评审工作，使有限的基金发挥出巨大的效能，需要不断摸索、认真总结和及时改进，更需要国防科技和武器装备建设战线广大科技工作者、专家、教授，以及社会各界朋友的热情支持。

让我们携起手来，为祖国昌盛、科技腾飞、出版繁荣而共同奋斗！

国防科技图书出版基金

评审委员会

序

　　我国将在不久的将来开始建造并运营空间站。相对于载人航天前期载人飞船工程和空间实验室工程任务，空间站工程的运营管理工作复杂得多，表现为飞行任务种类更为多样，不同运营任务之间关联性强，整个运营任务管理工作呈现出任务链的特点。中国空间站从建造起将持续运行十多年时间，对空间站进行优化高效的运行控制从而保证其可靠、安全运行并取得更大效益是运营管理的主要目标，科学高效的任务规划系统是实现这一目标的重要基础之一。

　　自动化和智能化是复杂大系统运行任务规划的合理和必然选择，国际空间站的运营实践也表明了这一点。国防科技大学罗亚中教授等人的研究团队自2007年起围绕我国空间站工程需求，在多项载人航天工程课题的支持下，系统开展了空间站运营任务规划方法和软件系统的研究和研制工作，该书是相关研究成果的系统总结。

　　该书充分利用了相关学科领域的最新理论成果，总结了该团队多位教师和先后十余名研究生的研究成果，提出了实用性较强的空间站运营任务规划新模型和新算法，包括基于本体理论的建模方法、启发式快速规划策略、智能全局优化算法等。

　　该书紧扣我国空间站工程未来运营需求，系统建立了包括空间站总体层、任务层和执行层在内的多层次规划方法体系，相关技术成果已经成功应用于我国空间站运营规划系统研制中，辅助解决了空间站工程多项方案的深化论证与设计优化问题。

　　该书是国内外第一部系统论述空间站运营规划技术的专著，体系清晰、系统性强，理论和方法研究与工程实用价值并重，相信本书的方法在我国空间站后续运营中具有重要的应用推广价值，对其他领域从事任务链规划管理的工程技术人员和研究人员也应该有很好的参考价值。

周建平

2019 年 3 月于北京

周建平，中国载人航天工程总设计师，中国工程院院士。

前　言

空间站是目前人类长期在太空生存的主要场所,也代表人类前往更遥远太空、探索未知宇宙的愿景。自 1971 年以来,人类已发射并运营十余座空间站,目前影响比较大的是"和平号"空间站与国际空间站,而我国也将于 2022 年左右建造并运营自己的空间站。

空间站是目前为止人类制造的最复杂的航天器,其运营涉及空间站平台本身、航天员、空间应用系统及大量的地面支持系统,任务规划在有效开展空间站运营进而有效运行空间站取得尽可能高的科学技术效益过程中至关重要。

由于空间站运营时间长,开展实验任务多,任务规划涉及的单位、因素、约束、指标等类型多样,内容复杂,难以通过一次规划得出具体可执行的计划,需要以从宏观到微观、从长期到短期的方式,分层开展空间站运营任务规划,且不同层次间的结果需要有效协调与迭代。目前,空间站运营任务规划可分为总体层规划、任务层规划和执行层规划,另外还需要对各层次进行支持的轨道姿态任务规划。总体层规划是指未来数年内航天员驻留与轮换、物资补给、出舱活动、重大实验任务等顶层运营任务方案;任务层规划以总体层结果为输入,进一步细化某个任务周期内(时间跨度为数月)的任务执行计划;执行层规划以任务层结果为输入,面向空间站短期任务(如一周以内),规划详细的飞行程序。各层一环扣一环,紧密相联。

著者团队长期从事载人航天领域的任务规划技术研究,近十年来持续得到多项载人航天工程项目、国家自然科学基金等课题支持,一直致力于突破空间站运营任务规划技术,并且成功开发了空间站运营任务规划原型系统,为空间站工程的研制、运营相关事务的预先部署做出了积极贡献。

全书共分为 9 章:第 1 章概述空间站发展历程,介绍空间站运营任务规划概念,并对其技术发展概况进行评述;第 2 章介绍空间站轨道设计与相关机动规划方法;第 3 章介绍空间站姿态机动规划方法;第 4 章和第 5 章阐述空间站总体层任务规划方法;第 6 章和第 7 章阐述任务层规划方法;第 8 章和第 9 章阐述执行层规划方法。本书由罗亚中制订总体架构与撰写提纲,第 1、3、6、7 章由罗亚中撰写,第 2、8、9 章由张进撰写,第 4、5 章由朱阅訸撰写。全书由罗亚中统稿和审校。

　　本书的研究工作得到了中国载人航天工程办公室、中国空间技术研究院、国防科技大学空天科学学院等单位众多领导和专家的关心与指导。同时，国防科技大学研究生周黎妮、章胜、赵乾、郭帅等参与了相关研究工作，在此一并向他们表示感谢。

　　本书的出版得到了国防科技图书出版基金支持，并有幸得到中国载人航天工程总设计师周建平院士的关心和支持，为本书作序推荐，在此深表谢意。

　　由于作者水平有限，书中难免有不妥之处，敬请读者批评指正。

作者

2019 年 11 月于长沙

目　　录

Contents

第1章

绪　论

1.1　空间站发展概况

载人航天技术是人类离开地球、迈向太空的基础,是当今世界高新技术发展水平的集中展示,是衡量一个国家综合国力的重要标志,各航天强国载人航天计划均是其确保强国和领先地位的核心战略目标之一。

空间站是一个可以长时间在近地轨道运行的,可供多名航天员巡访、驻留和工作的综合性载人航天器,是载人航天技术的集中体现。空间站的重要作用主要体现在以下4个方面[1]。

(1)作为空间科学基础研究、应用研究的多学科研究设施。

(2)作为空间新技术的实验平台。

(3)作为地球环境、太阳系和宇宙的观测平台。

(4)作为进一步探索和利用空间的起点和交通枢纽。

早在1903年,齐奥尔科夫斯基在其著作《超越地球》一书中首次提到了轨道空间站的概念。1957年,冯·布劳恩预言在20世纪70年代前期,将出现人造空间站。从20世纪70年代起,苏联和美国分别开展了空间站研究,1971年,苏联发射运营了人类第一座空间站"礼炮1号",随后又陆续发射了"礼炮2号"至"礼炮7号"。1973年美国发射并运营了其第一座空间实验室——"天空实验室"空间站。1986年,"和平号"空间站核心舱的发射升空标志着空间站研究进入了大型分段在轨建造阶段。1998年,国际空间站第一个舱段"曙光号"发射升空,2011年,国际空间站完成在轨建造,进入全面运营阶段。我国第一座空间站将于2020年下半年开始发射和建造,图1.1.1给出了世界空间站的主要发展历程。从图1.1.1可以看出,从空间站概念提出至今,人类对空间站的研究从未停止。经过约60年的发展,俄罗斯(苏联)和美国在空间站研究方面积累了丰富的经验,并取得了一系列举世瞩目的成就[2]。

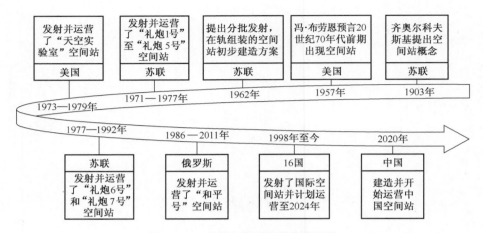

图 1.1.1 世界空间站主要发展历程

1.1.1 国外空间站发展历程

1971 年 4 月 19 日，苏联成功发射了人类历史上第一个空间站——"礼炮 1 号"。到目前为止，世界上已发射了 10 余座空间站。根据其功能发展、技术水平和结构设计特点，空间站主要经历了以下 4 个阶段的发展历程[3-4]。

1. 第一代空间站

第一代空间站又称为试验型空间站，其结构特点为舱段式构型，且只有 1 个对接口。其典型代表有苏联的"礼炮 1 号"至"礼炮 5 号"空间站和美国的"天空实验室"空间站，外形如图 1.1.2 和图 1.1.3 所示。

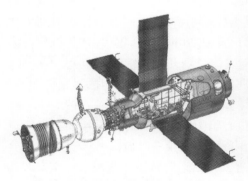

图 1.1.2 苏联的"礼炮 4 号"空间站

图 1.1.3 美国的"天空实验室"空间站

苏联在 1971—1976 年间依次发射了"礼炮 1 号"至"礼炮 5 号"空间站，其中 2、3、5 号都是军用型空间站。1、2 号的质量约为 18t，3 ~ 5 号的质量约为

18.9t,工作舱容积为85m³,这一阶段的"礼炮号1号"至"礼炮5号"空间站只有1个对接口,即每次只能与1艘飞船进行对接[5]。由于站上携带的食品、氧气、燃料等储备资源有限,同时无法进行有效的物资补给,空间站寿命较短,且航天员只能在轨短期驻留。表1.1.1给出了"礼炮1号"至"礼炮5号"空间站运营概况[6]。

表1.1.1 苏联第一代空间站运营概况

名称	发射时间	再入时间	运营天数	驻人天数	访问人数	典型应用
"礼炮1号"空间站	1971年4月19日	1971年10月11日	175天	23天	3人	➤ 空间站设计方案验证 ➤ 定向导航系统实验 ➤ 医学实验 ➤ 天文和大气观测 ➤ 植物栽培实验
"礼炮2号"空间站	1972年4月4日	1973年5月28日	54天	0天	0人	——
"礼炮3号"空间站	1974年6月25日	1975年1月24日	213天	15天	2人	➤ 军事侦察 ➤ 大气观测 ➤ 医学实验
"礼炮4号"空间站	1974年12月26日	1977年2月3日	768天	93天	4人	➤ 地球资源、天文物理观测 ➤ 植物栽培实验 ➤ 太阳望远镜面喷射反射 ➤ 电传打字机传送信号
"礼炮5号"空间站	1976年6月22日	1977年8月8日	412天	67天	4人	➤ 军事侦察 ➤ 对地观测

1973年5月14日,美国利用"土星5号"火箭将其第一个试验型空间站"天空实验室"发射到高度为432km、倾角为50°的近圆轨道。"天空实验室"空间站全长36m,最大直径6.7m,总质量约77.5t,由轨道舱、过渡舱和对接舱组成,可提供360m³的工作场所。1973—1974年,"天空实验室"空间站先后接待了3个批次的载人乘组(分别持续了28天、59天和84天)。在载人飞行期间,航天员完成了270多项生物医学、空间物理、天文观测、资源勘探和工艺技术等实验,同时进行了18次共83h的舱外活动。1974年2月,第三批宇航员离开太空返回地面后,"天空实验室"空间站便被封闭停用。受1978—1979年间太阳黑子频

3

繁活动的影响,"天空实验室"空间站的轨道加速衰减,而其又没有提升轨道的控制系统,最终于 1979 年 7 月 12 日坠入大气层烧毁[7-8]。"天空实验室"空间站的运营概况如表 1.1.2 所列[6]。

表 1.1.2　美国第一代空间站运营概况

名称	发射时间	再入时间	运营天数	驻人天数	访问人数	典型应用
"天空实验室"空间站	1973 年 5 月 14 日	1979 年 7 月 12 日	2249 天	171 天	9 人	➤ 生物医学 ➤ 空间物理 ➤ 天文观测 ➤ 资源勘探 ➤ 工艺技术实验

2. 第二代空间站

第二代空间站又称为实用型空间站,结构特点为舱段式多对接口。其典型代表是苏联的"礼炮 6 号"和"礼炮 7 号",外形如图 1.1.4 和图 1.1.5 所示。

图 1.1.4　"礼炮 6 号"空间站　　　　图 1.1.5　"礼炮 7 号"空间站

苏联吸取"礼炮 1 号"至"礼炮 5 号"空间站的运营经验,在设计"礼炮 6 号"空间站和"礼炮 7 号"空间站时,为更大限度地提高轨道运行寿命,在其尾部增加了与货运飞船对接的端口,即可同时与 2 艘飞船进行对接,以满足物资补给、航天员驻留和访问的需求。

"礼炮 6 号"空间站是苏联研制的第一个实用型空间站,由过渡舱、工作舱和中间室 3 个密封压力舱和装载科学实验仪器的仪器舱以及 2 个非密封舱组成,是当时世界上最大的航天器。它共接待了 16 批 33 名航天员,总载人时间达到 676 天。载人飞行期间,航天员完成了大量科学观测、地球资源观测、人体生物医学研究和技术实验。

"礼炮 7 号"空间站是苏联研制的一个技术高度成熟的空间站,也是"礼炮"计划中的最后一个空间站。"礼炮 7 号"的构造与"礼炮 6 号"基本相同,同时还为航天员提供了空间站专用修理工具,使其可对空间站设备进行更换与维修,使空间站的使用寿命得到进一步延长。"礼炮 7 号"先后共接待 11 批 28 名航天员,积累了丰富的载人航天飞行经验[9]。表 1.1.3 给出了第二代空间站的运营概况[6]。

表 1.1.3　第二代空间站运营概况

名称	发射时间	再入时间	运营天数	驻人天数	访问人数	典型应用
"礼炮 6 号"空间站	1977 年 9 月 29 日	1982 年 7 月 29 日	1764 天	678 天	33	➢ 对地观测 ➢ 天文学和天体物理学观测
"礼炮 7 号"空间站	1982 年 4 月 19 日	1991 年 2 月 7 日	3216 天	816 天	26	➢ 新材料试制 ➢ 植物栽培实验 ➢ 生物医学实验 ……

3. 第三代空间站

第三代空间站的结构特点为积木式构型加多对接口设计。其典型代表是苏联的"和平号"空间站,其外形如图 1.1.6 所示。

图 1.1.6　"和平号"空间站

1986 年 2 月,"和平号"空间站核心舱的发射开启了第三代空间站的发展历程。"和平号"空间站是世界上第一个多舱式空间站,即多个舱段像搭积木一样通过空间交会对接组成,是舱段式空间站的合理发展。"和平号"空间站设计有 6 个对接口,除前后轴向各有 1 个对接口外,对接过渡舱的侧向还有 4 个对接口,以实现与载人飞船、货运飞船和科学实验舱的对接。"和平号"空间站核心舱共与 5 个实验舱和 1 个对接舱进行了对接组装,历经 10 年,于 1996 年 4 月整体组装完成,表 1.1.4 给出了其各个舱段的主要信息[5]。

表 1.1.4　"和平号"空间站各舱段概况

名称	发射时间	对接时间	主要功能
核心舱	1986 年 2 月 20 日	—	生活区和主控区
"量子 1 号"实验舱	1987 年 3 月 31 日	1987 年 4 月 19 日	天文物理学研究;姿态控制
"量子 2 号"实验舱	1989 年 11 月 26 日	1989 年 12 月 6 日	地球、天体物理研究
"晶体号"技术舱	1990 年 5 月 31 日	1990 年 6 月 10 日	材料科学实验;对地观测
"光谱号"遥感舱	1995 年 5 月 20 日	1995 年 6 月 1 日	大气层、天文学研究
对接舱	1995 年 11 月 12 日	1995 年 11 月 15 日	航天飞机对接
"自然号"资源舱	1996 年 4 月 23 日	1996 年 4 月 24 日	地球遥感

多舱段、多接口的结构设计使得"和平号"空间站的规模和寿命都得到了极大的扩展,完整的"和平号"空间站全长 87m,有效容积 470m³。"和平号"空间站最初设计寿命为 5 年,而实际直到 2001 年才坠毁报废,共在轨运行了 15 年。它作为世界上第一个长期载人的空间站,在轨运营期间完成了 23 项国际科学考察计划,先后有 12 个国家共 135 名航天员在站上工作,进行了大量的生命科学实验、空间材料科学实验和医学实验,取得了极为宝贵的成果和数据[8-9]。表 1.1.5 给出了第三代空间站的运营概况[6]。

表 1.1.5　第三代空间站运营概况

名称	发射时间	再入时间	运营天数	驻人天数	访问人数	标志性成果
"和平号"空间站	1986 年 2 月 20 日	2001 年 3 月 23 日	5505 天	4951 天	135 人	➤ 12 个不同国家进站访问 ➤ 78 次出舱活动,累计时间 359h12min ➤ 28 个长期考察组,16 个短期考察组,23 项国际科学考察计划,2.3 万次科学实验

4. 第四代空间站

第四代空间站的结构特点是桁架挂舱式加多对接口设计。其典型代表是国际空间站,外形如图 1.1.7 所示。

图 1.1.7 国际空间站

国际空间站是一个由 16 个国家参与的,由 6 个国际主要航天机构(美国国家航空航天局(NASA)、俄罗斯联邦航天局(RKA)、欧洲航天局(ESA)、日本宇宙航空研究开发机构(JAXA)、加拿大国家航天局(CSA)和巴西航天局(AEB))联合推进的迄今为止规模最大的国际航天合作计划,集中了世界主要航天大国各种先进设备和技术力量,其复杂性和技术先进性是以往的任何航天器都无法比拟的[10-11]。

1983 年美国提出了建造"自由号"空间站的设想,在此基础上,国际空间站计划经过 10 余年的探索和多次重新设计,在苏联解体、俄罗斯加盟后才正式启动。1998 年俄罗斯负责建造的"曙光号"多功能舱发射成功,标志着国际空间站建设的开始。国际空间站的建造工作历时近 13 年,于 2011 年将所有舱段和设备组装完毕,自此,国际空间站正式进入应用运营阶段[12-13]。

装配完成后的国际空间站长 108m、宽 88m,拥有 15 个加压舱段、外加桁架、4 个大型太阳能电池翼以及其他设备,总质量达 400t 以上,运行在倾角 51.6°、高 345~460km 的轨道上。国际空间站具有分属美国、俄罗斯、欧洲国家、日本的 6 个大型实验舱,可以满足各类空间科学、天文与对地观测以及空间生命科学和航天医学需求。国际空间站由于建设时间跨度长、设备老化问题严重、故障率高,原定于 2020 年退役,后经各国商议,将国际空间站使用寿命延长至 2024

年[14-16]。表 1.1.6 给出了到 2019 年 3 月为止国际空间站的运营概况[17-18]。表 1.1.7 给出了其各个舱段的主要信息[19]。

表 1.1.6 第四代空间站运营概况

名称	发射时间	建造完成时间	计划退役时间	访问人数	标志性成果
国际空间站	1998 年 11 月 20 日	2011 年 12 月 8 日	2024 年	230 人	➤ 18 个不同国家进站访问 ➤ 累计载人飞行时长 38958h ➤ 开展了 2529 项科学研究,涉及 106 个国家和地区 ➤ 创造了多项太空飞行记录,包括最大在轨人数(13 人)、女航天员单次最长飞行时间(289 天)和单次太空行走最长时间(8h56min)等

表 1.1.7 国际空间站主要舱段概况

名称	发射时间	研制国家	功能描述
"曙光号"工作舱	1998 年 11 月 20 日	俄罗斯	提供电源、推进、导航、通信、姿控、温控、充压的小气候环境等多种功能
"团结号"节点舱	1998 年 12 月 4 日	美国	充当对接口,连接其他舱段
"星辰号"服务舱	2000 年 7 月 12 日	俄罗斯	国际空间站的核心舱,提供航天员生活休息单独"房间"、锻炼身体的运动器械等
"命运号"实验舱	2001 年 2 月 7 日	美国	国际空间站的指挥和控制中心,零重力的状态下执行科学研究任务的基地
"联合号"气闸舱	2001 年 7 月 14 日	美国、俄罗斯	用于出舱活动
"和谐号"节点舱	2007 年 10 月 23 日	美国	公共设施中心,提供电力,作为对接口连接其他舱段和访问飞行器
"哥伦布号"实验舱	2008 年 2 月 7 日	欧洲国家	作为空间实验室,研究包括材料学、物理学、生命科学和空间科学等领域
"宁静号"节点舱	2009 年 11 月 20 日	美国	提供生命支持系统,回收废水,产生氧气
"瞭望号"观测舱	2010 年 2 月 8 日	美国	观察地球和空间站外环境
"黎明号"实验舱	2010 年 6 月 28 日	俄罗斯	储存货物,提供航天器对接口
"莱奥纳尔多号"多功能后勤舱	2011 年 2 月 24 日	意大利	空间站的货柜箱,可重复利用,由航天飞机装载并回收补给硬件

▲1.1.2 我国空间站发展历程

1992 年,我国载人航天工程正式开始实施,确定了"三步走"的发展战略目标[20]。

第一步,发射载人飞船,建成初步配套的试验性载人飞船工程,开展空间应用实验。

第二步,突破航天员出舱活动技术、空间飞行器的交会对接技术,发射空间实验室,解决有一定规模、短期有人照料的空间应用问题。

第三步,建造空间站,解决有较大规模、长期有人照料的空间应用问题。

1999 年,我国第一艘无人试验飞船"神舟一号"的成功发射,拉开了载人航天工程的序幕。伴随着一系列"神舟"飞船的发射,我国的载人航天工程也不断向前推进:"神舟五号"载人首飞任务和"神舟六号"多人多天飞行任务的圆满成功,标志着载人工程第一步任务目标的实现;"神舟七号"飞行任务的圆满成功,标志着中国掌握了航天员空间出舱活动的关键技术;"天宫一号"与"神舟八号"和"神舟九号"交会对接任务的圆满成功,标志着中国突破和掌握了自动和手动控制交会对接技术;"神舟十号"任务的圆满成功,标志着我国载人航天工程第二步第一阶段任务的完美收官。

随着我国载人航天技术的不断发展,2010 年 9 月,我国正式启动载人空间站工程研制建设工作[20]。中国载人航天工程进入新的历史发展时期。中国载人空间站工程以空间实验室为起步和衔接,按空间实验室和空间站 2 个阶段实施。当前,我国载人航天工程正处于向载人空间站工程全面进军的阶段。2016 年 9 月我国成功发射了"天宫二号"空间实验室,这是我国载人航天工程第二步第二阶段的首发飞行器,其主要任务是接受载人飞船和货运飞船的访问,开展空间科学实验和相关技术实验,验证空间站建造和运营的相关关键技术。2016 年 10 月,"神舟十一号"载人飞船与"天宫二号"成功对接,进行了为期 30 天的航天员中期驻留实验;2017 年 4 月,"天舟一号"货运飞船成功发射并与"天宫二号"成功对接,进行了推进剂在轨补加技术验证实验。至此,我国载人航天工程第二步任务圆满完成。

根据载人航天战略布局,我国将于 2020 年下半年开始建造空间站。我国的空间站将由核心舱、节点舱实验舱Ⅰ和实验舱Ⅱ 4 个舱段组成,通过交会对接和舱体转位组装构成空间站基本构型。图 1.1.8 给出了我国空间站的基本构型[21-22]。我国空间站将运行在高度为 340~450km 的近圆轨道上,轨道倾角为 42°~43°,设计寿命 10 年,同时具有通过维护维修延长使用寿命的能力。空间站额定乘员 3 人,可以适应 2 人或无人值守飞行。建造期间,航天员乘组采用间断方式访问驻留空间站。建造完成后,采用乘组轮换方式实现航天员长期连续在轨生活和工作。

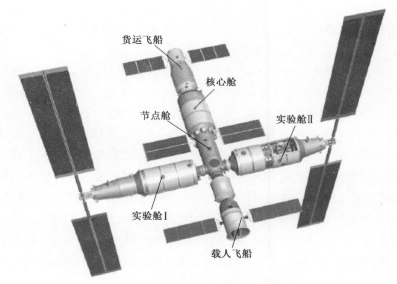

图 1.1.8 中国空间站基本构型

1.2 空间站运营

▲1.2.1 空间站运营基本概念

空间站运营是指空间站在轨运行期间对整个飞行过程的计划、组织、实施和控制。空间站运营不但要分析空间站在轨的各项试验活动,还要关注为保证在轨活动顺利开展的各项支持活动。对空间站在轨活动的支持包括两种途径,即通过测控网的运行控制支持和通过来访飞行器的人员轮换与后勤补给。因此,空间站运营任务包括三类,即空间在轨操作、空间操作支持(天地通信实现)和空间后勤支持(天地往返工具实现)[23]。

1. 空间在轨操作

根据所属的不同工程系统,在轨操作可分为空间站平台维护、航天员驻留与轮换以及空间应用载荷操作。其中,空间站平台维护主要包括设备更换维修、多舱段组装、推进剂补加、精密定轨、轨道机动维持等;航天员驻留与轮换主要包括健康监测、身体机能恢复性训练、空间站运行监测操作以及舱内舱外各项高度智能化的空间科学研究等;空间应用载荷操作主要包括管理各种在轨载荷试验,如试验准备、执行操作和数据收集等。

2. 空间操作支持

空间操作支持指的是地面控制中心对空间站开展各项空间操作活动的技术保障,主要包括地面站与空间站间的天地通信管理、对空间站实施日常有效监测控制、空间站飞行控制、评估空间站资源的可获取性及使用性、评估空间站运营的安全性并下达具体的在轨操作指令以依据空间站运营需求对乘组开展相关训练等。

3. 空间后勤支持

空间后勤支持指的是地面为维持空间站在轨服务的正常开展而进行的后勤保障,主要包括:空间站站上设备研发及物资补给,载人飞船和货运飞船的装配、测试、发射、回收以及相关人员的技术管理等。

1.2.2　空间站典型运营任务及特点分析

1. 空间站典型运营任务

综合空间在轨操作、空间操作支持和空间后勤支持三类任务划分,以及我国空间工程实际情况,介绍典型的空间站运营任务,包括日常运行、维护维修、物资补给、航天员驻留与轮换、航天员出舱活动、空间站载荷应用任务和载人飞船地面后勤支持任务等。对于每类任务,其实施完成需要在轨操作、运行操作支持和后勤操作支持等的协调配合。

1) 日常运行

空间站系统组成包括生保环控系统、电源系统、热控系统、轨道和姿态控制系统、通信和跟踪系统、制导导航控制系统、命令和数据处理系统、推进系统、机械臂等。空间站组成系统的正常运行是提供适宜航天员长期在轨驻留的舱内环境的重要保障,对空间站组成系统的地面控制和航天员操作构成了空间站日常运行的主要内容。

空间站在长期飞行过程中,需要进行定期的轨道维持以补偿大气阻力引起的轨道衰减,以及适时的轨道规避机动以保证飞行安全。同时,太阳能电池帆板工作、科学实验、对地观测等任务对空间站姿态的特殊要求,使得空间站在日常运行过程中需要进行适时的姿态保持与机动。

2) 维护维修

空间站在近地轨道的飞行环境具有强辐射、高真空、温差巨大等严酷的特点,实现空间站 10 年以上的安全可靠在轨飞行,需要进行空间站平台的维护维修,包括系统部件的维修与更换、关键功能部件的冗余备份等工作。空间站维护维修包括舱内和舱外的维护维修两个方面。舱内的维护维修主要针对站内的组成系统进行。太阳能电池帆板、红外定向设备、观测设备、节点舱对接口等舱外设备长期暴露在低轨道空间环境中,需要通过航天员出舱进行定期巡查与检修、维修与更换。

3)物资补给

空间站上的航天员生活与工作、载荷应用、维护维修、轨道机动与姿态机动等活动,将引起乘员生活用品、乘员健康保障设备、舱外航天服及空间科学实验设备、系统部件的备件、推进剂等资源的消耗。货运飞船是实现空间站资源补给的主要运输工具。货运飞船与空间站实现交会对接后,部分物资要由航天员转移至空间站舱段内。对于大型天线、太阳能电池帆板电池阵等舱外设备,由于设备质量、尺寸较大,必须采用机械臂辅助航天员进行设备转移与安装。

4)航天员驻留与轮换

航天员在轨是开展空间站平台任务和载荷任务所需的重要资源和约束条件。同时航天员在轨生活,也是空间站开展航天医学应用的主要研究对象。为了航天员的健康,空间站要具有在轨医学监测、防护、对抗、治疗等医监医保功能,包括在轨医学检测、评估和预警,在轨医学处置与医疗救护。同时,针对长期驻留期间的社会隔绝、环境狭小、人际关系特殊等因素,需提供航天员心理健康的监测与保障支持,提供失重生理效应在轨监测、评价与防护。由于生理和心理健康要求,站上航天员必须进行定期轮换。

5)航天员出舱活动

空间站航天员出舱活动主要包括辅助空间站舱段组装与建造、参与舱外科学实验、舱外设备维修与更换、舱外巡查与检修等。空间站舱段对接与组装以遥控对接为主,当对接过程出现异常时,可由航天员出舱排除故障。货运飞船运送舱外暴露实验载荷,与空间站对接后,可由航天员出舱将有效载荷转移至预定部位,安装实验载荷,实验结束后,可出舱取回实验样品。太阳能电池帆板、红外定向设备、观测设备、节点舱对接口等长期暴露在低轨道空间环境中,需要通过航天员出舱进行定期维修与更换。空间站长期在轨运行,辐射器、隔热层、电缆和管线等需要巡查,提前发现故障隐患,需航天员携带摄像机出舱拍照,协助地面制订维修方案。

6)空间站载荷应用任务

空间站应用以建设国家太空实验室为目标,充分利用空间站能力,开展科学前沿的创新性实验和应用研究,力争在科学和技术上取得重大突破[22]。统筹考虑我国空间站的应用需求、工程特点和资源情况,依据应用属性的不同,初步规划在我国空间站上开展的主要应用方向包括航天医学、空间生命科学与生物技术、微重力流体物理与燃烧科学、空间材料科学、微重力基础物理、空间地球科学及应用、天基信息技术、航天新技术、空间应用新技术、空间环境与空间物理、航天元器件与部件和空间天文与天体物理学等[22]。

由于载荷应用任务来源于不同领域,任务设备与操作流程可能具有较大差异,其核心开展流程需由相应的使用部门制订,然后由应用系统统一协调后,与空间站平台及航天员系统进行综合规划,以获得相应的电、热、姿态模式、链路带宽、人时等在轨资源的支持。另外,具体实施计划需要在核心应用计划上增加应用任务前的物资、资源准备计划,以及应用任务后的数据、实验产品、设备等的后处理计划。

7)载人飞船地面后勤支持任务

空间站航天员驻留与轮换以及应急救生,需要载人飞船作为航天员的运送工具。首先,结合工程任务特点和需求,开展乘组的选拔训练,使航天员适应长期在轨的生活与工作环境,提供执行空间站任务的合格飞行乘组,飞行乘组要具备能完成长期在轨飞行控制、空间站在轨组装、空间站维护维修和管理、出舱活动、参与空间科学实验和技术实验及故障处理等在轨工作能力。我国空间站任务每个乘组由 2 名或 3 名航天员组成,乘组航天员类型应包括航天驾驶员、飞行工程师和载荷专家。建造完成后,载人飞船和运载火箭被运送到发射场,进行组装、集成和测试,达到发射状态,选择合适的发射窗口执行发射。

2. 空间站运营任务特点

1)运营任务多样性与复杂性

不同于卫星和载人飞船的轨道姿态运行控制或是有限载荷的运营任务,空间站运营任务涉及的种类更为多样、更为复杂,常规的轨道姿态控制仅是其中的一小部分,还包括组装建造任务、航天员驻留与轮换任务、货物补给任务、维护维修任务、载荷应用任务,其中每项运营任务均包含多个复杂的子任务,如航天员驻留与轮换任务涉及航天员在轨支持、航天员出舱活动、载人运输飞船发射、交会对接等多个复杂的运营任务,载荷应用任务包括数以百计的不同类载荷且载荷是动态变化的。

2)运营任务关联性与动态性

空间站不同运营任务之间具有较强的关联性,整个运营任务呈现出任务链的特点,某一任务不能正常完成会对后续任务带来较大的影响,如某次货运飞船补给任务延迟,会直接影响航天员在轨驻留任务,并对空间站开展应用任务带来显著的影响。

同时由于每项运营任务涉及系统众多、制约因素多,其中有很多不可预知因素,运营任务具有动态性变化显著的特点,使得运营任务的变动或推迟呈现出常态性,国外空间站运营实践已表明了这一点,空间站运营任务安排常难以如期实施。

3）运行控制的常态性与繁重性

空间站作为长期载人航天器,其运行时间可长达 10 多年,运行控制要求全年 24h 持续不间断,对航天员、空间站平台和载荷运行进行实时控制与支持。由于空间站平台的复杂性和载人飞行,对运行控制的安全性及稳定性要求更高。此外,空间站运行控制包括航天员在轨生活与工作支持、复杂的平台操作控制、多样的载荷操作控制,其复杂程度是卫星及飞船难以企及的。

1.2.3 空间站运营管理

在空间站的发展全过程中,自核心舱上天后,空间站即进入组装建造与运营阶段。此阶段要发射实验舱以完成空间站组装,安排航天员访问驻留和货物补给,开展空间科学实验和空间技术实验研究及对空间站进行维护维修,涉及多种运营任务活动。空间站运营管理即是对空间站运营任务进行全过程任务管理。空间站典型运营任务包括 1.2.2 小节所述的空间站组装建造、航天员驻留与轮换、物资补给、空间站维护维修和在轨应用任务等。每项任务的运营全过程包括任务计划制订、产品研制、系统集成、发射与在轨运行等。任务管理则包含运营任务需求分析、运营任务方案规划、运营项目计划制订、资源调配与经费控制、项目进度监管、飞行任务运行控制等。

基于空间站运营管理的定义,概括起来,其核心内涵包括 3 个基本要素,分别是运营任务规划、运营项目管理和运行控制实施,如图 1.2.1 所示。

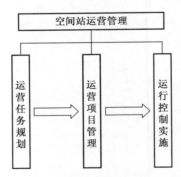

图 1.2.1 空间站运营管理基本要素

运营任务规划围绕空间站运营需求(包括建造需求、航天员驻留需求、应用任务需求等),生成不同层次的运营任务方案,包括未来 5 年的总体方案、某一规划周期内的执行计划和 1 周或几天内的具体指令序列等,运营任务规划的一个重要输出是生成运营项目需求,比如通过未来 5 年的总体层规划可预计发射次数,进而确定飞船和运载火箭项目计划等。此外,运营任务规划为运行控制实施生成基准飞行计划等。

运营项目管理的核心是落实运营任务规划方案,在其基础上制订具体的运营项目计划,包括各项产品订购与研制计划、资源分配计划、系统集成计划等,进行经费预算与控制,监管项目进度,确保在飞行任务控制前各个任务项目顺利达到预期状态。

运行控制实施的核心是以保证空间站长期稳定、安全为目标,对所有在轨运行活动进行控制与支持,相关的飞行任务包括发射任务、交会对接任务、返回回收任务、出舱活动任务、空间站运行控制任务、载荷试验任务等。

本书主要围绕其中的运营任务规划开展相关模型和方法的研究。

1.3 空间站运营任务规划

◣ 1.3.1 空间站运营任务规划概述

空间站长期在轨运营期间,需要开展各类复杂的任务,包括空间站平台维护维修、轨道机动与姿态调整、航天员驻留与轮换、站上物资管理及物资补给、载人飞船和货运飞船访问对接等,不同的任务对应不同的开展条件和支持资源,而且不同的任务之间存在相互影响和制约。比如:空间站上活动的开展将相应地消耗站上储备的推进剂、航天员生活用品、系统维护维修备件等资源,需要地面空间站运营管理控制中心根据站上资源消耗规律和储备状况,安排货运飞船对空间站进行定期补给;空间站系统和部件的日常维护、故障排除,以及大量载荷试验实施等操作,需要航天员的参与完成;考虑到空间站活动空间狭窄、长期的微重力环境等因素对航天员的生理和心理健康的影响,必须安排载人飞船对航天员进行定期轮换;空间站载荷应用如大型微重力试验安排、对地侦察、货运飞船和载人飞船与空间站交会对接等,将制约空间站飞行轨道选择及轨道机动方案;为了统筹安排好所有空间站任务、确保单个空间站任务的顺利开展,需要对各项任务进行规划,给出合理、高效且满足约束的运营任务规划方案。

空间站运营任务规划是指在空间站任务开展之前,工程技术人员依赖一定的技术手段,基于空间站工程总体需求,对一定时间内的多个空间站任务(即空间站任务链)进行统筹安排,对单个空间站任务的发生时间、持续时间、发生空间、触发条件、任务持续过程所需支持资源等内容进行规划,任务规划的结果作为进行空间站运营管理的基本输入。

基于空间站运营任务规划的定义,概括起来,其核心内涵包括 4 个基本要素,分别为空间站任务需求分析、任务规划过程实施、任务规划输出产品和任务规划技术手段,如图 1.3.1 所示。

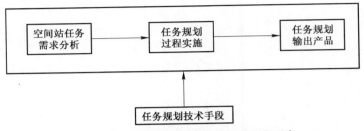

图 1.3.1　空间站运营任务规划的基本要素

1. 空间站任务需求分析

空间站任务需求分析是进行空间站运营任务规划的基本输入信息,通过空间站任务需求分析,从而确定在一定时期内将要开展的所有空间站任务。空间站任务的需求,主要来自于两个方面的考虑。

首先,是由空间站工程的发展计划、应用目标决定需要开展哪些空间站任务,主要是空间站平台与航天员任务和空间站载荷应用任务,比如空间站舱段组装和建造任务、航天员长期驻留任务、空间站载荷应用任务(科学研究、新技术验证、扩展应用)等。

其次,是由不同的空间站任务开展存在的相互影响与制约,以及互为条件和支持资源的关系,决定开展哪些空间站任务,主要是地面后勤支持任务,比如航天员长期驻留需要载人飞船进行定期的轮换和应急救生、空间站上活动造成物资消耗需要货运飞船进行物资补给、随着空间站在轨时间的推移需要航天员对空间站平台进行维护维修等。

在空间站的长期在轨飞行过程中,不同空间站任务之间不是相互独立的,而是存在很多相互耦合、影响和制约的关系,整个任务呈现出任务链的特点,单个空间站任务的执行与否以及不同的执行过程,将对其他空间站任务的执行状态产生影响和制约。

比如,货运飞船补给物资主要包括推进剂、维护维修备件、应用载荷和航天员生活用品四大类。其中:推进剂消耗规律和补给需求主要与空间站飞行轨道高度、运行年份的太阳活动规律有关;维护维修备件补给需求与空间站平台的维护维修性设计、空间站在轨运行时间(即平台部件的已工作时间)有关;应用载荷的补给需求取决于工程总体决定的空间站应用规模、载荷应用中心确定的具体载荷应用安排以及航天员用于载荷应用的工作时间安排;航天员生活用品补给需求取决于航天员在轨驻留安排(人数和天数),而航天员在轨驻留安排又与空间站开展平台维护维修任务、载荷应用任务、出舱活动密切相关。

因此,货运飞船补给任务与空间站的飞行轨道方案、维护维修策略、载荷应用及航天员在轨驻留安排密切相关,载人飞船访问任务也与航天员在轨驻留安排、空间站维护维修需求、载荷应用需求和站上生活用品储备值密切相关。货运飞船补给任务规划和载人飞船访问任务规划不是简单地、孤立地进行即可,其规划结果也不是定期的发射货运飞船或载人飞船。

必须充分考虑货运飞船补给、载人飞船访问、空间站飞行轨道方案确定、空间站载荷应用、空间站维护维修等任务之间的相互关联和相互耦合关系,将这些任务进行统筹规划,建立统一的模型,发展面向多个空间站任务的综合规划技术。

2. 任务规划过程实施

任务规划过程实施由工程总体、各系统、运行控制中心和载荷应用中心等管理机构统一协调完成,主要是将空间站运营任务需求进行集成、发布、收敛、再集成等,形成最终的任务规划产品的过程,典型过程可分为 3 个步骤,每一步的过程包含需要相应展开的具体工作。

(1)由工程各系统提出空间站平台及航天员任务、空间站载荷应用任务和地面后勤支持任务的任务需求,并提交给工程总体进行整合、协调和集成。

(2)工程总体将集成后的统一的空间站任务需求发布给各系统。各系统基于统一的空间站运营任务需求,进行相应的空间站平台及航天员任务规划、空间站载荷应用任务规划和地面后勤支持任务规划,并将规划结果提交给工程总体进行整合、协调和集成。

(3)工程总体将集成后的统一的任务规划产品发布给空间站运行控制中心和载荷应用中心,运行控制中心和载荷应用中心进而安排空间站执行任务。

3. 任务规划输出产品

由任务规划特点分析可知,任务规划输出产品的类型非常多,而且是区分层次的,随着任务规划开展的时间向空间站任务实际执行时间的推进,其输出产品也是逐渐变得更加详细和深化。输出产品由粗到细逐渐递进,主要包括总体方案、执行计划和飞行程序 3 个层次。

任务规划输出产品的内容涉及飞行任务、维护维修任务、航天员驻留任务、货物运送和补给任务、航天员运送任务、发射任务、地面飞行控制任务、载荷应用任务等的总体方案、执行计划和详细飞行程序,输出产品的类型很多,涵盖了与各系统的信息交互接口;同时,由于空间站的寿命周期很长,期间开展的空间站任务有很多是重复发生的,如载人飞船和货运飞船访问。因此,定义任务规划输出产品(报告和数据库)的标准和规范,形成标准化的产品输出,将能有效地保障工程总体、各系统、各个控制中心和载荷应用中心等运营管理机构之间信息交互的准确性、及时性和高效性。

因此,任务规划工作的一个重要方面是定义空间站运营任务规划层次、各层次规划的输出产品及输出产品的标准和规范。

4. 任务规划技术手段

空间站运营任务需求分析中,需要对空间站平台维护维修需求、航天员生活物品消耗、应用载荷(科学仪器和原料)损耗、推进剂消耗等进行预测和分析。在任务规划过程中,需要解决一系列的技术问题,如一定时间内多个空间站任务总体方案的统筹安排、站上物资跟踪补给所需的物流管理、飞行轨道规划、飞行程序编排和资源调度等。另外,还需要对任务规划的输出产品包括文件、数据等进行集成和统一管理。

因此,进行空间站运营任务规划,在任务规划人员参与的同时,必须借助一定的技术途径和辅助手段,包括学科分析技术、规划与调度技术、仿真评估技术、数据管理技术,特别是相关的专业软件系统。

1.3.2 基准任务周期定义与规划层次划分

1. 基准任务周期

空间站在轨运营长达几年甚至数十年,站上各系统的高度复杂性、空间站任务的持续性及资源的稀缺性,要求进行空间站任务规划必须在全寿命范围内不间断地执行。对于这样一个持续周期非常长的任务规划问题,本书借鉴国际空间站采用的分阶段分层规划策略,将空间站全寿命周期按时间分成多个基准任务周期,从而将空间站全周期的任务规划问题转化为多个短周期的任务规划问题,由远及近、由粗到细地完成整个空间站任务规划。

基准任务周期,一般是指从访问航天器发射到空间站,直至航天员随访问航天器更替撤离的一个飞行阶段。任务周期的具体含义会随着空间站的不同,以及在不同的飞行阶段而变化。例如,国际空间站的任务周期是指两个特定的航天器访问空间站这一间隔,并且这两个特定访问必须使得空间站上乘员发生变化。事实上,更为广义的任务周期可以理解为由于航天器的访问所分隔开的相对独立且完整的飞行周期。例如,对于我国空间站而言,早期是无人飞行,也可以将货运飞船的补给周期作为空间站任务周期。

图1.3.2所示为我国空间站全面运营阶段一个典型的基准任务周期,以"神舟X号"飞船的发射和返回为任务周期的起止时间,期间开展航天员轮换、载荷应用(对地观测、微重力试验、暴露试验、天文科学研究等)、货运飞船补给等任务,并且由航天员辅助完成货物转移等。

图1.3.2 我国空间站全面运营阶段的典型基准任务周期定义

2. 规划层次

以基准任务周期作为空间站任务规划的基本单元,空间站任务规划由宏观到微观、分阶段分层次、相互配合逐步进行,本书根据规划周期的跨度,将空间站任务规划分成总体层规划(总体方案)、任务层规划(执行计划)和执行层规划(飞行程序)3个层次。3个层次之间关系如图1.3.3所示。以上一层次的规划结果作为下一层次规划的输入,逐步进行规划。

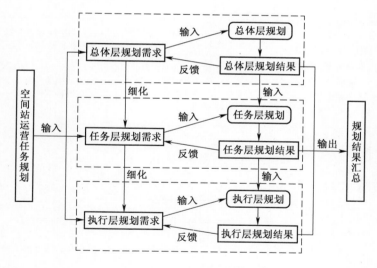

图1.3.3 3层规划示意图

总体层规划的周期一般为5年,包含10多个基准任务周期。其主要规划的是未来5年的顶层运营方案,包括规划周期内的航天员乘组的驻留轮换方案、飞船的发射序列方案、一些重要任务如出舱任务的打包方案、每个周期的任务安排方案以及每艘货船的物资补给方案。开展总体层规划的主要目的是:为了根据空间站各分系统的需求预估该规划周期内空间站运营的总体资源需求水平与保障能力,便于指导各系统开展任务准备;同时为飞船、火箭和大型载荷等长周期产品的投产和库存方案提供参考依据;还为明确规划周期内的空间站运营任务需求,以及飞行产品正样研制、航天员训练等提供参考依据。

任务层规划的周期一般为 6 个月左右,即为 1 个基准任务周期。其主要规划的是该任务周期的运营方案,包括任务周期内具体的在轨任务编排方案以及任务所对应的各类活动的安排方案。该层规划是对总体层所规划的某个基准任务周期规划结果的细化。开展任务层规划的主要目的是为了给出该任务周期内的在轨任务执行计划列表,为合理安排该任务周期内需要执行的在轨任务和活动提供参考依据。

执行层规划的周期为 1 周或者几天。区别于前两层的规划,执行层规划对某个或某些飞行程序和指令序列的规划,需要规划出操作执行手册,明确什么时刻执行什么动作或发生什么事情,为航天员在这一时段内的工作和生活提供行动指南。

图 1.3.4 给出了不同空间站任务规划层次的开始时间、周期跨度和主要输出产品。

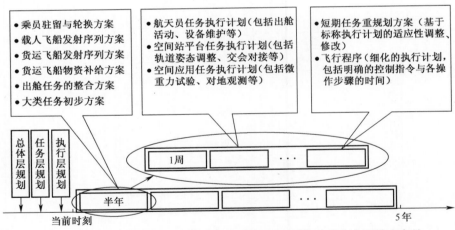

图 1.3.4　不同空间站任务规划层次的开始时间、周期跨度和主要输出产品

◤ 1.3.3　总体层规划

1. 规划内容与方法分析

如图 1.3.4 所示,总体层需要规划的内容主要包括乘员驻留与轮换方案、飞船的发射序列方案、上行物资的补给方案、出舱任务的整合方案以及一些大类任

务的初步编排方案等。

由于乘员驻留计划与载人飞船的发射计划密切相关,一次载人飞船的发射意味着一个航天员乘组的轮换。因此,通常将乘员驻留方案与载人飞船发射序列方案一起进行规划。乘员驻留方案主要是根据工程总体制订的相关计划和方案规划每一批乘组的在轨驻留人数和驻留时长。在空间站组装期间,每个乘组的驻留人数和驻留时长根据空间站的建设进程与舱段扩展情况会有相应的变化。空间站建成投入运营后驻留人数一般为额定值,驻留时长一般也为额定值,但在考虑航天员健康状况、飞船发射和返回窗口的情况下会在原计划时长的基础上做微小的调整。

货运飞船的发射与运输方案以及任务的安排方案是该层规划的主要内容。其中,货运飞船的发射与运输方案主要规划的是货运飞船的需求数量、每艘货船的发射时间以及每艘货船的物资装载方案。而对于实际的空间站运营任务来说,一个规划周期内的运营任务总是可以被分成许多个不同类型的任务。换言之,多个不同类型的任务组成的集合构成了规划周期内的整个运营任务。只要每个任务的发生时间确定了,空间站整个运营任务的安排方案也就基本确定了。因此,总体层阶段任务安排方案的规划主要就是对空间站上各系统大类任务的发生时间进行规划。

需要强调的是,总体层规划对于一般的任务只按大类规划,一大类任务中可能包含一些更具体的在轨任务和活动,具体的在轨任务和活动将在任务层阶段进行更为细致的规划。但由于出舱任务的优先级和重要程度较高,舱外航天服等出舱设备需要提前较长时间投产,更为重要的是,为了降低运营成本,提高出舱工作效率,需要对各类各项舱外任务进行整合,能安排在同一次出舱执行的舱外任务尽量都安排在同一次执行,因此总体层规划阶段需要先对舱外任务进行分组打包,规划完获得一系列出舱任务包后,再将每个任务包看成一类任务,与普通任务一起规划。

总体层规划阶段任务的安排需要考虑任务所对应需求物资的补给情况,而物资的上行补给与货运飞船的发射序列密切相关。因此,任务的安排方案、上行物资的后勤补给方案和货运飞船的发射序列方案需要一起进行规划。货运飞船的规划需要首先根据上行物资的需求总量规划出所需货船的数量,然后对每艘货船的发射时间和各类物资上行方案进行规划。而任务编排方案的规划主要是考虑在轨资源等相关约束情况下规划每类任务的发生时间。这部分任务规划的内容较多,规划难度也较大,需要设计准确的规划模型和合理的规划方法得到满足各项约束的规划方案。

2. 规划流程

结合我国空间站工程的实际情况,总体层规划阶段采用的是基于任务需求牵引的规划方法。也即在给定的规划周期内,空间站工程各系统首先给出需要规划的长期任务,包括如出舱任务一样的重要任务和其他普通任务,然后根据任务给出相对应的需求物资,基于所提出的包含相应需求物资的任务对任务安排方案和后勤补给方案进行规划。

货运飞船每次上行的物资和需要执行的任务紧密相关,上行物资的目的便是用于支持完成空间站上相对应的各项任务。若需求任务和需求物资分别单独提出,则各系统在提出需求物资的时候很难考虑相关在轨资源的保障需求,可能会出现某一规划周期内物资上行太少导致相关任务无法开展或是物资上行太多导致部分物资未得到充分利用的情况。因此,总体层规划采用以任务作为牵引的规划策略,基于空间站工程各系统提供的需求任务和需求物资对空间站长期任务与后勤补给方案进行规划。规划模式如图 1.3.5 所示,各需求任务由空间站工程各系统提出,提出需求任务的同时与该任务相对应的需求物资也一并提出。将物资和在轨任务绑定,与任务一起提出可以有效地避免物资上行的盲目性,提高空间站的运营效率。

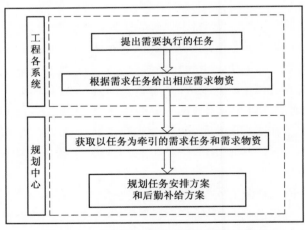

图 1.3.5 以任务为牵引的规划模式示意图

考虑到货运飞船和舱外航天服等一些生产周期较长的产品需要提前较长的时间进行投产,货船的需求数量和需要出舱进行舱外作业的任务就要较早地规划出。但是,从空间站工程各系统提出需求的角度考虑,几年的时间跨度太长,各系统在跨度如此长的时间范围内尤其是规划末期无法事先准确地预知空间站的运营情况,因此便无法提供每年具体的需求任务和需求物资,大部分需求任务和需求物资只能以一类任务和一类物资的方式提供,具体单个的需求任务和需求物资只能在离当前较近的一段时间才能确定。因此,需要将总体层规划按照工程各系统所提出的任务和物资需求的颗粒度不同分为战略级规划和战术级规划两个阶段。

战略级规划阶段基于各类需求任务先规划出每艘货船的发射月份和各系统上行物资的总量,因为除了需要出舱的任务外,其他需求事件都按一类任务提出,而且舱外任务在规划具体执行时间之前需要先完成一个整合的过程,所以战略级规划阶段只对舱外任务进行打包规划。战术级规划阶段才基于所提出的具体需求任务规划每个任务的发生时间,同时也规划出每艘货船具体的发射日期和上行物资的详细清单。

规划总体流程如图 1.3.6 所示。战略级规划时,首先要从获取的需求任务中将需求物资和需要出舱的任务提取出来,然后根据需求物资的总量计算出该

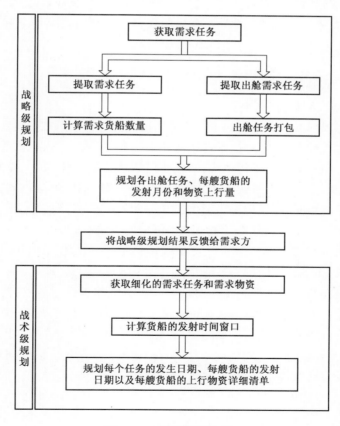

图 1.3.6 规划总体流程

规划周期内所需的货运飞船数量。出舱任务相对来说比较重要且比较明确,在战略级规划时就已给出单个具体的任务,因此需要从所有需求任务中先提取出来单独进行规划。战略级规划时出舱任务的规划主要是对各出舱任务进行打包规划,有关出舱任务打包规划的定义及其规划方法将在本书第4章中进行详细论述。得到货船的数量和出舱任务包的个数后,再对出舱任务的发生时间、货船的发射月份和每艘货船各系统上行的物资总量进行规划。

战术级规划时,在获得细化的需求任务和需求物资后,根据空间站相关的轨道参数先计算出货船的发射时间窗口,然后根据细化的需求任务和需求物资规划每个任务的发生日期、每艘货船的发射日期以及每艘货船的上行物资详细清单。需要指出的是,虽然战略级规划的周期和战术级规划的周期都是由多个任务周期组成的,但是战略级规划的周期要比战术级规划的周期时间长。而且根据实际工程的规划需求,战术级规划滚动更新将更加频繁,完成一次战略级规划后,根据该规划结果按任务周期推进会进行多次战术级规划,每次战术级规划前,各系统参考战略级规划结果结合当前最新状态会对需求任务和需求物资进行微调和细化,然后再进行新的战术级规划。

1.3.4 任务层规划

1. 规划内容与方法分析

任务层规划的核心是规划每个任务周期中的所有空间站在轨任务的执行计划即任务执行计划,空间站运营在轨任务主要来源于航天员系统、空间站平台系统和空间应用系统三大工程系统,即主要包括航天员任务(如设备维护、出舱活动、科学试验等)、空间站平台任务(如测控通信、轨道机动、姿态调整、交会对接等)和空间应用任务(如大型微重力试验、对地观测、空间信号探测等)等。任务层规划的结果是在轨任务编排方案(包括航天员在轨操作概要、空间站平台操作计划和空间应用试验方案),方案确切到每一天,即仅给出在轨任务的执行日期,并不编排到特定时刻。

航天员在轨操作概要主要面向指导航天员在轨工作生活安排,制订合理的工作和日常活动计划,保证航天员的在轨安全;空间站平台操作计划主要面向空间站的飞行任务安排,制订交会对接、乘组轮换、轨道机动等节点任务的执行方案;空间应用试验方案主要面向空间站有限在轨资源和特殊的太空环境,利用站上有效载荷进行空间应用试验,确保空间站的应用效益。

2. 规划流程

任务层规划主要依据总体层规划获得的一段时间内的任务清单和工程当前状态,结合任务设计者的目标期望,在满足空间站各项约束并保证空间站安全、平稳运营的前提下,有效调度各项在轨资源,制订某次载人飞行任务周期内的在轨任务和站上运营活动的编排方案,输出以月为单位的在轨操作概要,并对在轨操作概要的任务完成度、应用效益性、空间站运营安全性等指标进行综合评估分析,验证规划结果的合理性。

进行任务层规划时,首先由规划中心根据总体层规划的结果,对需要规划的任务周期中的所有在轨任务进行梳理,对任务目标进行分解,并下发至工程各系统,各系统根据本系统目标提出相应的在轨资源需求,规划中心汇总各系统需求情况,制订在轨资源分配方案,各系统根据资源分配情况向规划中心提交平台维护维修、航天员生活及空间应用试验等任务的具体信息及执行需求,规划中心根据实际情况对任务周期内的在轨任务进行统筹规划,并将规划结果方案发布到各系统。各系统根据获得的规划结果方案进行评估及需求调整,提交规划中心,形成迭代,最终形成协调一致的规划结果。任务层规划流程如图 1.3.7 所示。

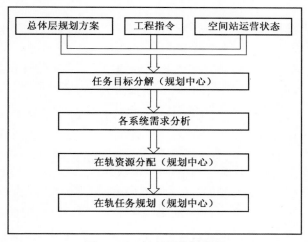

图 1.3.7　任务层规划流程

1)获取输入信息

任务层规划的输入主要包括以下 3 个方面:一是总体层的规划方案,主要包括三大系统各类任务的编排方案和资源分配方案;二是工程指令性任务执行需求;三是空间站运营状态,主要包括乘员当前状态、在轨航天器状态、各领域载荷状态、地面状态以及上一规划周期的任务执行情况。

2)任务目标分解

规划中心需要将任务层规划输入信息进行分解,转化成各系统细化的在轨任务。其中:空间站平台系统在轨任务包括舱段扩展、维护维修、消耗性物资补给、平台扩展和飞行事件(交会对接、轨道姿态调整)等;航天员系统任务包括乘员驻留、航天员医学实验、在轨科普教育和在轨国际合作等；空间应用系统任务包括各类空间科学试验和特殊应用。

3) 各系统需求分析

各系统根据工程的分解任务开展相应的需求分析和约束分析，向规划中心提交分析结果。

4) 在轨资源分配

规划中心根据各系统的需求，分析空间站在轨资源可用情况，实施在轨资源的初步分配，包括以下 3 个方面：一是任务优先级调整，规划中心参考各系统提供的任务优先级，根据工程指令，对在轨任务的优先级以统一的标准进行评级调整；二是可用资源分析，规划中心依据空间站工程状态，对空间站在轨的可用资源进行计算分析，明确各类资源的使用状态；三是资源分配，规划中心根据可用资源分析情况和各系统实际需求，对空间站在轨资源进行分配，并将分配方案下发至各系统。

5) 在轨任务规划

这是流程中的核心步骤，各系统根据在轨资源方案，给出各系统的任务执行需求，以任务详单或任务包的方式提交给规划中心，形成规划输入信息文件，规划中心基于在轨资源可用情况，开展在轨任务规划，给出周期内可执行任务列表，仿真验证任务执行的可行性，并给出不可执行任务列表和相关说明。

1.3.5　执行层规划

1. 规划内容与方法分析

执行层规划主要面向空间站短期任务（如一周内），规划的最终产品是精确到具体时刻（秒级）的详细飞行计划，称为飞行程序或指令序列。从任务层规划产品"任务执行计划"到指导控制具体任务实施的飞行程序主要开展两项规划，即短期任务重规划和飞行程序编排。前者主要解决任务执行过程中由于不确定性扰动、需求变化（如突发任务），对"任务执行计划"进行适应性调整或修改的问题；后者主要解决细化任务计划，明确各系统、设备具体操作步骤的时间与控制指令的问题。

在实际工程中，空间环境、任务需求往往动态变化，前序任务的执行效果可能不能与计划完全一致，甚至会发生在轨设备故障、人员操作失误等突发状况引起当前任务执行延迟或取消。上述情况使得原来标称的"任务执行计划"失去了时效性，需要考虑最新的任务需求与空间站状态，开始短期任务重规划，对标称"任务执行计划"进行适应性调整、修改甚至切换至全新的方案，更新事件时序与在轨资源分配。

　　飞行程序编排进一步细化"任务执行计划",将各类操作与具体的轨道、姿态、测控条件等匹配,明确完成任务的系统、设备,确定各系统、设备的具体操作步骤、控制指令及发令时刻。在这个过程中还将进一步整合各系统的具体操作计划,使多个系统协同一致共同完成任务。

2. 规划流程

　　任务执行计划规划的结果是得到每个空间站任务确切到每一天的任务执行计划。各技术系统在空间站任务的每天任务执行计划的基础上,进行短期任务重规划与飞行程序编排,对每天的任务执行计划进行适应性调整与进一步细化,得到每天具体的飞行程序。执行层规划包括 3 个子过程,即在空间站任务临近执行的短时间(数周或数天)内进行事前规划、实时规划和实时重规划 3 个子过程。

　　(1) 事前规划。开发空间站任务包括平台操作和载荷操作的详细活动时间表,通常以周为基本设计周期。

　　(2) 实时规划。随着空间站任务执行过程的推进,根据空间站平台或载荷状态的变化,实时地进行飞行程序编排。

　　(3) 实时重规划。当空间站任务在执行过程中发生故障或对标称任务有较大偏离时,对该时刻之后的任务执行计划与飞行程序进行重规划,重新生成详细地面和站上活动时间表与飞行程序。

　　空间站的运行控制往往是分布式的,由空间站平台、航天员、空间应用中心等多个技术系统配合完成。首先由分布于不同地点的各技术系统分别进行规划,得到任务周期中每个任务的详细动作时序;然后由空间站的飞行控制中心和载荷应用控制中心负责对各技术系统提供的详细动作时序进行整合、集成,形成最终总的空间站飞行程序,反馈给各技术系统确认后再上传到空间站执行。

1.4　空间站运营任务规划技术发展评述

◤1.4.1　载人航天任务规划技术的发展进程

　　目前,载人航天的任务规划技术以美国的水平最高且最为系统化。美国载人航天器任务规划技术的发展大致经历了 4 个阶段[24-29],如图 1.4.1 所示。

　　第一个阶段是阿波罗登月工程阶段,属于短周期、集中式任务规划。阿波罗登月飞行是短周期的载人飞行任务,其任务规划在地面上预先进行,登月飞行程序严格按照事先规划结果实施。

1960　　　　　　1970　　　　　　1980　　　　　　1990　　　　　　2000

天空实验室较长周期分布式任务规划

国际空间站长周期分布式任务规划

阿波罗短周期预先任务规划

航天飞机短周期任务规划

图 1.4.1　美国载人航天任务规划发展演变

第二个阶段是天空实验室工程阶段,这是第一次完成长周期载人飞行任务。相比阿波罗登月任务规划,它具有两个突出特点。首先是突破了以往短周期任务规划的局限,发展了长周期任务规划能力;其次是天空实验室任务规划不是在同一地点执行完成,而是采用地理分布式规划,由马歇尔空间飞行中心(MSFC)负责有效载荷规划,约翰逊空间中心(JSC)负责系统平台规划和所有规划的集成。

第三个阶段是航天飞机工程阶段。航天飞机也是执行短周期飞行任务,其任务规划回归到与阿波罗登月工程类似的短周期任务规划,而且也是预先进行的,即航天飞机执行飞行任务严格按照预先规划展开并完成。不同的是,航天飞机任务规划既可以是集中式的,如航天飞机单独飞行任务规划和航天飞机/空间实验室联合飞行任务规划;也可以是分布式的,如航天飞机与"和平号"空间站的联合飞行任务规划。

第四个阶段是国际空间站工程阶段。国际空间站是多国合作的长期载人飞行平台,其运行周期比以往任何载人飞行都要长。国际空间站的任务规划采用分布式,由世界各地的相关机构参与完成,包括 NASA 的约翰逊空间中心、马歇尔空间飞行中心和合作方(俄罗斯、日本和加拿大等国的宇航局和欧洲航天局(ESA))。

1.4.2　空间站运营任务规划技术的工程发展概况

国际空间站由多个国家机构共同参与建造,由于各国航天发展水平、技术特点、参与程度及针对国际空间站的使用需求不同,形成了侧重点不同、功能各异的软件系统。

1. 国际空间站任务规划系统的总体概况

表 1.4.1 给出了各国使用的空间站任务规划系统[30]。其中以美国的最为

成熟,包括前期的约翰逊空间中心的任务规划系统(Integrated Planning System, IPS)和马歇尔空间飞行中心的载荷规划系统(Payload Planning System, PPS)[31],以及后来使用的站载短期任务查看器(Onboard Short Term Plan Viewer, OS-TPV)[32],及2015年之后开始使用的运营规划时间线集成系统(Operations Planning Timeline Integration System, OPTimIS)[33],均被各合作方所广泛采用,特别是IPS的核心部分——统一规划系统(Consolidated Planning System, CPS)[31]。

表1.4.1 国际空间站的任务规划系统

序号	国家	使用机构	系统名称
1	美国	JSC、MSFC(使用其中的CPS)	Integrated Planning System(IPS)
2	美国	MSFC	Payload Planning System(PPS)
3	俄罗斯	RKA	(Decision Support System, DSS) (Automated Planning System, APS)
4	日本	JAXA(TKSC)	JEM Execute Planning System
5	欧洲	ESA(Col-CC)	Operations Preparation and Planning System(OPPS)
6	各国	在轨航天员和各地面控制中心	Onboard Short-term Plan Viewer(OSTPV)
7	各国	在轨航天员和各地面控制中心	Operations Planning Timeline Integration System(OPTimIS)

俄罗斯联邦航天局(RKA)使用的规划工具是决策支持系统(DSS)[34]和面向任务执行层开发的自主规划系统(APS)[35]。日本的任务规划系统以CPS为基础,并针对实际任务特点,开发了面向战略/战术层次任务规划工具和任务级规划系统[36],用于日本实验舱(JEM)的任务规划。

欧洲航天局在早期开发了STPT(Strategic and Tactical Planning Support Tool),用以辅助战略/战术层规划[37]。Columbus舱任务级规划系统称为操作准备和规划系统(OPPS),由德国航空航天中心(DLR)的任务规划系统为内核开发的[38],其主要用于Columbus舱的准备、规划、协调以及欧洲在其他合作方舱段拥有的载荷活动的规划。

2. 集成任务规划系统IPS

IPS的开发是一个长期渐进的过程,具体研制历程如图1.4.2所示。启动于20世纪80年代,1993年融进了航天飞机任务规划系统,此后补充完善了长周期任务规划和规划结果上载等能力。1995年,国际空间站项目办公室决定约翰逊空间中心和马歇尔空间飞行中心的规划系统协同工作,于是IPS新开发了能整合来自马歇尔空间飞行中心和国际合作者的数据的能力。这样,IPS既有国际空间站任务规划能力,又具有航天飞机任务规划能力,同时被约翰逊空间中心和马歇尔空间飞行中心应用,避免了重复投资。

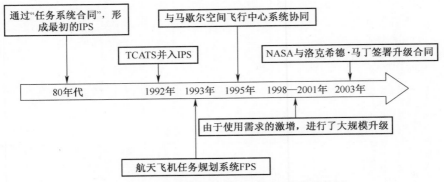

图 1.4.2 集成任务规划系统 IPS 发展脉络简图

IPS 是交互式任务规划和资源管理系统,辅助约翰逊空间中心、马歇尔空间飞行中心和合作国基于用户提出的任务需求及约束进行任务规划,提供的功能有活动规划和调度、资源应用调度、操作序列(时间线)集成与分离、条件约束调度以及冲突检测协调,规划结果包括以月为单位、以周为单位和以天为单位的操作序列,还有最终的航天员操作序列。IPS 功能的实现由多个分系统共同完成。

(1)统一规划系统(CPS)。用来产生和分析地面活动、在轨活动的时间和安排,可实施多项资源编排,适应于国际空间站和航天飞机任务同时编排,是 IPS 的核心部分,用于评估 IDRP 以及规划生成 OOS、STP 和 OSTP。

(2)统一维护存货后勤规划工具(Consolidated Maintenance inventory Logistics Planning Tool,CMLP)。由地面控制者和规划者用于在轨存货跟踪、补给和返回需求分析,实时或接近实时地为维护操作提供支持。

(3)飞行动力学规划和分析工具(Flight Dynamics Planning and Analysis Tool,FDPA)。由地面控制者和规划者使用,用于提供高精度轨道、姿态、推进剂消耗和通信覆盖分析。

(4)飞行程序开发和控制工具(Procedures Development And Control Tool,PDAC)。用于开发和配置管理飞行程序,通过时间线编辑界面开发在轨可执行飞行程序等。

(5)资源利用规划和系统模型工具(Resource Utilization Planning and System Models Tool,RUPSM)。用于分析、规划国际空间站电能、热能和生命保障资源,用于实时或接近实时地支持时间线开发和监视系统性能。

(6)机器人规划设备(Robotics Planning Facility,RPF)。提供了软件工具用于建立机器人系统模型,用于机器人系统设计、分析和训练,可以提供实时和接近实时机器人操作支持。

3. 站载短期任务查看器和运营规划时间线集成系统

随着空间站在轨运营的开展，之前的任务规划系统逐渐暴露出占用资源多、操作繁琐等问题，因此，NASA 约翰逊空间中心与联合航太联盟共同合作，开发了站载短期任务查看器(OSTPV)[32]。

OSTPV 是一款基于 Web 图形用户界面的时间表软件，可将 CPS 的规划结果转换为任务计划和时间线信息，实时发布给国际空间站人员以及各地面控制中心。该软件与集成查看器(Integrated Viewer, IView) 一起使用，方便工作人员按照时间线执行任务时快速读取该任务的特定指令和物资需求[39-41]。

由 OSTPV 和 CPS 组成的规划系统协助了国际空间站和各地面控制中心工作人员执行大量的任务，得到了充分验证，但由于任务时间表与任务内容的分开显示，逐渐显露出该系统用户友好程度较低的缺点。随后，NASA 约翰逊空间中心与艾姆斯研究中心协作开发了运营规划时间线集成系统(OPTimIS)，并于 2015 年正式替换了 OSTPV[33,42]。

OPTimIS 旨在开发一套规划系统和流程，利用相应技术改进和简化各任务规划指挥团队的任务规划方法[40]。整套 OPTimIS 系统由多个关键组件组成，包括艾姆斯人机交互团队开发的规划软件界面 Score、任务在线数据库 Plan Repository 和约束违反检测工具 EUROPA(Extensible Universal Remote Operations Planning Architecture)，以及由约翰逊空间中心的承包商开发的 WebAD、Viewer 等[42]。

4. 最新发展动态

为了应对未来深空探测任务中通信延迟、间歇通信和有限带宽的影响，最大限度地减少航天员等待地面任务中心响应的空闲时间，NASA 提出了航天员自主调度的新运营概念，并展开了一系列的训练和试验。为了研究在长时间太空任务中航天员的自我调度，约翰逊空间中心以及艾姆斯研究中心开发了一款用户友好、可移动的规划和调度软件工具 Playbook(图 1.4.3)，使航天员可以直接在软件界面的时间轴中编辑计划，而无需地面人员的干预[43]。

与 OPTimIS 的显示界面类似，Playbook 的核心也是任务时间表，选择特定任务，界面上也会显示出该任务的详细信息。而与其他任务查看器不同的是，Playbook 允许航天员对任务进行编辑，通过在时间轴中的拖动活动，可以灵活地为自己或其他乘组人员安排或重新分配活动，同时软件还具备约束违反检测功能、可视化的约束提醒功能等[44]。

利用 Playbook，NASA 于 2016 年 12 月至 2017 年 7 月期间在国际空间站上完成了 5 次航天员自主调度测试训练，取得的测试结果为后续的训练以及未来深空探测任务中航天员自主调度提供了有价值的参考经验[45]。

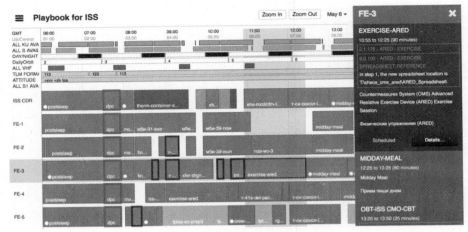

图 1.4.3　Playbook 软件界面

1.4.3　主要技术问题

1. 空间站运营任务规划概念

美国早在论证"自由号"空间站时便较为系统地开展了空间站任务规划概念研究。1984 年美国开始了空间站方案论证,1986 年就启动了空间站运营管理方案的研究,1987 年提出了针对"自由号"空间站的基线运营管理方案,初步建立了其任务规划框架体系[23,46]。此后,随着空间站工程的不断调整和发展,空间站任务规划技术体系逐步成熟完善,有效地支撑了国际空间站的稳定运营。

在国际空间站论证阶段,Wickler[47]针对未来载人航天的多国多组织合作情况,介绍了基于包络方法的载人航天任务分布式规划概念和相关规划软件系统;Maxwell 和 Hagopian[48]研究了国际空间站任务规划概念,基于"连续运营规划概念",提出从"长期规划"和"短期规划"两个时间尺度解决国际空间站任务规划问题;Leuttgens 和 Volpp[49]针对不同层次的规划,从空间站进行飞行控制、物资补给和载荷设备运送、航天员训练和运送等长期任务,到空间站平台操作、有效载荷试验、维护维修操作和航天员驻留等短期在轨任务,介绍了国际空间站全寿命期间的运营任务。随着国际空间站的不断建造,Popov[26]结合国际空间站运营进展,介绍了空间站任务规划概念和规划流程,并分析对比了空间站与航天飞机任务规划的区别。

针对我国空间站发展需求,国防科技大学对空间站运营任务规划概念框架进行了初步探讨。国际空间站任务规划研究的一个重要工作是制定大量规范与标准[50]，用于指导各个运营机构协调配合开展任务规划。鉴于空间站任务规划的复杂性，应尽早研究确定我国空间站运营任务规划概念框架，包括运营任务规划的指导思想和规范、运营任务规划层次划分以及各层规划的流程和产品等。

2. 飞行动力学任务规划技术

飞行动力学任务规划主要分为轨道规划与姿态规划两方面。

已有的载人空间站都运行在低地球轨道上，受大气阻力影响较大，如果不进行轨道维持，会迅速衰减，轨道维持、飞船补给贯穿着空间站的整个寿命周期，空间站的很多运营任务也围绕着或依托飞船补给任务展开。根据任务需求可将空间站的轨道分为不同阶段，由此引出了标称轨道设计、轨道维持策略、交会对接轨道设计、交会任务前的目标调相策略等不同阶段的轨道规划需求。将多个阶段甚至多次任务进行综合规划，通过协同效应可以节省成本，但也使得规划建模与求解远较单阶段问题复杂。本书将在第 2 章探讨空间站多阶段与多任务轨道规划方法[51]。

空间站在轨运行需要在不同姿态间切换，以满足交会对接、对地观测、科学实验等不同任务对姿态的需求。如何维持这些姿态以及通过机动在这些姿态间转移，需要通过空间站姿态机动规划来解决，其中极具挑战性的是大角度姿态机动路径规划问题。直接打靶法、伪谱法等动力学规划算法在姿态机动路径规划问题上得到了较好应用。国际空间站分别于 2006 年、2007 年成功完成了事先规划的 90°、180°大角度姿态机动任务。现代多舱段空间站构型与质量分布复杂，为了节省推进剂消耗而采用复杂构型的控制力矩陀螺作为姿态控制执行机构。空间站复杂构型、特殊执行机构带来的动力学奇异与饱和特性、太阳能电池帆板与通信天线等指向性装备的几何约束等给大角度姿态机动路径规划带来了新的挑战[52]。本书第 3 章考虑控制力矩陀螺单独工作及与推力器协同工作等姿态控制模式，对我国空间站的姿态机动路径规划方法进行了介绍。

3. 空间站运营总体任务规划技术

空间站运营总体任务规划需要综合考虑站上运营活动相互之间、站上活动安排与地面后勤补给支持方案之间的相互制约关系，规划站上航天员驻留与轮换、有效载荷试验安排、货运飞船补给周期及补给载货清单等内容。

国外较早地开展了空间站运营总体任务规划相关技术的研究。Kallay 团队[53]在 20 世纪 60 年代即开展了空间站后勤补给方案优化与飞船发射序列规划方面的研究，相关成果为早期小规模空间站的建设和发展奠定了基础。90 年代以后特别是国际空间站开始建造和投入运营以来，美国对空间站运营总体任务规划技术进行了更深入研究，其中以麻省理工学院 de Weck 教授团队的工作较为突出。de Weck 教授及其团队成员针对国际空间站的总体任务规划需求，对运营费用和空间站效益进行了多目标优化[54-55]，提出了一系列后勤补给的建模与仿真分析方法[56-59]，并在此基础上开发了一套实用的后勤规划与仿真分析工具 SpaceNet[60-61]，实现了对空间站物资消耗、补给周期和上行载货单等的有效选择和规划。

国内对空间站运营总体任务规划的研究起步较晚。哈尔滨工业大学对空间后勤技术的应用前景和发展趋势进行了分析[62]，中国空间技术研究院对空间站长期运营任务规划建模进行了初步研究[63]。国防科技大学自 2008 年起对包括空间站后勤补给总量分配规划和在轨任务与补给详单统筹规划等总体任务规划技术进行了较为深入的研究[51,64-65]。本书第 4、5 章将根据我国空间站工程实际情况，系统介绍面向空间站战略战术层的运营任务规划方法。

4. 空间站运营任务级规划技术

战略级和战术级规划面向长时间内多个任务周期的活动安排，而任务级和执行级规划面向任务周期内具体活动的详细规划。在空间站全生命周期中，任务周期为承上启下的纽带。任务级规划的核心是规划每个任务周期中的所有运营活动概要，包括航天员活动（如轮换、出舱）、空间站平台活动（如测控通信、轨道机动、交会对接）、空间应用活动（如生物试验、对地观测试验）等，涉及的任务种类多样、分析模型复杂、规划参数关联性强，需要解决不同类型运营任务建模与分析、组合任务模型及任务链模型建立、任务编排算法、运营任务仿真与评估等诸多技术难题。

针对国际空间站，在航天员任务规划方面，Kortenkamp[66]对航天员一日作息安排进行了研究，Russell 与 Klaus[67]分析了空间站环控生保系统对航天员工作时间的占用情况，Clement 等[68]报道了 3 个功能组协同进行空间站内部航天员、设备可用空间规划的几何推理方法与软件；在平台任务规划方面，Reddy 等[69]研究了国际空间站上的太阳能电池阵运营规划；在应用任务规划方面，Cesta 等[70]研究了国际空间站流体实验领域的规划调度问题，美国马歇尔空间飞行中心研制了主要面向应用任务规划的载荷规划系统（PPS）[71]。

国内对空间站任务层规划研究开展得较晚，目前主要的研究单位为载人航天总体论证中心、国防科技大学，分别从任务层规划领域建模、约束满足、最优规划、多目标规划、鲁棒规划以及并行规划等方面开展了深入研究[72-81]，并开发了相应的原型系统[79]。本书第 6 章和第 7 章将根据我国空间站工程实际情况，系统介绍面向空间站任务层的运营任务规划方法。

5. 空间站运营执行层与应用任务规划技术

控制空间站最基本动作的是指令。要完成具体的任务，需要执行一系列的指令，即指令序列，也称飞行程序。空间站飞行程序的生成，以及在空间站上开展的应用任务的具体试验计划,由空间站运营执行层规划来完成。

早期的指令序列由设计人员手动编排,工作非常繁重,且易出错。在旅行者任务中,其运营团队开发了一个任务编排软件(Mission Sequence Software, MSS)[82],具有一定的自动化功能,大幅提高编排效率。在美国载人任务的约翰逊空间中心,飞行程序编排采用人机交互的方式进行,飞行程序中附有大量航天员可阅读并理解的信息[83]。随着国际空间站在轨运营,NASA 开启了 NGPS (Next Generation Planning System)计划,(NGPS)后改为 OPTimIS[84]。该计划由 NASA 的约翰逊空间中心、艾姆斯研究中心、喷气推进实验室共同合作完成,旨在开发一套满足国际空间站和未来任务操作指令任务规划需求的工具。

我国载人航天已完成任务采用的是飞控计划体系,将飞行控制事件分为控制活动、定期作业、状态触发事件和人工干预事件四类,不同类型的事件序列由不同的模块生成,最后再整合为完整的飞控计划,即飞行程序[87]。实现了冲突消解、合理分配资源、自动调度等功能[88-89]。国内对飞行程序编排的研究主要集中在北京飞行控制中心、西安卫星测控中心、国防科技大学等,主要解决节省人力、基于规则自动编排的问题。然而,对问题规模更大、更复杂的空间站执行层规划的研究还较少,本书成稿时著者所在团队正在开展新一轮研究。本书第 9 章主要介绍基于已有飞行程序编排的思路完成运营执行层规划的初步成果。

1.5 本书的目的与内容安排

随着载人飞船发射与返回、出舱活动、空间交会对接技术的突破和掌握,建造并运营长期在轨的空间站将是我国载人航天工程的重要任务,针对空间站的相关技术研究将成为我国载人航天技术的研究热点。我国空间站预计在 2020 年前后开始建造,为了保障空间站的长期安全在轨稳定运营,在当前阶段开展任务规划技术相关模型与方法研究、掌握核心技术,显得迫切而重要。

我国前期开展的"神舟"飞船和"天宫一号"等载人航天任务主要解决发射窗口规划、轨道设计、返回再入、出舱活动、交会对接等以轨道与姿态动力学为核心的规划问题。而空间站长期运营将面临载荷应用、长时间航天员驻留与轮换、维护维修、站上物资跟踪与补给、货运飞船补给及载货单确定等新任务。对于我国而言,空间站运营任务规划作为新的复杂载人航天任务规划问题,具有不同于以往规划问题的显著特点,需要研究新的有效的规划模型和方法。

我国即将发射空间站核心舱,随之而来的组装及长期运行都需要科学管理与精心规划,以保证任务安全、最大化空间站效用。作为我国即将开展的最复杂的航天任务,其运营任务规划在体系结构、建模、求解方法等方面远复杂于我国已开展航天任务的规划,需要基于已有经验及问题特性进行建模,提出创新性求解方法,并在后续运营过程中不断完善、改进和提升。

著者团队以我国载人空间站工程为背景,在空间站运营任务技术方面开展了10多年的研究工作,本书对相关理论、方法及应用等问题进行了系统阐述。主要内容共包含4个方面:第一方面是空间站飞行动力学任务规划技术,包括轨道任务规划和大角度姿态机动任务规划技术;第二方面是总体层任务规划技术,包括后勤补给总量分配规划和长期任务与补给详单统筹规划方法;第三方面是任务层规划技术,包括在轨任务的启发式规划方法与并行规划方法;第四方面是执行层规划技术,包括短期任务鲁棒规划与重规划方法和飞行程序编排方法。全书的整体框架安排如图1.5.1所示。

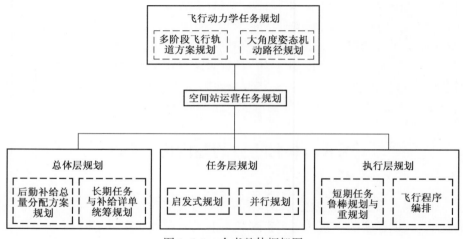

图 1.5.1　全书整体框架图

第1章是绪论。主要介绍国内外空间站发展历程,给出了结合我国空间站工程的运营任务规划概念框架,并对空间站运营任务规划技术发展进行评述。

第2章介绍空间站多阶段飞行轨道方案规划相关内容,包括飞行轨道方案优化问题分析、多飞行阶段轨道高度综合设计以及多飞行任务轨道机动综合规划等。

第3章介绍空间站大角度姿态机动路径规划技术,包括空间站零燃料最优姿态机动路径规划方法、控制力矩陀螺辅助大角度姿态机动概念及其求解方法等。

第4章介绍空间站后勤补给总量分配方案规划方法,包括空间站出舱任务打包规划方法、后勤补给总量分配方案规划问题分析以及后勤补给总量分配单目标优化方法等。

第 5 章介绍空间站长期任务与补给清单统筹规划方法,包括货运飞船发射窗口规划方法、任务与补给清单统筹规划问题分析以及任务与补给清单单目标优化等。

第 6 章介绍空间站运营在轨任务启发式规划方法,包括在轨任务规划问题分析、规划问题建模方法、启发式规划方法和求解策略与算法等。

第 7 章介绍空间站运营在轨任务并行规划方法,包括在轨任务编排方案优化模型与方法、基于问题并行的在轨任务编排方案优化以及基于遗传算法并行的在轨任务编排方案优化等。

第 8 章介绍空间站运营短期任务鲁棒规划与重规划方法,包括在轨任务鲁棒规划方法、延迟约束传播鲁棒规划方法以及面向突发任务的重规划方法等。

第 9 章介绍空间站飞行程序编排,包括轨道任务的飞行程序编排、航天器子系统合并任务的飞行程序编排以及空间站对地观测试验任务规划等。

参考文献

[1] Ernst M,Reinbold B. 空间站系统和应用[M]. 周建平,等译. 北京:中国宇航出版社,2013.

[2] 帅氢. 国外空间站发展简况[J]. 中国航天,2003(10),79-80.

[3] Harland D M. The MIR Space Station:A Precursor to Space Colonization[M]. Chichester:Praxis Publishing, 1997.

[4] Harland D M, Catchpole J E. Creating the International Space Station[M]. 2rd ed. Berlin Heidelberg: Springer-Verlag,2002.

[5] 庞之浩. 苏联空间站的发展历程[J]. 中国航天,1991(9):18-20.

[6] 卜慧蛟. 空间站在轨任务规划问题建模与求解方法研究[D]. 长沙:国防科技大学,2016.

[7] 何绍改. 太空探索的前哨——空间站发展的历史轨迹[J]. 国防科技工业,2008(9):69-72.

[8] 王俊,朱忠奎,郭文瑾. 外空间站应用任务规划综述[J]. 卫星应用,2012(3):62-66.

[9] 庞言. 永远回荡在太空的第一响"礼炮"[J]. 太空探索,2011(4):38-41.

[10] 魏岳江. 国际空间站的建造和发展[J]. 国防科技工业,2006(9):56-58.

[11] 武尧尔. "国际空间站"的应用、问题和前景[J]. 国际太空,2011(7):17-27.

[12] Kostelnik M C,Hedin D L. The International Space Station:Challenge and Opportunity[C]. AIAA/ICAS International Air and Space Symposium and Exposition:the Next 100 Y,Ohio,2003.

[13] 许国彩. 美国航天飞机第 134 次飞行、奋进号航天飞机谢幕、"国际空间站"组装完毕[J]. 载人航天·国际太空,2011(6),37-42.

[14] 王海霞,韩淋,吕晓蓉,等. 国际空间站科学实验发展态势分析[J]. 科学观察,2010,5(4):1-14.

[15] 韩淋,杨帆,王海霞,等. 2011 年国际空间站科学研究与应用进展(续)[J]. 载人航天,2012,18(3): 93-96.

［16］韩淋,杨帆,王海名,等.2012 年国际空间站科学研究与应用进展［J］.载人航天,2013,19(4):90-95.

［17］International Space Station Utilization Statistics, Expeditions 0-58, December 1998-March 2019［EB/OL］.(2019-3-31)［2019-11-5］. https://www. nasa. gov/sites/default/files/atoms/files/expeditions_0-58_utilization_statistics_final. pdf.

［18］Elizabeth H. International Space Station:Facts, History & Tracking［EB/OL］.(2018-2-8)［2019-11-5］. https://www. space. com/16748-international-space-station. html.

［19］晓帆."国际空间站"的总体设计［J］.国际太空,2012,(3):18-21.

［20］王永志.实施我国载人空间站工程推动载人航天事业科学发展［J］.载人航天,2011,17(1):1-4.

［21］周建平.我国空间站工程总体构想［J］.载人航天,2013,19(2):1-10.

［22］中国载人航天工程办公室。空间站工程研制进展［Z］.2016.

［23］Klus W J. Space Station Mission Planning Development Study［R］. N88-10047,1987.

［24］Jorgensen C A. International Space Station Evolution Data Book:Volume I. Baseline Design［R］. NASA SP-2000-6109,NASA,2000.

［25］Kelly T,Albert T,Levin G M. Engineering challenges to the long term operation of the international space station［J］. Acta astronautica,2001,48(5):809-815.

［26］Popov A. Mission Planning On the International Space Station Program. Concepts and Systems［C］. IEEE Aerospace Conference,Piscataway,2003.

［27］Torres C M,Grethcn M. Planning Space Operations—Past,Present&Future［C］. Space Ops 2002,Texas, 2002.

［28］Maxwell T. Planning systems for distributed operations［R］. GSAW,2003.

［29］罗亚中,林鲲鹏,唐国金.空间站运营任务规划技术评述［J］.载人航天,2012,18(2):7-13.

［30］Maxwell T G. Lessons Learned in Developing Muhiple Distributed Planning Systems for the International Space Station［C］. Space Ops 2002,the Seventh International Symposium on Space Mission Operations and Ground Data Systems,Texas,2002.

［31］Saint R. Lessons Learned in Developing an International Planning Software System［C］. Space Ops 2002,the Seventh International Symposium on Space Mission Operations and Ground Data Systems,Texas,2002.

［32］Frank J,Morris P H,Green J,et al. The challenge of evolving mission operations tools for manned spaceflight ［C］. The 9th International Symposium on Artificial Intelligence,Robotics and Automation for Space(i-SAI-RAS-08),Hollywood,2008.

［33］Smith E E,Korsmeyer D J,Hall V. Exploration Technologies for Operations［C］. SpaceOps 2014 Conference, Pasadena,2014.

［34］Zagreev B,Repchenkov R,Chikirev V. A Decision Support System for Research Program Scheduling on the Russian Segment of the ISS［C］. Proceedings of the 64th International Astronautical Congress, Beijing,2013.

［35］Andrey B. Basic Principles of Automated International Space Station Russian Segment Flight Planning System［C］. 66th International Astronautical Congress,Jerusalem,2015.

［36］Kobayashi K,Shimizu M,Satoh Y,et al. JEM Operations Control System Design for Utilization of JEM Ter-0rbit Communication Systeml［C］,Proceedings of the 5th Interational Conference on Space Operations,To-kyo,1998.

［37］Matteis R,Scanniffio O,Holtz R. International space station(ISS)/Columbus strategic and tactical planning support tools prototype[C]. SpaceOps 1996 Conference, Mumich, 1996.

[38] Zoeschinger G A, Wickler M. A Planning System for Payload and System Planing of the Columbus Module on ISS[C]. SpaceOps 2004 Conference, Montreal.

[39] Leblanc T P. Mission Control Center Web System[C]. AIAA Workshop on Enhancing Space Operations, AIAA, 2005.

[40] Nibler R, Mrowka F, Wörle M T, et al. PINTA and TimOnWeb-(more than) generic user interfaces for various planning problems[C], 2017 IEEE 10th IWCIA, Hiroshima, 2017.

[41] Smith E. Intelligent systems technologies for ops[C]. SpaceOps 2012 Conference, Stockholm, 2012.

[42] Leuoth K, Sabath D, Söllner G. Consolidating Columbus Operations and Looking for New Frontiers[C]. 66th International Astronautical Congress, Jerusalem, Jerusalem, 2015.

[43] Marquez J J, Pyrzak G, Hashemi S, et al. Supporting real-time operations and execution through timeline and scheduling aids[C]. 43rd International Conference on Environmental Systems, Vail, 2013.

[44] Marquez J J, Hillenius S, Kanefsky B, et al. Increasing crew autonomy for long duration exploration missions: self-scheduling[C]. 2017 IEEE Aerospace Conference, Montana, 2017.

[45] Kanefsky B, Zheng J, Deliz I, et al. Playbook Data Analysis Tool: Collecting Interaction Data from Extremely Remote Users[C]. International Conference on Applied Human Factors and Ergonomics, Los Angeles, 2017.

[46] Paules G. Space Station Freedom Baseline Operations Concept[C]. Proceedings of the Space Station Evolution Symposium, Washington, 1991.

[47] Wickler M. A mission planning concept and mission planning system for future manned space missions[C]. 45th International Astronautical Congress, Jerusalem, 1994.

[48] Maxwell T, Hagopian J. Planning in the continuous operations environment of the International Space Station [C]. 4th International Symposium on Space Mission Operations and Ground Data Systems, Munich, 1996.

[49] Leuttgens R, Volpp J. Operations Planning for the International Space Station[Z]. ESA bulletin, 1998.

[50] NASA, Pre-Increment Execute Planning Process Definition. Genericl[Z]. SSP 50501, 2002.

[51] 林鲲鹏. 空间站长期运营总体任务规划与仿真方法[D]. 长沙:国防科技大学, 2014.

[52] 章胜. 基于控制力矩陀螺的空间站姿态机动路径规划与制导策略研究[D]. 长沙:国防科技大学, 2014.

[53] Kallay N. Approach to Space Station Logistics Optimization[J]. Journal of Spacecraft, 1964, 1(2):209-212.

[54] Ho K, Green J, de Weck O. Integrated Framework for the Design of Crewed Space Habitats and their Supporting Logistics System[C]. AIAA Space 2012 Conference and Exposition, Pasadena, 2012.

[55] Ho K, Green J, de Weck O. Concurrent Design of Scientific Crewed Space Habitats and Their Supporting Logistics System[J]. Journal of Spacecraft and Rockets, 2014, 51(1):76-85.

[56] Siddiqi A, de Weck O, Shull S. Matrix Methods Analysis of International Space Station Logistics[C]. AIAA Space 2008 Conference and Exposition, California, San Diego, 2008.

[57] Siddiqi A, de Weck O, Lee G, et al. Matrix Modeling Methods for Spaceflight Campaign Logistics Analysis [J]. Journal of Spacecraft and Rockets, 2009, 46(5):1037-1048.

[58] Grogan P T, Yue H K, de Weck O. Space Logistics Modeling and Simulation Analysis using SpaceNet: Four Application Cases[C]. AIAA Space 2011 Conference and Exposition, California, 2011.

[59] Grogan P T, Siddiqi A, de Weck O. Matrix Methods for Optimal Manifesting of Multinode Space Exploration

39

Systems[J]. Journal of Spacecraft and Rockets,2011,48(4):679-690.

[60] De Weck O L,Simchi-Levi D,Shishko R,et al. Spacenet v1. 3 user's guide[R]. NASA,2007.

[61] Lee G,Jordan E,Shishko R,et al. SpaceNet:Modeling and Simulating Space Logistics[C]. AIAA SPACE 2008 Conference & Exposition,San Diego,2008.

[62] 郭继峰,崔乃刚,程兴. 空间后勤技术发展综述[J]. 宇航学报,2009,30(5):1745-1751.

[63] 李志海,侯永青,严厚民,等. 空间站长期运营任务规划建模初步研究[J]. 载人航天,2013,19(5):52-58.

[64] 林鲲鹏. 空间站运营总体任务规划技术[D]. 长沙:国防科技大学,2010.

[65] 朱阅訸. 空间站运营在轨事件与货运补给规划方法研究[D]. 长沙:国防科技大学,2015.

[66] Kortenkamp D. A Day in an Astronaut's Life:Reflections on Advanced Planning and Scheduling Technology [J]. Journal of IEEE Intelligent Systems,2003,18(2):8-11.

[67] Russell J F,Klaus D M. Maintenance,reliability and policies for orbital space station life support systems [J].Reliability Engineering & System Safety,2007,92(6):808-820.

[68] Clement B J,Barreiro J,Iatauro M J et al. Spatial planning for international space station crew operations [C]. Proceedings of the International Symposium on Artificial Intelligence,Robotics and Automation in Space,Hokkaido,2010.

[69] Reddy S Y,Frank D J,Iaturo M J et al. Planning Solar Array Operations on the International Space Station [J]. ACM Transactions on Intelligent Systems and Technology,2011,2(4):1-24.

[70] Cesta A,Benedictis R D,Orlandini A et al. Integrating Planning and Scheduling in the ISS Fluid Science Laboratory Domain[M]. Recent Trends in Applied Artificial Intelligence. Berlin:Springer Berlin Heidelberg,2013,191-201.

[71] Hagopian J,Howell E. Architecture for Payload Planning System(PPS) Software Distribution[C].Proceedings of the Space Programs and Technologies Conference,Huntsville,1995.

[72] 卜慧蛟,张进,罗亚中,等. 基于本体理论的空间站短期任务规划领域建模研究[J]. 载人航天,2016,22(2):191-201.

[73] Bu H J,Zhang J,Luo Y Z. Constraint Satisfaction and Optimization for Space Station Short-Term Mission Planning based on Iterative Conflict-Repair Method[J]. Engineering Optimization,2016,48(10):1658-1678.

[74] Bu H J,Zhang J,Luo Y Z,et al. Multi-Objective Optimization of Space Station Short-Term Mission Planning[J]. Science China Technological Sciences,2015,58(12):2169-2185.

[75] 王帅,张海联,陆彬. 基于协同的空间站运营飞行任务规划方法研究[J]. 载人航天,2018,24(3):333-339.

[76] Qiu D Y,Bu H J,Zhang J,et al. Space Station Short-Term Mission Planning under Dynamic Resource Constraints using Differential Evolution[C]. 66th International Astronautical Congress,Jerusalem,2015.

[77] 邱冬阳,卜慧蛟,王帅,等. 空间站运营在轨任务并行规划技术研究[C]. 载人航天,2016,22(6):680-686.

[78] 邱冬阳. 空间站运营任务层规划技术研究[D]. 长沙:国防科技大学,2016.

[79] Qiu D Y,Bu H J,Zhang J,et al. Mission Planning System of Space Station Operation[C]. 67th International Astronautical Congress,Guadalajara,2016.

[80] 牟帅,卜慧蛟,张进,等. 面向突发任务的空间站任务重规划方法[J]. 航空学报,2017,38(7):266-273.

[81] 牟帅. 空间站运营在轨任务重规划方法研究[D]. 长沙:国防科技大学,2017.

［82］ Brooks Jr R N. The Evolution of the Voyager Mission Sequence Software and Trends for Future Mission Sequence Software Systems［C］. AIAA 26th Aerospace Sciences Meeting, Reno, 1988.

［83］ Kortenkamp D, Bonasso R P, Schreckenghost D. A Procedure Representation Language for Human Spaceflight Operations［C］. The 9th International Symposium on Artificial Intelligence, Robotics and Automation for Space(i-SAIRAS-08), Hollywood, 2008.

［84］ Clement B J, Barreiro J, Iatauro M J, et al. Spatial planning for international space station crew operations ［C］//Proceedings of the International Symposium on Artificial Intelligence, Robotics and Automation in Space, 2010.

［85］ Smith E. Intelligent systems technologies for ops［C］. SpaceOps 2012 Conference, Stockholm, 2012.

［86］ Smith E E, Korsmeyer D J, Hall V. Exploration Technologies for Operations［C］. SpaceOps 2014 Conference, Pasadena, 2014.

［87］ 席政. 载人航天飞行控制计划的自动生成[J]. 载人航天, 1998, 4(1):36-40.

［88］ 席露华, 周彬, 朱华. 基于专家系统的飞控计划自动生成中的冲突消解[J]. 飞行器测控学报, 2003, 22(4):22-25.

［89］ 洪春辉, 梁爽, 唐歌实. 飞行试验任务的计划工作模式研究[C]//飞行力学与飞行试验(2006)学术交流年会论文集, 中国航空学会, 2006.

第2章
空间站多阶段飞行轨道方案规划

在长期飞行过程中,空间站将执行轨道衰减维持,在交会对接前作为目标飞行器进行目标调相,在载人飞船分离返回前为了减少飞船的推进剂消耗进行对地着陆调整,在执行对地观测任务前进行星下点轨迹瞄准等飞行任务;一定时间内陆续执行的多个飞行任务对于空间站轨道高度、偏心率、纬度幅角等轨道特性存在相互约束和影响。另外,自主飞行、交会对接和组合体飞行等飞行阶段轨道高度的选择,对用于轨道维持、飞船入轨抬升和组合体抬升的推进剂消耗存在相互影响。

现有研究多是针对短时间内或单个飞船访问任务对应的飞行高度选择策略,以及针对目标调相、轨道维持、轨道抬升、星下点轨迹控制等单个飞行任务规划。作者所在团队在上述飞行任务紧密相关的交会对接[1-3]、发射窗口[3-4]、轨道维持[5]、目标调相[5-8]与长时间轨道机动[9]等方面分别开展了深入研究。本章综合考虑长时间内不同飞行阶段高度选择的相互影响,对多个飞行阶段轨道高度进行综合设计,进一步考虑不同飞行任务轨道机动对空间站轨道特性的相互影响,对多个飞行任务进行综合规划[10]。

主要内容安排如下:2.1 节介绍空间站轨道设计特点,分析规划方法思路;2.2 节建立多飞行阶段轨道高度综合设计模型,阐述结合单纯形法与解析打靶迭代方法的两层优化策略;2.3 节建立多飞行任务轨道机动综合规划模型,阐述结合遗传算法与解析打靶迭代方法及拟牛顿法的两层优化策略。

2.1　空间站轨道设计特点与规划方法分析

2.1.1　空间站轨道设计特点

空间站飞行轨道设计主要对轨道倾角和轨道高度进行设计,考虑的主要因素包括对地覆盖范围、星下点轨迹过境频率、在轨试验安排、天地通信能力等[11]。空间站飞行轨道倾角选择主要考虑提供最大的对地覆盖能力和在安全辐射范围之内两方面的约束,飞行轨道倾角的范围一般为 0°~65°,大于 65°时轨道所处环境将因辐射过高而危害人体健康。空间站飞行轨道倾角的确定与发射场的纬度密切相关,如国际空间站的轨道倾角为 51.6°,与拜科努尔发射场的纬度相近[12]。空间站的轨道倾角一旦确定下来,在长期飞行过程中除了进行必要的轨道倾角维持外,其标称值一般不会改变[13]。

与轨道倾角不同,飞行轨道高度在空间站长期飞行过程中是不断变化的,需要根据不同飞行阶段的特点对轨道高度的特殊要求进行设计。空间站飞行轨道高度选择主要考虑在轨试验要求、货运飞船运载能力、轨道维持与抬升、辐射环境范围和交会对接适应性等因素。空间站需要定期进行轨道衰减维持与轨道抬升,在交会对接前作为目标飞行器需要进行目标调相,在载人飞船分离返回前为了减少飞船的推进剂消耗,需要进行对地着陆调整(简称飞船返回调整),在执行对地侦察观测任务前需要进行星下点轨迹瞄准(简称对地观测瞄准)等,典型的飞行任务如图 2.1.1 所示。一定时间内多个飞行任务的轨道机动对于空间站轨道高度和偏心率等轨道特性存在相互约束和影响,前一飞行任务的终端轨道状态将影响着后一飞行任务的初始轨道状态,需要进行综合分析。

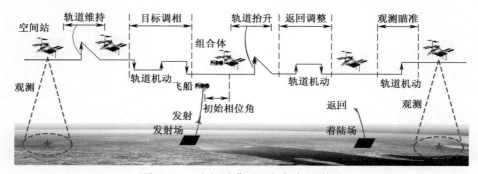

图 2.1.1　空间站典型飞行任务示意图

在飞船访问之前,空间站作为目标飞行器需要进行调相机动,以满足追踪入轨点进入目标轨道平面时目标轨道高度、偏心率及纬度幅角要求。目标调相对增加追踪发射窗口、标准化追踪交会机动过程、合理配置交会过程中有限的测控资源等具有重要意义[12-13]。林西强[14]、沈红新[5]、张进[6-7]、黄海兵[8]等研究了交会目标轨道选择问题、目标调相规划问题。

载人飞船对接结束、返回地面之前的组合体飞行期间,为了保证载人飞船良好的返回条件,需要进行轨道调整,使得飞船的星下点轨迹在返回圈经过着陆场,同时保持轨道回归性使飞船以具有周期性返回的机会。由于飞船携带的推进剂有限,组合体飞行末期的返回调整机动由空间站执行。

空间站的主要用途之一是通过站上观测设备进行对地观测和资源勘探。为了实现在特定时刻对特定地区的观测,需要在观测任务之前执行轨道机动,使得空间站星下点轨迹瞄准观测目标区域。在长期飞行过程中,空间站需要适时地进行轨道维持以补充大气阻力造成的轨道衰减;对接后的轨道抬升主要是使空间站飞行于较高轨道,以减少用于轨道维持所需的推进剂消耗。

空间站的目标调相、返回调整、观测瞄准、轨道维持与抬升等飞行任务,主要是通过施加轨道面内的机动冲量,对半长轴、偏心率和纬度幅角等轨道要素进行调整。一定时间内的多次面内机动,将引起半长轴、偏心率和纬度幅角的变化,使得不同飞行任务之间相互影响。①目标调相、返回调整、观测瞄准、轨道维持与抬升等任务的机动方案,应充分考虑相邻任务对轨道高度的约束需求,避免前一飞行任务的升轨(或降轨)机动过多,导致为了满足下一飞行任务要求而进行额外的降轨(或升轨)机动,造成推进剂浪费;②轨道机动会引起偏心率的改变,应综合考虑相邻轨道任务的机动方案,保持空间站飞行于近圆轨道;③访问飞船的发射时间,将直接影响空间站调相方案和组合体抬升方案,通过影响组合体飞行而间接影响飞船返回调整方案。

另外,基于货运飞船和载人飞船的周期性访问,可以将空间站长期飞行过程分为升轨、自主飞行、交会对接和组合体飞行4个基本阶段,多个飞行阶段的轨道高度选择,将影响用于轨道维持、飞船入轨抬升和组合体抬升的总推进剂消耗。①当交会对接轨道较低时,访问飞船能以较少的推进剂消耗从初始入轨轨道抬升至交会对接轨道,但需要更多的推进剂消耗以完成对接结束后的组合体升轨过程;②当自主飞行轨道或组合体飞行轨道较高时,用于轨道高度衰减维持的推进剂消耗较少,但相应地会增加空间站或组合体升轨机动过程的推进剂消耗;③对于空间站或组合体飞行轨道高度的选择,应该考虑升轨机动至下一次交会对接任务期间的轨道衰减规律,避免因升轨过高而需要额外的降轨机动,造成推进剂浪费。

◢ 2.1.2　规划方法分析

本章对空间站飞行轨道方案优化问题的研究分为两个层次。首先,综合考虑相邻飞行阶段的影响,对长期飞行过程多个飞行阶段的轨道高度进行综合设计,通过合理选择不同飞行阶段的轨道高度及安排相应阶段内的轨道机动策略,在满足站上运营任务(如大型微重力试验对轨道方案约束)的同时,优化推进剂消耗。进一步地,综合考虑多个飞行任务相应轨道机动对空间站轨道特性的相互影响,及考虑飞船访问对空间站调相方案、组合体抬升方案和飞船返回调整方案的影响,对在一定时间内陆续执行的目标调相、对地观测瞄准和载人飞船返回前调整等飞行任务进行综合规划,在满足多任务约束的同时优化推进剂消耗。

多飞行阶段轨道高度综合设计,以多个飞行阶段的轨道高度、每个阶段内用于轨道维持和升轨的机动冲量与机动时间为设计变量进行优化;多飞行任务轨道机动综合规划,以访问飞船的发射时间、每个飞行任务对应的机动冲量与机动时间为设计变量进行优化。为了稳定、快速地获得优化解,本章分别采用两层优化方法对两个优化问题的设计变量进行分类处理。对于多飞行阶段轨道高度综合设计,上层优化处理飞行轨道高度的选择,下层优化处理机动冲量与机动时间的求解;对于多飞行任务轨道机动综合规划,上层优化处理飞船访问时间的选择,下层优化处理机动冲量与机动时间的求解。

空间站飞行过程长达数月或数年,完成一次完整飞行轨道积分需要较长时间,计算一次目标函数需要一次完整轨道积分仿真,而整个优化过程需要多次计算目标函数即进行多次轨道积分,具有很高的计算时间成本。因此,本章提出了将机动冲量的解析计算公式与摄动轨道积分相结合的打靶迭代策略,用以快速获得摄动条件下满足半长轴、偏心率和纬度幅角等轨道要素约束的机动参数,并作为两个下层优化问题处理机动冲量的求解方法。另外,两个上层优化问题分别调用合适的优化算法对设计变量进行寻优。

2.2　多飞行阶段轨道高度综合设计

◤2.2.1　周期规划模型

进行长期飞行轨道高度设计的有效方法是将全寿命周期分成多个基准规划周期,采用分周期规划方法将全寿命飞行轨道高度设计问题转化为多个基准规划周期的规划问题。基准规划周期如图 2.2.1 所示,包括 5 个基本飞行阶段:①第一升轨阶段;②自主飞行阶段;③交会对接阶段;④第二升轨阶段;⑤组合体飞行阶段。在第一升轨阶段和第二升轨阶段,施加的轨道机动分别用于抬升空间站和组合体;在交会对接阶段,轨道机动任务是将访问飞船从初始入轨轨道提升至交会对接轨道高度,期间空间站作为目标器不进行轨道机动;在自主飞行阶段和组合体飞行阶段,施加的轨道机动主要用于空间站或组合体的轨道高度衰减维持和为了满足下次交会对接任务要求的目标器调相机动。基于基准设计周期的定义,建立多飞行阶段轨道高度综合设计的周期规划模型。

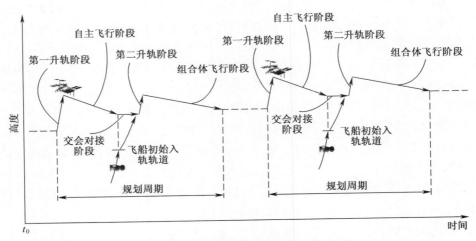

图 2.2.1   空间站飞行轨道高度基准设计周期

1. 设计变量

设计变量包括每个飞行阶段的轨道高度,以及每个飞行阶段内的轨道机动冲量和机动时间。其中,访问飞船入轨后的轨道抬升采用双脉冲变轨机动,空间站和组合体轨道抬升,以及空间站和组合体长期飞行过程的轨道维持采用单脉冲变轨机动;对于空间站长期飞行轨道高度设计问题,主要任务是进行不同飞行阶段的高度选择,目标调相的约束主要考虑空间站的轨道高度约束,同样采用单脉冲变轨机动。

$$\boldsymbol{X} = (h_{\text{Lift\_1}}^0 , h_{\text{Auto}}^0 , h_{\text{RVD}}^0 , h_{\text{Lift\_2}}^0 , h_{\text{Comp}}^0 , h_{\text{f}} ; \Delta v_{\text{Lift\_1}} , t_{\text{Lift\_1}} ; \Delta v_{\text{Auto}}(j) , t_{\text{Auto}}(j) ;$$

$$\Delta v_{\text{RVD}}(1) , t_{\text{RVD}}(1) , \Delta v_{\text{RVD}}(2) , t_{\text{RVD}}(2) ; \Delta v_{\text{Lift\_2}} , t_{\text{Lift\_2}} ; \Delta v_{\text{Comp}}(m) , t_{\text{Comp}}(m))^{\text{T}}$$

$$j = 1,2,\cdots,n_{\text{Auto}} ; m = 1,2,\cdots,n_{\text{Comp}} \qquad (2.2.1)$$

式中:$h_{\text{Lift\_1}}^0$、h_{Auto}^0、h_{RVD}^0、$h_{\text{Lift\_2}}^0$ 和 h_{Comp}^0 分别为第一升轨阶段、自主飞行阶段、交会对接阶段、第二升轨阶段和组合体飞行阶段等的初始轨道高度;h_{f} 为规划周期末端时刻对应的轨道高度;$\Delta v_{\text{Lift\_1}}$ 和 $t_{\text{Lift\_1}}$、$\Delta v_{\text{Lift\_2}}$ 和 $t_{\text{Lift\_2}}$ 分别为第一升轨阶段、第二升轨阶段内的轨道机动冲量大小和机动时间;$\Delta v_{\text{RVD}}(1)$ 和 $t_{\text{RVD}}(1)$、$\Delta v_{\text{RVD}}(2)$ 和 $t_{\text{RVD}}(2)$ 分别为交会对接阶段内访问飞船两次升轨机动的冲量大小和机动时间;$\Delta v_{\text{Auto}}(j)$ 和 $t_{\text{Auto}}(j)$、$\Delta v_{\text{Comp}}(m)$ 和 $t_{\text{Comp}}(m)$ 分别为自主飞行阶段、组合体飞行阶段内第 j 次和第 m 次轨道机动冲量大小和机动时间;n_{Auto} 和 n_{Comp} 分别为两个阶段内的轨道机动总次数。

2. 目标函数

目标函数为每个阶段内的推进剂消耗之和,即

$$\min f(\boldsymbol{X}) = \Delta m_{\text{Lift\_1}} + \sum_{j=1}^{n_{\text{Auto}}} \Delta m_{\text{Auto}}(j) + \sum_{k=1}^{2} \Delta m_{\text{RVD}}(k) + \Delta m_{\text{Lift\_2}} + \sum_{m=1}^{n_{\text{Comp}}} \Delta m_{\text{Comp}}(m)$$

$$(2.2.2)$$

式中：$\Delta m_{\text{Lift\_1}}$、$\Delta m_{\text{Auto}}(j)$、$\Delta m_{\text{RVD}}(k)$、$\Delta m_{\text{Lift\_2}}$ 和 $\Delta m_{\text{Comp}}(m)$ 分别为 5 个飞行阶段内每次轨道机动对应的推进剂消耗。

3. 约束条件

首先，每个飞行阶段的终端轨道高度必须等于下个飞行阶段的初始轨道高度，有

$$h_{\text{Lift\_1}}^{\text{f}} = h_{\text{Auto}}^{0} \qquad\qquad (2.2.3)$$

$$h_{\text{Auto}}^{\text{f}} = h_{\text{RVD}}^{0} \qquad\qquad (2.2.4)$$

$$h_{\text{RVD}}^{\text{f}} = h_{\text{Lift\_2}}^{0} \qquad\qquad (2.2.5)$$

$$h_{\text{Lift\_2}}^{\text{f}} = h_{\text{Comp}}^{0} \qquad\qquad (2.2.6)$$

$$h_{\text{Comp}}^{\text{f}} = h_{\text{f}} \qquad\qquad (2.2.7)$$

其次，组合体飞行轨道必须高于交会对接轨道；否则交会对接结束后需要消耗额外的推进剂用于降低飞行轨道以满足组合体飞行要求。

$$h_{\text{RVD}}^{0} \leqslant h_{\text{Comp}}^{0} \qquad\qquad (2.2.8)$$

最后，在空间站长期运营过程中，要满足大型微重力试验安排约束：单次大型微重力试验的持续时间必须大于 30 天，在大型微重力试验期间空间站不进行轨道机动。

$$30 \leqslant \Delta\Omega_{\text{m.e.}}(p) \qquad p = 1,2,\cdots,N_{\text{m.e.}} \qquad (2.2.9)$$

$$\begin{cases} t_{\text{Lift\_1}} \notin \Omega_{\text{m.e.}}(p) \\ t_{\text{Auto}}(j) \notin \Omega_{\text{m.e.}}(p) \qquad j = 1,2,\cdots,n_{\text{Auto}} \\ t_{\text{RVD}}(k), \notin \Omega_{\text{m.e.}}(p) \qquad k = 1,2 \\ t_{\text{Lift\_2}} \notin \Omega_{\text{m.e.}}(p) \\ t_{\text{Comp}}(m) \notin \Omega_{\text{m.e.}}(p) \qquad m = 1,2,\cdots,n_{\text{Comp}} \end{cases} \qquad (2.2.10)$$

式中：$\Delta\Omega_{\text{m.e.}}(p)$ 为第 p 次大型微重力试验的持续时间，$\Omega_{\text{m.e.}}(p) = [t_0(p), t_{\text{f}}(p)]$ 为第 p 次大型微重力试验的起止期间。

2.2.2　两层优化方法

式(2.2.1)所示的设计变量包括飞行阶段高度和阶段内轨道机动参数两大类；另外，式(2.2.8)要求的组合体飞行轨道高于交会对接轨道的约束影响着飞行阶段高度选择，而式(2.2.3)至式(2.2.7)要求的相邻飞行阶段终端与初始高度相等的约束决定着轨道机动冲量大小，式(2.2.10)要求的大型微重力试

47

验安排约束影响着机动时间的选择。因此,可以采用分层规划的方法对设计变量和约束条件进行分类处理。上层优化处理飞行阶段轨道高度,下层优化处理每个阶段内的轨道机动冲量和机动时间。通过将飞行阶段轨道高度传递给下层问题、下层目标函数值反馈给上层问题的循环计算,使得总推进剂消耗最优。

1. 上层优化

上层问题的设计变量为每个飞行阶段的初始轨道高度和规划周期末端时刻对应的轨道高度。

$$\boldsymbol{X}^{\mathrm{u}} = (h^0_{\mathrm{Lift\_1}}, h^0_{\mathrm{Auto}}, h^0_{\mathrm{RVD}}, h^0_{\mathrm{Lift\_2}}, h^0_{\mathrm{Comp}}, h_{\mathrm{f}})^{\mathrm{T}} \qquad (2.2.11)$$

在交会对接阶段,空间站不进行轨道机动,而且交会对接过程一般只持续较短的几天时间,所以将交会对接过程的轨道高度近似为固定不变,即初始轨道高度等于终端轨道高度,$h^0_{\mathrm{RVD}} = h^{\mathrm{f}}_{\mathrm{RVD}}$。根据式(2.2.5),可得 $h^0_{\mathrm{RVD}} = h_{\mathrm{Lift\_2}}$。通过如此处理,将交会对接阶段和第二升轨阶段合并成一个设计阶段,进而将上层问题的设计变量重新构造为

$$\boldsymbol{X}^{\mathrm{u}} = (h^0_{\mathrm{Lift\_1}}, h^0_{\mathrm{Auto}}, h^0_{\mathrm{RVD}}, h^0_{\mathrm{Comp}}, h_{\mathrm{f}})^{\mathrm{T}} \qquad (2.2.12)$$

上层问题的目标函数为最小化所有飞行阶段的推进剂消耗之和,即

$$\min f(\boldsymbol{X}^{\mathrm{u}}) = f^*_{\mathrm{Lift\_1}}(\boldsymbol{X}^{\mathrm{l}}) + f^*_{\mathrm{Auto}}(\boldsymbol{X}^{\mathrm{l}}) + f^*_{\mathrm{RVD\&Lift\_2}}(\boldsymbol{X}^{\mathrm{l}}) + f^*_{\mathrm{Comp}}(\boldsymbol{X}^{\mathrm{l}})$$
$$(2.2.13)$$

式中:$f^*_{\mathrm{Lift\_1}}(\boldsymbol{X}^{\mathrm{l}})$、$f^*_{\mathrm{Auto}}(\boldsymbol{X}^{\mathrm{l}})$、$f^*_{\mathrm{RVD\&Lift\_2}}(\boldsymbol{X}^{\mathrm{l}})$ 和 $f^*_{\mathrm{Comp}}(\boldsymbol{X}^{\mathrm{l}})$ 分别为第一升轨阶段、自主飞行阶段、交会对接与第二升轨组合阶段、组合体飞行阶段中的推进剂消耗,由下层问题的计算结果提供。

上层问题的约束条件主要考虑交会对接阶段与组合体飞行阶段的高度约束,即式(2.2.8)。上层问题采用单纯形法进行求解。单纯形法可以稳定、高效地求解非线性、多维的优化问题[15]。针对空间站长时间轨道积分需要较高计算时间成本的问题,在单纯形法搜索过程中引入了一种改进策略:由于不等式约束式(2.2.8)是设计变量飞行轨道高度的显式函数,因此,在单纯形法产生一组新的设计变量 $\boldsymbol{X}^{\mathrm{u}}$ 之后、开始飞行轨道积分仿真之前,首先对不等式(2.2.8)是否满足进行判断,对不满足约束的设计变量直接剔除,以减少飞行轨道积分仿真,从而减少算法的求解时间。

2. 下层优化

下层问题的设计变量包括每个飞行阶段内的轨道机动冲量大小和机动时间,有

$$X^{\mathrm{l}} = (\Delta v_{\mathrm{Lift\_1}}, t_{\mathrm{Lift\_1}}; \Delta v_{\mathrm{Auto}}(j), t_{\mathrm{Auto}}(j); \Delta v_{\mathrm{RVD}}(1), t_{\mathrm{RVD}}(1),$$

$$\Delta v_{\mathrm{RVD}}(2), t_{\mathrm{RVD}}(2); \Delta v_{\mathrm{Lift\_2}}, t_{\mathrm{Lift\_2}}; \Delta v_{\mathrm{Comp}}(m), t_{\mathrm{Comp}}(m))^{\mathrm{T}} \quad (2.2.14)$$

$$j = 1, 2, \cdots, n_{\mathrm{Auto}}; m = 1, 2, \cdots, n_{\mathrm{Comp}}$$

下层问题的约束条件包括：每个飞行阶段的终端轨道高度要求，即式（2.2.1）至式（2.2.7）；机动时间要求，即式（2.2.10）。

下层问题的目标函数为最小化每个飞行阶段内的推进剂消耗。

$$\begin{cases} \min f_{\mathrm{Lift\_1}}^*(X^{\mathrm{l}}) = \Delta m_{\mathrm{Lift\_1}} \\[2mm] \min f_{\mathrm{Auto}}^*(X^{\mathrm{l}}) = \sum_{j=1}^{n_{\mathrm{Auto}}} \Delta m_{\mathrm{Auto}}(j) \\[2mm] \min f_{\mathrm{RVD\&Lift\_2}}^*(X^{\mathrm{l}}) = \sum_{k=1}^{2} \Delta m_{\mathrm{RVD}}(k) + \Delta m_{\mathrm{Lift\_2}} \\[2mm] \min f_{\mathrm{Comp}}^*(X^{\mathrm{l}}) = \sum_{m=1}^{n_{\mathrm{Comp}}} \Delta m_{\mathrm{Comp}}(m) \end{cases} \quad (2.2.15)$$

式中：$f_{\mathrm{Lift\_1}}^*(X^{\mathrm{l}})$ 即 $\Delta m_{\mathrm{Lift\_1}}$，为抬升空间站至自主飞行轨道所需的推进剂；$f_{\mathrm{RVD\&Lift\_2}}^*(X^{\mathrm{l}})$ 即 $\Delta m_{\mathrm{RVD}}(1)$、$\Delta m_{\mathrm{RVD}}(2)$ 与 $\Delta m_{\mathrm{Lift\_2}}$ 之和，为将访问飞船从初始入轨轨道抬升至交会对接轨道、与抬升对接后的组合体至组合体飞行轨道所需的推进剂之和；$f_{\mathrm{Auto}}^*(X^{\mathrm{l}})$ 即所有 $\Delta m_{\mathrm{Auto}}(j)$ 之和，为自主飞行阶段内用于轨道维持和目标调相机动的推进剂消耗；$f_{\mathrm{Comp}}^*(X^{\mathrm{l}})$ 即所有 $\Delta m_{\mathrm{Comp}}(m)$ 之和，为组合体飞行阶段内用于轨道维持和目标调相机动的推进剂消耗；n_{Auto} 和 n_{Comp} 分别为组合体飞行阶段和自主飞行阶段内的轨道机动次数，由飞行阶段内的轨道维持和目标调相机动任务安排决定。$\Delta v_{\mathrm{Auto}}(j)$ 和 $\Delta v_{\mathrm{Comp}}(m)$ 的求解分别需要满足上一飞行阶段初始轨道高度与下一飞行阶段终端轨道高度的不等式约束式（2.2.4）和式（2.2.7），属于两点边值问题。

由 2.1.2 小节的分析可知，空间站飞行时间长达数月、数年，进行轨道积分仿真需要较长时间，因此对 $\Delta v_{\mathrm{Auto}}(j)$ 和 $\Delta v_{\mathrm{Comp}}(m)$ 的规划求解不适宜采用传统的非线性规划算法，如序列二次规划算法[16]等。本书采用一种只需要较少迭代次数的快速收敛方法进行机动冲量计算——解析公式与轨道数值积分相结合的打靶迭代求解策略，该求解策略包括 3 个主要步骤，如图 2.2.2 所示。

（1）高精度轨道积分至第 n（$n = 1, 2, 3, \cdots$）个机动位置，根据该时刻的半长轴偏移量 δa_n，根据下式计算第 n 次轨道机动冲量大小 Δv_n。

$$\Delta v_n \approx \frac{1}{2} \sqrt{\frac{\mu}{a_0^3}} \Delta a \quad (2.2.16)$$

（2）在每个机动位置施加机动冲量 Δv_n，并继续空间站飞行轨道仿真积分至终端时刻，得到终端时刻的半长轴偏移量 $\delta a(t_{\mathrm{f}})$。

（3）判断终端时刻半长轴偏移量 $\delta a(t_{\mathrm{f}})$ 是否满足精度要求 ε，如果满足要求，则退出迭代循环；如果不满足，则根据 $\delta a(t_{\mathrm{f}})$ 计算机动冲量的迭代量 $\delta(\Delta v_1)$，并以 $\delta(\Delta v_1)$ 为反馈信息继续迭代过程，直至 $\delta a(t_{\mathrm{f}})$ 满足精度要求 ε 为止。

上述打靶迭代策略可以用于快速地求解轨道机动冲量 $\Delta v_{\mathrm{Auto}}(j)$ 和 $\Delta v_{\mathrm{Comp}}(m)$。

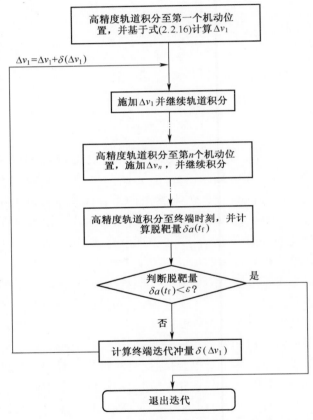

图 2.2.2　自主飞行段与组合体飞行段速度增量迭代计算流程

综上所述，两层优化框架可以表示为图 2.2.3。通过上层问题的设计变量作为下层问题的基本输入，同时下层问题的目标函数作为上层问题的反馈信息，构成两层优化求解过程。上层问题采用单纯形法进行优化，下层问题采用解析公式与轨道数值积分相结合的打靶迭代策略进行求解。

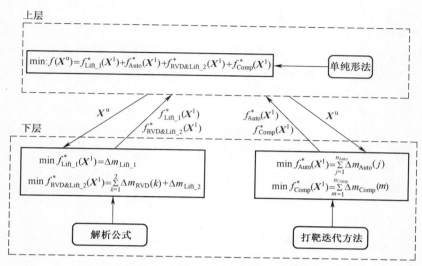

图 2.2.3　多飞行阶段轨道高度综合设计的两层优化框架

2.2.3　算例分析

本小节以单规划周期和双规划周期问题为例,采用所提出的建模方法及两层优化方法进行求解。

1. 问题配置

1）单周期规划问题

空间站飞行过程约为 6 个月,作为一个规划周期,如图 2.2.4 所示。在第 3

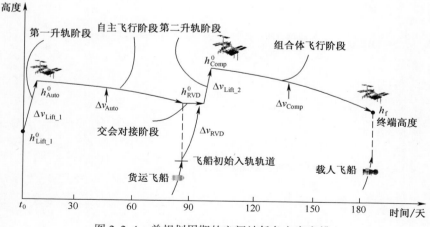

图 2.2.4　单规划周期的空间站任务方案安排

个月末期有一艘货运飞船进行补给访问,在第 6 个月末期,有一艘载人飞船进行航天员轮换。期间,空间站自主飞行阶段为 3 个月,交会对接阶段为 2 天,组合体飞行阶段为 3 个月。在空间站自主飞行阶段和组合体飞行阶段,各安排一次持续时间不小于 30 天的大型微重力试验,分别设定在第 30 和第 122 天执行一次轨道机动以满足终端轨道高度要求。

由于受到测控等工程条件的约束,轨道机动具体时间通常由变轨方案直接给定,不作为迭代变量,下层规划问题的求解只将机动冲量作为迭代变量。因此,单周期规划问题在两层优化求解过程中的具体优化变量为

$$X_1 = (h_{\text{Lift\_1}}^0, h_{\text{Auto}}^0, h_{\text{RVD}}^0, h_{\text{Comp}}^0, h_{\text{f}}; \Delta v_{\text{Lift\_1}}, \Delta v_{\text{Auto}},$$
$$\Delta v_{\text{RVD}}(1), \Delta v_{\text{RVD}}(2), \Delta v_{\text{Lift\_2}}, \Delta v_{\text{Comp}})^{\text{T}} \qquad (2.2.17)$$

2)双周期规划问题

空间站飞行过程约为 9 个月,作为两个规划周期,如图 2.2.5 所示。在第 3 个月和第 6 个月末期分别有一艘货运飞船进行补给访问,在第 9 个月末期,有一艘载人飞船进行航天员轮换。期间,空间站自主飞行阶段为 3 个月,两个交会对接阶段均为 2 天,两个组合体飞行阶段均为 3 个月。在空间站自主飞行阶段和两个组合体飞行阶段,各安排一次持续时间不小于 30 天的大型微重力试验,分别设定在第 30 天、第 122 天和第 214 天执行一次轨道机动以满足终端轨道高度要求。同样地,轨道机动具体时间不作为迭代变量,因此双周期规划问题在两层优化求解过程中的具体优化变量为

$$X_2 = (h_{\text{Lift\_1}}^0, h_{\text{Auto}}^0, h_{\text{RVD\_1}}^0, h_{\text{Comp\_1}}^0, h_{\text{RVD\_2}}^0, h_{\text{Comp\_2}}^0, h_{\text{f}}; \Delta v_{\text{Lift\_1}}, \Delta v_{\text{Auto}},$$
$$\Delta v_{\text{RVD\_1}}(1), \Delta v_{\text{RVD\_1}}(2), \Delta v_{\text{Lift\_2}}, \Delta v_{\text{Comp\_1}}, \Delta v_{\text{RVD\_2}}(1),$$
$$\Delta v_{\text{RVD\_2}}(2), \Delta v_{\text{Lift\_3}}, \Delta v_{\text{Comp\_2}})^{\text{T}} \qquad (2.2.18)$$

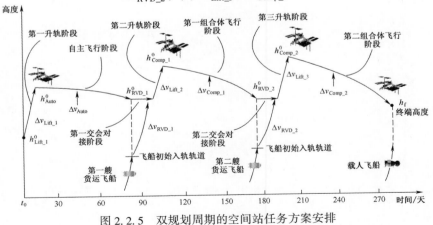

图 2.2.5 双规划周期的空间站任务方案安排

3）初始轨道参数和相关约束设置

由于太阳活动规律是影响大气衰减作用的主要因素,分别选择空间站飞行于太阳活动均年(选为 2020 年)和高年(选为 2023 年)两种情况进行分析。

对于空间站飞行于太阳活动均年的情况:空间站初始轨道高度为 344km,整个飞行期间的轨道高度范围为 350~400km;货运飞船的初始入轨轨道近地点高度和远地点高度分别为 200km 和 350km,可以在 350~400km 高度范围内与空间站完成交会对接;考虑到载人飞行的安全性,载人飞船与空间站在两天回归轨道完成交会对接,对应轨道高度为 344km、轨道倾角为 42°。

对于空间站飞行于太阳活动高年的情况:空间站初始轨道高度为 393km,整个飞行期间的轨道高度范围为 400~450km;货运飞船的初始入轨轨道近地点高度和远地点高度分别为 200km 和 350km,可以在 400~450km 高度范围内与空间站完成交会对接;考虑到载人飞行的安全性,载人飞船与空间站在 3 天回归轨道完成交会对接,对应轨道高度为 393km、轨道倾角为 42°。

空间站与货运飞船的轨道积分动力学模型参数如表 2.2.1 所列。轨道积分考虑地球非球形摄动及大气阻力摄动,引力场为 10×10 阶次的 JGM3 模型(Joint Gravity Model 3)[17],大气模型为 NRLMSISE-00[18]。轨道计算涉及的常数取 $\mu = 3.986004418 \times 10^{14} \, m^3/s^2$,$J_2 = 1.0826261 \times 10^{-3}$,$a_e = 6378.137km$。太阳活动均年的 F10.7 通量为 150,地磁指数 $k_p = 3.156$;太阳活动高年的 F10.7 通量为 200,地磁指数 $k_p = 3.796$。

表 2.2.1 多飞行阶段轨道高度综合设计动力学模型参数

指标	空间站	货运飞船
质量/t	200	20
阻力面积/m²	800	60
发动机比冲/(m/s)	3000	2990
阻力系数 C_d	2.2	2.2

2. 两层优化解

采用提出的两层优化方法对单规划周期和双规划周期问题进行求解,得到推进剂优化解如表 2.2.2 和表 2.2.3 所列,包括每个飞行阶段的轨道高度、轨道机动冲量大小及对应的推进剂消耗。为了更加清晰地表达每个飞行阶段内的轨道机动总冲量,在表 2.2.2 中以 $\Delta v_{RVD} = \Delta v_{RVD}(1) + \Delta v_{RVD}(2)$ 表示单规划周期问题中货运飞船升轨过程双脉冲机动的总冲量;表 2.2.3 中以 $\Delta v_{RVD\_1} = \Delta v_{RVD\_1}(1) + \Delta v_{RVD\_1}(2)$、$\Delta v_{RVD\_2} = \Delta v_{RVD\_2}(1) + \Delta v_{RVD\_2}(2)$ 分别表示双周期规划问题中第一艘和第二艘货运飞船升轨机动的总冲量。基于表 2.2.2 和表 2.2.3 的冲量大小,对空间站飞行轨道进行仿真积分,得到轨道半长轴的变化过程如图 2.2.6 所示。根据优化结果可以看出,在太阳活动高年,空间站飞行于较高的轨道高度有助于节省推进剂消耗。

表 2.2.2　单规划周期问题的推进剂优化解

太阳活动		设计变量					推进剂/kg
均年	高度 /km	$h^0_{\text{Lift\_1}}$	h^0_{Auto}	h^0_{RVD}	h^0_{Comp}	h_f	2319.2
		344.0	388.7	371.9	373.5	344.0	
	冲量 /(m/s)	$\Delta v_{\text{Lift\_1}}$	Δv_{Auto}	Δv_{RVD}	$\Delta v_{\text{Lift\_2}}$	Δv_{Comp}	
		25.63	2.75	56.14	0.87	0.015	
高年	高度 /km	$h^0_{\text{Lift\_1}}$	h^0_{Auto}	h^0_{RVD}	h^0_{Comp}	h_f	2224.3
		393.0	435.6	416.0	417.6	393.0	
	冲量 /(m/s)	$\Delta v_{\text{Lift\_1}}$	Δv_{Auto}	Δv_{RVD}	$\Delta v_{\text{Lift\_2}}$	Δv_{Comp}	
		24.19	0.24	81.1	0.91	0.005	

表 2.2.3　双规划周期问题的推进剂优化解

太阳活动		设计变量								推进剂/kg
均年	高度 /km	$h^0_{\text{Lift\_1}}$	h^0_{Auto}	$h^0_{\text{RVD\_1}}$	$h^0_{\text{Comp\_1}}$	$h^0_{\text{RVD\_2}}$	$h^0_{\text{Comp\_2}}$	h_f	—	3490.4
		344.0	391.1	375.1	375.3	371.4	371.6	344.0	—	
	冲量 /(m/s)	$\Delta v_{\text{Lift\_1}}$	Δv_{Auto}	$\Delta v_{\text{RVD\_1}}$	$\Delta v_{\text{Lift\_2}}$	$\Delta v_{\text{Comp\_1}}$	$\Delta v_{\text{RVD\_2}}$	$\Delta v_{\text{Lift\_3}}$	$\Delta v_{\text{Comp\_2}}$	
		27.02	2.73	57.92	0.078	10.23	55.86	0.068	0.114	
高年	高度 /km	$h^0_{\text{Lift\_1}}$	h^0_{Auto}	$h^0_{\text{RVD\_1}}$	$h^0_{\text{Comp\_1}}$	$h^0_{\text{RVD\_2}}$	$h^0_{\text{Comp\_2}}$	h_f	—	3335.6
		393.0	441.8	428.0	430.2	413.9	414.6	393.0	—	
	冲量 /(m/s)	$\Delta v_{\text{Lift\_1}}$	Δv_{Auto}	$\Delta v_{\text{RVD\_1}}$	$\Delta v_{\text{Lift\_2}}$	$\Delta v_{\text{Comp\_1}}$	$\Delta v_{\text{RVD\_2}}$	$\Delta v_{\text{Lift\_3}}$	$\Delta v_{\text{Comp\_2}}$	
		27.67	1.835	87.88	1.205	1.332	79.97	0.366	0.82	

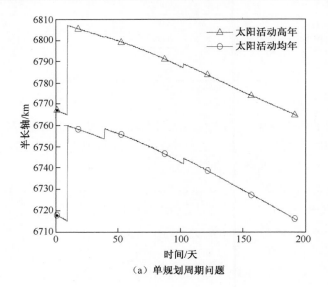

（a）单规划周期问题

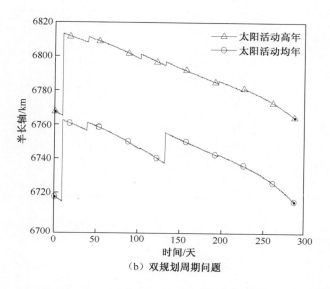

（b）双规划周期问题

图 2.2.6　两层优化解对应的轨道半长轴变化

3. 对比分析

关于空间站飞行轨道高度选择方法，Messerchmid 和 Bertrand[12]、Winters[19] 和 Sergeyevsk[20] 曾经提出一种直接选择策略：空间站在自主飞行阶段和组合体飞行阶段飞行于允许范围的最高轨道，以减少该阶段用于轨道高度衰减维持的推进剂消耗，在交会对接阶段飞行于允许范围的最低轨道，以减少货运飞船从初始入轨轨道抬升至交会对接轨道的推进剂消耗。为了验证本书所提出的两层优化方法的正确性，本小节采用上述直接选择策略对同样的单规划周期和双规划周期问题进行求解，对计算结果进行对比分析。

根据直接选择策略，太阳活动均年中空间站的自主飞行阶段和组合飞行阶段轨道高度为 400km，交会对接阶段轨道高度为 350km，太阳活动高年中空间站的自主飞行阶段和组合飞行阶段轨道高度为 450km，交会对接阶段轨道高度为 400km；飞行阶段内的轨道机动冲量大小的计算，同样以式（2.2.4）和式（2.2.7）为约束条件，采用 2.2.2 小节中提出的解析公式与轨道数值积分相结合的打靶迭代策略进行求解，结果如表 2.2.4 和表 2.2.5 所列。表中的负向冲量表明，为了满足交会对接过程的轨道高度要求，空间站在飞行过程中施加了反向冲量以降低自主飞行阶段和组合体飞行阶段的轨道高度。

表 2.2.4　单规划周期问题的直接选择策略解

太阳活动	设计变量						推进剂/kg
均年	高度 /km	$h_{Lift\_1}^0$	h_{Auto}^0	h_{RVD}^0	h_{Comp}^0	h_f	6445.7
		344.0	400.0	350.0	400.0	344.0	
	冲量 /(m/s)	Δv_{Lift_1}	Δv_{Auto}	Δv_{RVD}	Δv_{Lift_2}	Δv_{Comp}	
		32.12	−12.7	43.57	28.64	−15.75	
高年	高度 /km	$h_{Lift\_1}^0$	h_{Auto}^0	h_{RVD}^0	h_{Comp}^0	h_f	6987.2
		393.0	450.0	400.0	450.0	393.0	
	冲量 /(m/s)	Δv_{Lift_1}	Δv_{Auto}	Δv_{RVD}	Δv_{Lift_2}	Δv_{Comp}	
		32.34	−15.1	72.05	28.32	−18.68	

表 2.2.5　双规划周期问题的直接选择策略解

太阳活动	设计变量								推进剂/kg
均年	高度 /km	$h_{Lift\_1}^0$	h_{Auto}^0	$h_{RVD\_1}^0$	$h_{Comp\_1}^0$	$h_{RVD\_2}^0$	$h_{Comp\_2}^0$	h_f	—
		344.0	400.0	350.0	400.0	350.0	400.0	344.0	—
									9772.6
	冲量 /(m/s)	Δv_{Lift_1}	Δv_{Auto}	Δv_{RVD_1}	Δv_{Lift_2}	Δv_{Comp_1}	Δv_{RVD_2}	Δv_{Lift_3}	Δv_{Comp_2}
		32.12	−12.7	43.57	28.64	−13.6	43.57	28.64	−16.4
高年	高度 /km	$h_{Lift\_1}^0$	h_{Auto}^0	$h_{RVD\_1}^0$	$h_{Comp\_1}^0$	$h_{RVD\_2}^0$	$h_{Comp\_2}^0$	h_f	—
		393	450.0	400.0	450.0	400.0	450.0	393.0	—
									10647.3
	冲量 /(m/s)	Δv_{Lift_1}	Δv_{Auto}	Δv_{RVD_1}	Δv_{Lift_2}	Δv_{Comp_1}	Δv_{RVD_2}	Δv_{Lift_3}	Δv_{Comp_2}
		32.34	−15.1	72.05	28.32	−15.9	72.05	28.32	−19.5

　　采用两层优化方法和直接选择策略两种方法进行求解,对应推进剂总消耗对比结果如表 2.2.6 所列。可以看出采用本书提出的两层优化方法相对于直接选择策略,可以节省高达 60%~70% 的推进剂消耗。采用两种求解方法,对应的空间站飞行轨道半长轴随时间变化的对比情况如图 2.2.7 所示,可以看出采用两层优化方法对应的半长轴变化比较平滑,而采用直接选择策略对应的半长轴变化存在明显振荡。

表 2.2.6　推进剂总消耗对比　　　　　　　　　（kg）

太阳活动	单周期规划问题		双周期规划问题	
	均年	高年	均年	高年
两层优化策略	2319.2	2224.3	3490.4	3335.6
直接选择策略	6445.7	6987.2	9772.6	10647.3

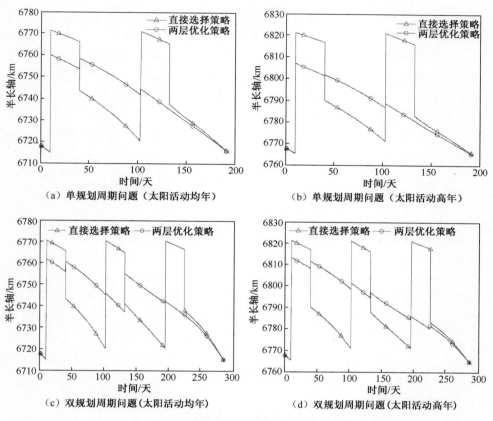

图 2.2.7 两种优化策略对应的轨道半长轴变化

上述对比分析表明,采用两层优化方法进行空间站长期飞行轨道设计,可以有效地减少推进剂消耗。分析其主要原因,是因为该方法对空间站飞行轨道高度的选择综合考虑了不同飞行阶段之间的相互影响,而且利用了大气阻力对空间站轨道的衰减规律,因此可以避免在空间站飞行过程中施加负向冲量来降低之前抬升得过高的轨道。

2.3 多飞行任务轨道机动综合规划

2.3.1 规划模型

2.2 节从飞行轨道高度选择的角度,对长期飞行过程中用于轨道衰减维持与轨道抬升的推进剂消耗进行优化。在长期飞行过程中,空间站除了进行轨道衰减维持与轨道抬升外,由于与访问飞船交会对接、对地侦察观测、载人飞船分离返回等任务要求,在一定时间内可能会陆续执行目标调相、对地观测瞄准和载人飞船返回前调整等轨道机动,这些飞行任务的轨道机动对于空间站轨道高度和偏心率等轨道特性存在相互约束和影响。本节进一步对一定时间内的多个飞行任务进行综合规划,在满足多任务约束的同时优化推进剂消耗。

1. 设计变量

设计变量包括访问飞船的发射时间、每个飞行任务对应的机动冲量和机动时间。

$$\boldsymbol{X} = (t_{m.v.}(i); t_{c.v.}(j); \Delta v_{\text{Phasing}}(k), t_{\text{Phasing}}(k); \Delta v_{\text{View}}(l), t_{\text{View}}(l);$$
$$\Delta v_{\text{Return}}(m), t_{\text{Return}}(m))^{\mathrm{T}}$$
$$i = 1,2,\cdots,n_{m.v.}; j = 1,2,\cdots,n_{c.v.}; k = 1,2,\cdots,n_{\text{Phasing}};$$
$$l = 1,2,\cdots,n_{\text{View}}; m = 1,2,\cdots,n_{\text{Return}}$$

$$(2.3.1)$$

式中:$t_{m.v.}(i)$、$t_{c.v.}(j)$ 分别为第 i 次载人飞船和第 j 次货运飞船的发射时间;$n_{m.v.}$、$n_{c.v.}$ 分别为载人飞船和货运飞船的发射总数;$\Delta v_{\text{Phasing}}(k)$、$t_{\text{Phasing}}(k)$ 和 n_{Phasing} 分别为目标调相的第 k 次机动冲量、时间和机动总次数;$\Delta v_{\text{View}}(l)$、$t_{\text{View}}(l)$ 和 n_{View} 分别为观测瞄准的第 l 次机动冲量、时间和机动总次数;$\Delta v_{\text{Return}}(m)$、$t_{\text{Return}}(m)$ 和 n_{Return} 分别为返回调整的第 m 次机动冲量、时间和机动总次数。

2. 目标函数

目标函数为每个飞行任务的速度增量之和,即

$$\min f(\boldsymbol{X}) = \sum_{k=1}^{n_{\text{Phasing}}} |\Delta v_{\text{Phasing}}(k)| + \sum_{l=1}^{n_{\text{View}}} |\Delta v_{\text{View}}(l)| + \sum_{m=1}^{n_{\text{Return}}} |\Delta v_{\text{Return}}(m)|$$

$$(2.3.2)$$

3. 约束条件

为了保证航天员的生理与心理健康,需要载人飞船定期访问完成航天员驻留轮换;空间站运营活动的开展将消耗站上储备的推进剂、生活用品、维护维修备件、试验器材等物资,需要货运飞船进行定期补给。因此,载人飞船与货运飞船的发射时间首先要满足航天员驻留轮换周期和物资补给时间的要求,有

$$t_{m.v.}(i+1) - t_{m.v.}(i) \leqslant p_{\text{Crew}} \qquad i = 1,2,\cdots,n_{m.v.} \qquad (2.3.3)$$
$$t_{c.v.}(j) \leqslant t_{\text{Resource}}^{\min}(j) \qquad j = 1,2,\cdots,n_{c.v.} \qquad (2.3.4)$$

式中:p_{Crew} 为航天员轮换周期;$t_{\text{Resource}}^{\min}(j)$ 为最迟的站上物资补给时间。二者均由具体的空间站运营任务安排决定。

载人飞船与货运飞船的发射时间还要满足交会对接发射窗口约束[10],即

$$t_{m.v.}(i) \in \Phi_{m.v.}(i) \qquad i = 1, 2, \cdots, n_{m.v.} \qquad (2.3.5)$$

$$t_{c.v.}(j) \in \Phi_{c.v.}(j) \qquad j = 1, 2, \cdots, n_{c.v.} \qquad (2.3.6)$$

式中：$\Phi_{m.v.}(i) = [t_0(i), t_f(i)]$ 为第 i 次载人飞船的发射窗口；$\Phi_{c.v.}(j) = [t_0(j), t_f(j)]$ 为第 j 次货运飞船的发射窗口。

对于目标调相,在调相任务终端时刻 t_f,要求空间站纬度幅角 $u(t_f)$、轨道平均半长轴 $\bar{a}(t_f)$ 和平均偏心率 $\bar{e}(t_f)$ 满足交会对接相位角、轨道高度和近圆轨道的要求,即

$$u(t_f) = u_f^{\mathrm{aim}} \qquad (2.3.7)$$

$$\bar{a}(t_f) = \bar{a}_f^{\mathrm{aim}} \qquad (2.3.8)$$

$$\bar{e}(t_f) < \varepsilon_e \qquad (2.3.9)$$

式中：u_f^{aim}、$\bar{a}_f^{\mathrm{aim}}$ 和 ε_e 分别为终端瞄准的纬度幅角、半长轴和偏心率上限值。

将飞船发射进入空间站轨道平面时刻作为调相任务的终端时刻 t_f,"空间站与飞船轨道共面"要求该时刻空间站轨道的升交点地理经度 $\lambda(t_f)$ 与飞船入轨点的升交点地理经度 λ_{c0} 相等,即

$$\lambda(t_f) = \lambda_{c0} \qquad (2.3.10)$$

对于观测瞄准,在执行观测任务的时刻,要求空间站在地面观测目标正上空,即该时刻对应的空间站的地心经纬度(或地理经纬度)等于观测目标的地心经纬度(或地理经纬度),即

$$\delta_{\mathrm{S.S.}} = \delta_{\mathrm{Target}} \qquad (2.3.11)$$

$$\varphi_{\mathrm{S.S.}} = \varphi_{\mathrm{Target}} \qquad (2.3.12)$$

式中：$\delta_{\mathrm{S.S.}}$ 和 $\varphi_{\mathrm{S.S.}}$ 为空间站的地心经度和地心纬度；δ_{Target} 和 $\varphi_{\mathrm{Target}}$ 为观测目标的地心经度和地心纬度。地心经纬度与轨道要素存在以下关系,即

$$\begin{cases} u = \arcsin\left(\dfrac{\sin\varphi}{\sin i}\right) & \text{升段} \\[3mm] u = \pi - \arcsin\left(\dfrac{\sin\varphi}{\sin i}\right) & \text{降段} \end{cases} \qquad (2.3.13)$$

$$\begin{cases} \Omega - \bar{S}(t) = \lambda = \delta - \arctan(\cos i \tan u) & \text{升段} \\[2mm] \Omega - \bar{S}(t) = \lambda = \delta - \arctan(\cos i \tan u) - \pi & \text{降段} \end{cases} \qquad (2.3.14)$$

式中：Ω 为升交点赤经；$\bar{S}(t)$ 为格林尼治平恒星时；λ 为升交点地理经度。因此,空间站对地观测瞄准的地心经纬度约束可以转化为观测时刻对应的轨道要素约束,有

$$u_{\mathrm{View}} = u_{\mathrm{View}}^{\mathrm{aim}} \qquad (2.3.15)$$

$$\lambda_{\mathrm{View}} = \lambda_{\mathrm{View}}^{\mathrm{aim}} \qquad (2.3.16)$$

式中：u_{View} 和 λ_{View} 分别为观测时刻对应的空间站纬度幅角和升交点地理经度；$u_{\text{View}}^{\text{aim}}$ 和 $\lambda_{\text{View}}^{\text{aim}}$ 分别为观测目标的地心经纬度转化得到的纬度幅角和升交点地理经度。

对于载人飞船返回调整，在飞船到达返回圈升交点的时刻，要求满足轨道回归性要求（轨道倾角固定的情况下考虑为轨道高度要求）和返回圈星下点轨迹经过着陆场的要求。

$$u_{\text{Return}} = 0 \tag{2.3.17}$$

式（2.3.17）表示飞船到达返回圈升交点的约束。

$$\bar{a}_{\text{Return}} = \bar{a}_{\text{Return}}^{\text{aim}} \tag{2.3.18}$$

$$\lambda_{\text{Return}} = \lambda_{\text{Return}}^{\text{aim}} \tag{2.3.19}$$

式中：λ_{Return} 为返回圈升交点地理经度；$\lambda_{\text{Return}}^{\text{aim}}$ 为返回着陆场的升交点地理经度目标值，由着陆场的地理经纬度和空间站飞行轨道倾角决定。

2.3.2　两层优化方法

式（2.3.1）所示的设计变量包括飞船发射时间和每个飞行任务的轨道机动参数两大类。另外，式（2.3.3）至式（2.3.6）要求的航天员轮换、物资补给和发射窗口约束影响着载人飞船和货运飞船发射时间的选择，而式（2.3.7）至式（2.3.10）、式（2.3.15）和式（2.3.16）、式（2.3.17）至式（2.3.19）要求的每个飞行任务终端轨道特性约束决定着轨道机动参数的选择。因此，同样可以采用分层规划的方法对设计变量和约束条件进行分类处理。上层优化以载人飞船、货运飞船的发射时间为设计变量，下层优化以每个飞行任务所需执行的机动冲量和机动时间为设计变量。通过将飞船访问时间传递给下层问题、下层目标函数值反馈给上层问题的循环计算，使得总速度增量最优。

1. 上层优化

以载人飞船、货运飞船的发射时间为设计变量，有

$$\boldsymbol{X}^{\text{u}} = (t_{m.v.}(i); t_{c.v.}(j))^{\text{T}} \qquad i = 1, 2, \cdots, n_{m.v.}; j = 1, 2, \cdots, n_{c.v.} \tag{2.3.20}$$

目标函数为

$$\min f(\boldsymbol{X}^{\text{u}}) = f_{\text{Phasing}}^{*}(\boldsymbol{X}_1^{\text{l}}) + f_{\text{View}}^{*}(\boldsymbol{X}_2^{\text{l}}) + f_{\text{Return}}^{*}(\boldsymbol{X}_3^{\text{l}}) \tag{2.3.21}$$

式中：$f_{\text{Phasing}}^{*}(\boldsymbol{X}_1^{\text{l}})$、$f_{\text{View}}^{*}(\boldsymbol{X}_2^{\text{l}})$ 和 $f_{\text{Return}}^{*}(\boldsymbol{X}_3^{\text{l}})$ 分别为目标调相、对地观测瞄准和返回调整机动的总速度增量，由下层优化获得。

约束条件为每次载人飞船和货运飞船发射时间的空间站运营任务安排要求和交会对接发射窗口要求，包括式（2.3.3）至式（2.3.6）。运营任务约束由具体

的空间站运营任务安排决定。

　　上层问题优化主要是在满足空间站运营任务安排和交会对接发射窗口约束所得到的允许发射时间集合上,搜索合适的飞船发射时间,使得长时间内的空间站轨道机动推进剂总消耗最优。遗传算法具有强大的全局最优搜索能力,善于求解复杂非线性问题。采用遗传算法对上层问题进行求解。上层问题的优化流程如图 2.3.1 所示。

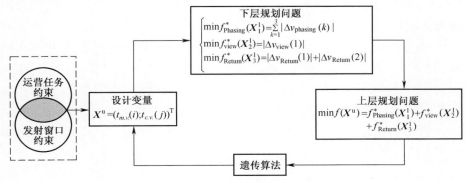

图 2.3.1　上层优化流程

2. 下层优化

　　下层优化包含 3 个子问题,即目标调相规划、对地观测瞄准规划和返回调整规划。将式(2.3.10)、式(2.3.16)和式(2.3.19)分别作为目标调相规划、对地观测瞄准规划和飞船返回调整规划问题的轨道积分终止条件,计算中轨道积分终端升交点地理经度等于目标值的要求将自动满足,不作为规划的约束条件。因此,目标调相、对地观测瞄准和返回调整分别为包含 3 个、1 个和 2 个约束条件的规划问题,分别至少需要 3 次、1 次和 2 次的轨道机动调整来满足终端约束条件。

　　单次目标调相规划问题的设计变量为

$$\boldsymbol{X}_1^{\mathrm{l}} = (\Delta v_{\mathrm{Phasing}}(1), \Delta v_{\mathrm{Phasing}}(2), \Delta v_{\mathrm{Phasing}}(3), t_{\mathrm{Phasing}}(1), t_{\mathrm{Phasing}}(2), t_{\mathrm{Phasing}}(3))^{\mathrm{T}}$$

$$(2.3.22)$$

目标函数为

$$\min f_{\mathrm{Phasing}}^*(\boldsymbol{X}_1^{\mathrm{l}}) = \sum_{k=1}^{3} |\Delta v_{\mathrm{Phasing}}(k)| \qquad (2.3.23)$$

约束条件包括式(2.3.7)至式(2.3.9)。

　　单次对地观测瞄准规划问题的设计变量为

$$\boldsymbol{X}_2^{\mathrm{l}} = (\Delta v_{\mathrm{View}}(1), t_{\mathrm{View}}(1))^{\mathrm{T}} \qquad (2.3.24)$$

目标函数为

$$\min f_{\text{View}}^*(\boldsymbol{X}_2^{\text{l}}) = |\Delta v_{\text{View}}(1)| \tag{2.3.25}$$

约束条件包括式(2.3.15)。

单次返回调整规划问题的设计变量为

$$\boldsymbol{X}_3^{\text{l}} = (\Delta v_{\text{Return}}(1), \Delta v_{\text{Return}}(2), t_{\text{Return}}(1), t_{\text{Return}}(2))^{\text{T}} \tag{2.3.26}$$

目标函数为

$$\min f_{\text{Return}}^*(\boldsymbol{X}_3^{\text{l}}) = |\Delta v_{\text{Return}}(1)| + |\Delta v_{\text{Return}}(2)| \tag{2.3.27}$$

约束条件包括式(2.3.16)和式(2.3.17)。

下层优化 3 个子问题均为包含多个等式约束的复杂规划问题,如果调用优化算法求解,有时难以得到满足约束条件的优化解。另外,3 个子问题都是工程实际问题,对于问题的求解应该首先保证满足终端约束条件,以满足工程实用性要求。因此,本书对下层问题的求解主要是基于迭代的思想,以获得满足工程约束条件的可行解为目标,下层问题的优化通过上层优化载人飞船发射时间和货运飞船发射时间来实现。

◣2.3.3 下层求解策略

由于受到测控等工程条件的约束,轨道机动时间通常由变轨方案直接给定,不作为迭代变量。下层规划问题的求解只将机动冲量作为迭代变量。因此,单个目标调相、对地观测瞄准和飞船返回调整规划分别为包含 3 个设计变量与 3 个约束条件、1 个设计变量与 1 个约束条件、2 个设计变量与 2 个约束条件的规划问题。下面基于张进等[7]推导的近似动力学模型,阐述下层三类问题的快速求解策略。

1. 近似动力学模型

根据高斯摄动方程[21],切向机动 Δv_{t} 对近圆轨道半长轴的影响约为

$$\Delta a \approx \frac{2}{n}\Delta v_{\text{t}} \tag{2.3.28}$$

对平均角速度影响为

$$\Delta n = -\frac{3n}{2a}\Delta a \approx -\frac{3\Delta v_{\text{t}}}{a} \tag{2.3.29}$$

则经过 Δt 时间的累积,轨道机动通过改变半长轴对相位角的直接影响为

$$\Delta \theta = \Delta n \Delta t \approx -\frac{3\Delta v_{\text{t}}}{a}\Delta t \tag{2.3.30}$$

轨道机动 $\Delta N = \Delta t/T$ 圈后引起的相位角变化约为

$$\Delta\theta \approx -\frac{3\Delta v_{\mathrm{t}}}{a}\Delta NT = -\frac{6\pi\Delta N}{v}\Delta v_{\mathrm{t}} \tag{2.3.31}$$

式中：$v = \sqrt{\mu/a}$；$T = 2\pi/n$。

航天器升交点赤经 Ω 与升交点地理经度 λ 之间约相差格林尼治平恒星时角 α_{GMST}[21]，即

$$\Omega = \lambda + \alpha_{\mathrm{GMST}} \tag{2.3.32}$$

升交点赤经在惯性空间描述，其漂移来自轨道摄动。升交点地理经度在地固坐标系描述，会随着地球的旋转变化。因此，空间站升交点赤经的漂移将影响飞船入轨点进入目标轨道平面的时刻，进而影响共面时刻两个航天器的纬度幅角差[7]。

考虑地球非球形摄动 J_2 项的长期影响，近圆轨道升交点赤经的漂移率约为

$$\dot{\Omega} = -\frac{3J_2 a_{\mathrm{e}}^2}{2}\sqrt{\mu}\cos i a^{-\frac{7}{2}} \tag{2.3.33}$$

式中：a_{e} 为地球平均半径；i 为轨道倾角。

升交点赤经在 Δt 时间内漂移约

$$\Delta\Omega = \dot{\Omega}\Delta t = -\frac{3J_2 a_{\mathrm{e}}^2}{2}\sqrt{\mu}\cos i a^{-\frac{7}{2}}\Delta t \tag{2.3.34}$$

切向轨道机动对升交点赤经漂移的影响为

$$\delta(\Delta\Omega) = (\delta\dot{\Omega})\Delta t = -\frac{7}{2}\dot{\Omega}\frac{\Delta a}{a}\Delta t = -7\Delta\Omega\frac{\Delta v_{\mathrm{t}}}{na} \tag{2.3.35}$$

轨道机动通过升交点赤经漂移量的改变引起共面时刻的变化为

$$\delta t = \frac{\delta(\alpha_{\mathrm{GMST}})}{\omega_{\mathrm{e}}} = \frac{\delta(\Delta\Omega)}{\omega_{\mathrm{e}}} \tag{2.3.36}$$

式中：ω_{e} 为地球平均角速度。

经过 ΔN 圈的传播，轨道机动通过升交点赤经漂移对相位角的间接影响约为

$$\Delta\theta' = n\delta t = n\frac{\delta(\Delta\Omega)}{\omega_{\mathrm{e}}} = \frac{21\Delta N\pi J_2 a_{\mathrm{e}}^2 \cos i}{\omega_{\mathrm{e}} a^3}\Delta v_{\mathrm{t}} \tag{2.3.37}$$

因此，考虑半长轴改变和升交点赤经漂移，调整 $\delta\theta$ 的终端相位角偏差，需要施加的冲量为

$$\Delta v_{\mathrm{t}} = \frac{\delta\theta}{\left(\dfrac{6\pi\Delta N}{v} - \dfrac{21\Delta N\pi J_2 a_{\mathrm{e}}^2 \cos i}{\omega_{\mathrm{e}} a^3}\right)} \tag{2.3.38}$$

根据高斯摄动方程,调整 δa 的半长轴偏差,需要施加的冲量为

$$\begin{cases} \Delta v_t = -\dfrac{n}{2}\sqrt{\dfrac{1-e}{1+e}}\delta a & \text{近地点施加} \\[4mm] \Delta v_t = -\dfrac{n}{2}\sqrt{\dfrac{1+e}{1-e}}\delta a & \text{远地点施加} \end{cases} \tag{2.3.39}$$

调整 δe 的偏心率偏差,需要施加的冲量为

$$\begin{cases} \Delta v_t = -\dfrac{na}{2\sqrt{1-e^2}}\delta e & \text{近地点施加} \\[4mm] \Delta v_t = \dfrac{na}{2\sqrt{1-e^2}}\delta e & \text{远地点施加} \end{cases} \tag{2.3.40}$$

2. 目标调相规划

目标调相 3 次机动方案安排如下[7]。

(1) 距调相终端约 ΔN_1 圈(约 15 天)进行切向机动 $\Delta v_{\text{Phasing}}(1)$,调整相位角,冲量大小由式(2.3.38)计算。

(2) 距调相终端约 ΔN_2 圈(约 1 天)进行切向机动 $\Delta v_{\text{Phasing}}(2)$,调整轨道半长轴,冲量大小由式(2.3.39)计算。

(3) 距调相终端约 ΔN_3 圈(小于 1 天)进行切向机动 $\Delta v_{\text{Phasing}}(3)$,圆化轨道,冲量大小由式(2.3.40)计算。

根据上面的分析,空间站调相规划问题为含等式约束式(2.3.7)至式(2.3.9)的非线性规划问题。由于调相任务时间一般长达约两周,积分一次轨道所需时间较长,一般的非线性规划算法由于需要多次计算目标函数,将导致计算时间成本较高。对于目标调相 3 次机动冲量的优化求解,采用与 2.2.2 小节类似的解析公式与轨道数值积分相结合的打靶迭代策略,将冲量计算公式(2.3.38)至式(2.3.40)与摄动轨道积分相结合,快速获得摄动条件下满足终端条件的机动参数,求解流程如图 2.3.2 所示[7]。

3. 对地观测瞄准规划

根据 2.3.1 小节 3 中和 2.3.2 小节 2 中对约束条件的处理方法,对地观测瞄准任务可以转化为调整观测时刻对应的纬度幅角。对地观测瞄准任务为含等式约束式(2.3.15)的非线性规划问题,通过一次机动进行瞄准,机动方案安排如下。

(1) 距观测时刻约 $\Delta N'$ 圈(约 30 天)进行切向机动 $\Delta v_{\text{View}}(1)$,调整相位角,冲量大小由式(2.3.38)计算。

(2) 对于观测瞄准机动冲量的优化求解,采用与图 2.3.2 类似的求解流程,

将式(2.3.38)与数值积分相结合进行多次迭代获得可行解。

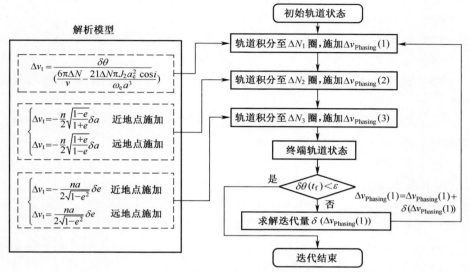

图 2.3.2　目标调相规划流程

4. 飞船返回调整规划

飞船返回调整两次机动方案安排如下。

(1) 距调相终端约 $\Delta N_1''$ 圈(约 10 天)进行切向机动 $\Delta v_{\text{Return}}(1)$,调整相位角,冲量大小由式(2.3.38)计算。

(2) 距调相终端约 $\Delta N_2''$ 圈(约 1 天)进行切向机动 $\Delta v_{\text{Return}}(2)$,调整轨道半长轴,冲量大小由式(2.3.39)计算。

飞船返回调整规划为包含两个等式约束式(2.3.17)和式(2.3.18)、两个设计变量的非线性规划问题。当变轨任务规划问题的设计变量等于等式约束个数时,规划问题本质为非线性方程组的求解问题。对于飞船返回调整规划两次机动冲量的优化求解,采用拟牛顿法[22]。

2.3.4　算例分析

1. 问题配置

假定我国空间站于 2020 年建造完成,安排航天员长期在轨驻留,以开展空间站平台照料与维护、载荷试验实施等站上活动。设定航天员的轮换周期为 5 个月;站上储备的推进剂、生活用品、维护维修备件、试验器材等物资,足够 7 个月的消耗需求。空间站轨道任务包括以下内容。

（1）空间站在 2020 年 2 月 10 日 12：00—13：00 时间段,对北京进行观测。北京地理经纬度为(116°、40°),在轨道倾角为 $i=42.39$ 时,对应的纬度幅角为 $u_{View}^{aim}=71.71°$、升交点地理经度为 $\lambda_{View}^{aim}=50.11°$。

（2）载人飞船在 2020 年 5 月 31 日之前访问空间站,完成航天员轮换;空间站在载人飞船发射入轨前 15 天进行目标调相。

（3）载人飞船与空间站对接后,组合飞行 15 天,完成两组航天员的任务交接。

（4）货运飞船在 2020 年 7 月 31 日之前访问空间站,完成物资补给;空间站在货运飞船发射入轨前 15 天进行目标调相。

（5）载人飞船和货运飞船的对接轨道均为两天回归轨道(轨道高度约为344km),载人飞船与空间站组合飞行于两天回归轨道上。

在初始时刻 1 Jan 2020 0：00：00,空间站飞行于 3 天回归轨道附近,瞬时经典轨道根数(半长轴、偏心率、轨道倾角、升交点赤经、近拱点角和真近点角)为 $(6769.079km,0.000288,42.39°,144.06°,79.1°,42.06°)^T$。轨道积分考虑地球非球形摄动及大气阻力摄动,引力场为 8×8 阶次的 JGM3 模型,地球半径取为 $a_e=6371.137km$,其他设置与 2.2.3 小节 1 中问题配置的太阳活动均年情况相同。

空间站与飞船的力学模型参数如表 2.3.1 所列。遗传算法参数如表 2.3.2 所列。空间站飞行任务的机动方案设置如表 2.3.3 所列,表中的作用圈数分别从单个轨道任务的开始时刻起算。

表 2.3.1　空间站与飞船的力学模型参数

	空间站	载人飞船	货运飞船
质量/t	200	10	20
阻力面积/m²	800	20	50
发动机比冲/(m/s)	3000	2990	2990
阻力系数	2.2	2.2	2.2

表 2.3.2　遗传算法参数

参数名	参数值
种群规模	100
最大进化代数	100
锦标赛选择规模	2
交叉概率	0.98
变异概率	0.1

表 2.3.3　空间站飞行任务的机动设置

轨道任务	第一次变轨		第二次变轨		第三次变轨	
	变轨位置	作用圈数	变轨位置	作用圈数	变轨位置	作用圈数
观测瞄准	200° 纬度幅角处	100	—	—	—	—
目标调相 （载人飞船访问）	近地点	20	近地点	155	远地点	195
返回调整 （载人飞船返回）	近地点	15	远地点	100	—	—
目标调相 （货运飞船访问）	远地点	20	远地点	155	远地点	195

2. 确定飞船发射时间约束

考虑轨道阳光角约束为 $|\beta| \leqslant 40°$，目标轨道高度和轨道倾角分别为 344km 和 42.39°，得到载人飞船和货运飞船在 2020 年 2 月 10 日至 2021 年 1 月 1 日的发射窗口分别如图 2.3.3 和图 2.3.4 所示。综合考虑问题配置中站上航天员轮换和物资补给约束，得到载人飞船和货运飞船的发射时间约束为

$$t_{\text{m. v.}}(1) \in [23 \text{ May } 2020 \ 0:00:00, 31 \text{ May } 2020 \ 0:00:00] \quad (2.3.41)$$

$$t_{\text{c. v.}}(1) \in [14 \text{ Jul } 2020 \ 0:00:00, 31 \text{ Jul } 2020 \ 0:00:00] \quad (2.3.42)$$

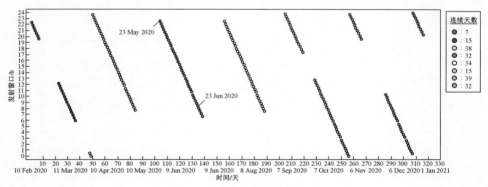

图 2.3.3　载人飞船发射窗口

3. 两层优化解

根据 2.3.4 小节 1 中给出的条件和 2.3.4 小节 2 中得到的飞船访问时间约束，对问题进行优化求解，获得的载人飞船访问时间为 28 May 2020 11:21:23.32、货运飞船访问时间为 20 Jul 2020 02:43:51.71，总速度增量和总推进剂消耗分别为 24.121m/s、1617.962kg，各次轨道任务的轨道机动过程如表 2.3.4 所列。

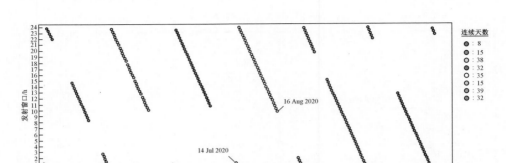

图 2.3.4 货运飞船发射窗口

表 2.3.4 推进剂优化解轨道机动过程

轨道任务	第一次变轨/(m/s)	第二次变轨/(m/s)	第三次变轨/(m/s)
观测瞄准	1.159	—	—
目标调相 （载人飞船访问）	-6.118	-5.957	-0.767
返回调整 （载人飞船返回）	2.801	1.047	—
目标调相 （货运飞船访问）	0.953	3.509	1.810

图 2.3.5 至图 2.3.8 给出了各次轨道任务相应的轨道半长轴变化过程。由组图可看出,前一个飞行任务终端状态对应的轨道高度均略高于后一个飞行任务初始状态的轨道高度,通过利用两个飞行任务执行间隔期间的轨道自然衰减,

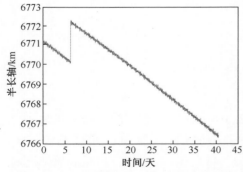

图 2.3.5 对地观测任务过程的半长轴变化

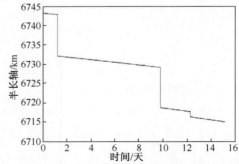

图 2.3.6 目标调相任务过程的半长轴变化
（载人飞船访问）

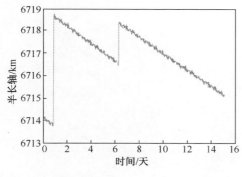

图 2.3.7　返回调整任务过程的半长轴变化
（载人飞船返回）

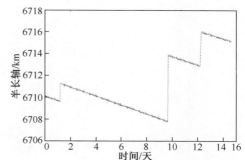

图 2.3.8　目标调相任务过程的半长轴变化
（货运飞船访问）

即可满足下一个飞行任务的轨道高度约束。这表明，对长时间内的多个轨道任务进行综合规划，可以充分考虑相邻任务对轨道高度的约束需求，避免了前一飞行任务的升轨（或降轨）机动过多，导致为了满足下一飞行任务要求而进行额外的降轨（或升轨）机动，从而有效节省推进剂消耗。

4. 精度验证

根据表 2.3.4 的变轨数据，采用拟平根数法对各次轨道任务中空间站的轨道进行绝对轨道预报[23]。表 2.3.5 给出了单个轨道任务终端时刻的状态。从表 2.3.5 中可以看出，各个轨道任务的终端状态与瞄准目标的状态相差很小。图 2.3.9 给出了在观测任务时间段空间站的过境情况，过北京的时刻为 10 Feb 2020 12：47：13.71，满足观测任务要求。从表 2.3.5 及图 2.3.9 可以看出，各轨道任务的终端状态与目标瞄准状态吻合良好，说明提出的单个轨道任务的求解策略是有效的，可以得到满足终端约束的满意解。

表 2.3.5　空间站单个轨道任务的终端状态

轨道任务	升交点地理经度/(°)		纬度幅角/(°)		半长轴/m		偏心率	
	目标值	终端值	目标值	终端值	目标值	终端值	目标值	终端值
观测瞄准	50.11	50.11	71.71	71.71	—		—	
目标调相	200.0	200.0	180.0	179.74	6715137.0	6715103.5	0.0005	0.0003
返回调整	34.02	34.02	0.0	0.0005	6715137.0	6715137.02	—	
目标调相	200.0	200.0	180.0	179.76	6715137.0	6715123.2	0.0005	0.0001

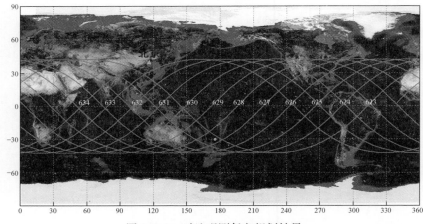

图 2.3.9 对地观测任务规划结果

参考文献

[1] Luo Y Z,Li H Y,Tang G J. Hybrid Approach to Optimize a Rendezvous Phasing Strategy[J]. Journal of Guidance,Control and Dynamics,2007,30(1):185-191.

[2] Luo Y Z,Tang G J,Lei Y J,et al. Optimization of multiple-impulse,multiple-revolution,rendezvous-phasing maneuvers[J]. Journal of Guidance,Control,and Dynamics,2007,30(4):946-952.

[3] 唐国金,罗亚中,张进. 空间交会对接任务规划[M]. 北京:科学出版社,2008.

[4] 李海阳,彭祺擘,周英,等. 航天器交会对接发射窗口分析[J].宇航学报,2009,30(5):1861-1865.

[5] 沈红新,周英,李海阳. 轨道维持与调相的综合优化策略研究[J]. 空间控制技术与应用,2009,35(4):33-35.

[6] Zhang J,Wang X,Ma X B,et al. Spacecraft long-duration phasing maneuver optimization using hybrid approach[J]. Acta Astronautica,2012,72:132-142.

[7] 张进,黄海兵,王为,等. 空间交会目标航天器相位调整策略[J]. 中国空间科学技术,2011,31(1):33-41.

[8] 黄海兵. 空间站交会对接的若干动力学与控制问题[D]. 长沙:国防科技大学,2013.

[9] Zhang J,Luo Y Z,Tang G J. Hybrid planning for LEO long-duration multi-spacecraft rendezvous mission [J].Science China Technological Sciences,2012,55(1):233-243.

[10] 林鲲鹏. 空间站长期运营总体任务规划与仿真方法[D]. 长沙:国防科技大学,2014.

[11] Davin D E. Space Station Orbit Selection[J]. Journal of Spacecraft,1971,8(7):759-765.

[12] Messerschmid E,Bertrand R. Space Stations Systems and Utilization[M]. Berlin Heidelberg:Springer-Verlag,1999.

[13] Smith T D,Charhut D E. Space Station Design and Operation[J],Journal of Spacecraft,1971,8(6):593-599.

[14] 林西强. 交会对接目标飞行器轨道维持用推进机消耗量的计算与分析[J]. 载人航天,2005,11(3):18-22.

[15] 陈宝林. 最优化理论与算法[M]. 北京:清华大学出版社,2002.

［16］ Boggs P T, Tolle J W. Sequential quadratic programming［J］Acta Numerical, 1995, 4:1-51.

［17］ Tapley B D, Watkins M M. The Joint Gravity Model 3［J］. Journal of Geophysical Research, 1996, 101 (B12):28029-28050.

［18］ Picone M, Hedin A E, Drob D, et al. NRLMSISE-00 Empirical Model of the Atmosphere: Statistical Comparisons and Scientific Issues［J］. Journal of Geophysical Research, 2002, 107(A12):1468-1483.

［19］ Winters B A. Space Station Orbital Decay Analysis (SSODA)［C］. AIAA/SAE/ASME/ASEE 29th Joint Propulsion Conference and Exhibit, Monterey, 1993.

［20］ Sergeyevsky A B. Planetary mission departures from space station orbit［C］. 27th Aerospace Sciences Meeting, Nevada, 1989.

［21］ 郗晓宁, 王威, 高玉东. 近地航天器轨道基础［M］. 长沙:国防科技大学出版社, 2003.

［22］ Fletcher R, Powell M J D. A Rapidly Convergent Descent Method for Minimization［J］. The Computer Journal, 1963, 6(2):163-168.

［23］ 刘林. 航天器轨道理论［M］. 北京:国防工业出版社, 2000.

第3章

空间站大角度姿态机动路径规划

  空间站在轨运行需要在不同姿态间切换,以满足交会对接、定向观测、科学实验等不同任务对姿态的需求。而空间站在这些目标姿态之间的切换往往需要考虑到太阳能电池帆板、通信天线等指向性装备的几何约束,同时姿态执行机构的控制能力、燃料消耗也是重要的制约因素。这使得姿态机动路径规划对于空间站运行姿态控制至关重要。

  一般航天器姿态机动路径规划技术已相对较成熟,但对于空间站这类大型航天器,构型与质量分布复杂,执行机构多样化,其姿态路径规划问题解决尚存在着诸多难题。以我国空间站工程为背景,本团队近10年来对空间站大角度姿态机动问题进行了系统研究,涉及力矩平衡姿态求解、路径存在性分析、饱和与奇异建模、单目标最优路径规划方法、多目标路径规划方法等[1-3]。本章重点介绍采用单框架控制力矩陀螺的空间站大角度姿态路径规划方法。

  本章主要内容安排如下:3.1节简单概述了空间站大角度姿态机动问题;3.2节给出了空间站姿态路径规划基本模型;3.3节建立了空间站零燃料最优姿态机动路径规划模型,分析比较了考虑角动量、时间和能量等不同指标以及奇异规避等优化求解特性;3.4节提出了一种控制力矩陀螺辅助大角度姿态机动概念及其求解方法。

3.1 空间站大角度姿态机动问题

  在轨运行的航天器都承担着特定的探测、开发和利用空间的任务,这对航天器的姿态控制提出了各种要求。姿态控制通常包括姿态定向、再定向及姿态捕获,其中定向属于姿态稳定问题,而再定向和捕获则属于姿态机动问题。姿态稳定要求控制系统在航天器整个工作寿命中进行控制,这种控制一般是长期而持续的,所要求的控制力矩是较小的。而姿态机动一般是一个短暂过程,需要较大的控制力矩,使姿态在较短的时间内发生明显改变。

对于空间站这类大型长期在轨飞行器,姿态稳定控制通常是将空间站控制在力矩平衡姿态(Torque Equilibrium Attitude,TEA)附近。力矩平衡姿态是指当摄动力矩(尤其是气动力矩和重力梯度力矩)在一个给定的指向下相互抵消时的姿态指向[4]。力矩平衡姿态可认为是一种姿态模式,在这种姿态模式下,姿态稳定控制所消耗的燃料将大大减少[5],空间站所实施的姿态机动任务也通常是在力矩平衡姿态之间进行的大角度姿态机动,是空间站姿态控制技术的重要组成部分。

空间站上的姿态控制执行机构包括控制力矩陀螺(Control Moment Gyroscopes,CMG)系统与推力器,通常空间站的大角度姿态机动由推力器实现,长期的动量管理、短期的姿态维持和小角度机动任务由 CMG 实现[6]。采用推力器进行姿态机动需要消耗燃料,虽然空间站采用的是燃料次优机动路径[7],但是每次大角度机动消耗的燃料价值仍十分可观。例如,2007 年 1 月 2 日国际空间站(International Space Station, ISS)利用推力器进行 180°姿态机动,共消耗了50.76kg 燃料,价值上百万美元[8]。除了昂贵的代价外,采用推力器进行机动排放的气体还会污染太阳能电池帆板。空间站频繁地使用推力器会消耗大量的燃料,给空间站的后勤补给带来较大的负担。

采用 CMG 作为姿态控制执行机构可以避免使用推力器带来的燃料消耗,但 CMG 是一个角动量交换装置,其能容纳的角动量有限。如果采用传统的控制算法进行空间站大角度姿态机动,由于环境力矩的作用,CMG 的角动量将会很快饱和,丧失三维力矩输出能力,从而无法完成机动任务。故在 2006 年之前,ISS 进行的大角度姿态机动均是由推力器完成[9]。2006 年 11 月 5 日,基于美国 Draper 实验室开发的零燃料姿态机动(Zero Propellant Maneuver,ZPM)技术,ISS 利用 CMG 成功地完成了 90°姿态机动,实现了机动前后两个不同动量管理状态的光滑连接,节省了空间站上宝贵的燃料。这是采用 CMG 进行空间站大角度姿态机动的里程碑事件,标志着基于 CMG 的大角度姿态机动技术的确立[10]。2007 年 3 月 3 日,国际空间站又成功地使用控制力矩陀螺进行了不消耗燃料的 180°姿态机动[11]。

除可以独立地完成姿态机动任务,作为推力器机动的备份手段外,ZPM 技术还可以用于 CMG 角动量卸载[12]、角速率阻尼和 CMG 角动量饱和情形下的空间站控制[10],因此对 ZPM 技术展开研究具有重要的工程意义与应用价值。

ZPM 的核心思想是建立姿态机动通用最优控制框架,利用姿态动力学特性规划出合适路径以实现姿态机动的零燃料消耗,因此实现 ZPM 技术的核心是姿态路径规划,美国包括 Draper 实验室等多个研究机构对此进行了深入研究。当前 ISS 实施的 ZPM 采用的是角动量最优机动路径,除角动量最优路径外,还可以考虑时间最优与能量最优路径。另外,不同于 ISS 采用双框架控制力矩陀螺

(Double Gimbal Control Moment Gyroscopes,DGCMG)系统,我国未来的空间站可能采用单框架控制力矩陀螺(Single Gimbal Control Moment Gyroscopes,SGCMG)系统,SGCMG 奇异问题复杂,开展考虑 SGCMG 框架角运动的一体化 ZPM 路径规划研究,可以实现机动过程中的奇异躲避。此外,由于 CMG 控制能力有限,ZPM 通常耗时较长,推力器提供的控制力矩比 CMG 至少大一个量级,结合两种姿态控制执行机构可能进一步改善机动效果,据此本章提出一种新的空间站大角度姿态机动概念——CMG 辅助机动,并对该技术进行初步研究。

3.2　空间站姿态路径规划基本模型

◣3.2.1　姿态描述与动力学模型

1. 参考坐标系

1)轨道坐标系

空间站轨道坐标系 $O_s x_n y_n z_n$ 以空间站质心 O_s 为原点,$O_s z_n$ 轴指向地心,$O_s x_n$ 轴沿轨道速度方向并与 $O_s z_n$ 轴垂直,$O_s y_n$ 轴垂直于轨道平面并与其他两轴构成右手直角坐标系,如图 3.2.1 所示。以上坐标系又称为 VVLH(Vehicle Velocity Local Horizontal)坐标系。

2)体坐标系

定义空间站体坐标系 O_s-$x_b y_b z_b$ 的原点位于空间站质心 O_s,$O_s x_b$ 轴为空间站的纵轴,指向头部,$O_s y_b$ 在空间站的纵对称面内,指向下,$O_s z_b$ 轴按照右手直角坐标系建立,如图 3.2.2 所示。

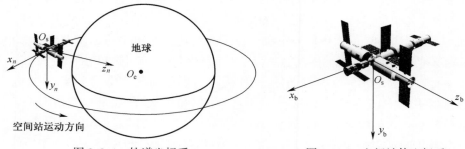

图 3.2.1　轨道坐标系　　　　　　　　图 3.2.2　空间站体坐标系

2. 姿态参数

1)欧拉角

两个坐标系之间的转换关系可以用欧拉角来表征。例如,体坐标系相对于轨道坐标系的方位可以用滚转角 φ、俯仰角 θ 和偏航角 ψ 来描述。按 2-3-1 顺序旋转，得到的姿态转移矩阵为

$$M(\varphi,\theta,\psi) = R_1(\varphi)R_3(\psi)R_2(\theta)$$

$$= \begin{bmatrix} \cos\theta\cos\psi & \sin\psi & -\sin\theta\cos\psi \\ \sin\varphi\sin\theta - \cos\varphi\cos\theta\sin\psi & \cos\varphi\cos\psi & \sin\varphi\cos\theta + \cos\varphi\sin\theta\sin\psi \\ \cos\varphi\sin\theta - \sin\varphi\cos\theta\sin\psi & -\sin\varphi\cos\psi & \cos\varphi\cos\theta - \sin\varphi\sin\theta\sin\psi \end{bmatrix}$$

$$(3.2.1)$$

2）四元数

欧拉方程中有时会出现奇异点，使计算无法进行下去。避免这种奇异情况出现的有效办法就是，在运动方程中用四元数来代替欧拉角。四元数是有 4 个元素的超复数，即

$$q = q_0 + q_1 i + q_2 j + q_3 k \qquad (3.2.2)$$

其中 i、j、k 是虚数单位。如果 $q_0^2 + q_1^2 + q_2^2 + q_3^2 = 1$，则称 q 为单位范化的四元数，

用四元数表示的姿态转移矩阵为

$$M(q) = \begin{bmatrix} q_0^2 + q_1^2 - q_2^2 - q_3^2 & 2(q_1q_2 + q_0q_3) & 2(q_1q_3 - q_0q_2) \\ 2(q_1q_2 - q_0q_3) & q_0^2 - q_1^2 + q_2^2 - q_3^2 & 2(q_2q_3 + q_0q_1) \\ 2(q_1q_3 + q_0q_2) & 2(q_2q_3 - q_0q_1) & q_0^2 - q_1^2 - q_2^2 + q_3^2 \end{bmatrix}$$

$$(3.2.3)$$

3）修正罗德里格斯参数

修正的罗德里格斯参数（Modified Rodrigues Parameter, MRP）既是姿态描述的最小实现，同时又具有较高的计算效率，且不易出现奇异。因此，采用 MRP 研究大角度姿态机动较为方便。MRP 可表述为

$$\boldsymbol{\sigma} = \begin{bmatrix} \sigma_1 \\ \sigma_2 \\ \sigma_3 \end{bmatrix} = e\tan\left(\frac{\phi}{4}\right) \qquad (3.2.4)$$

式中：e 为欧拉轴；ϕ 为欧拉角。用 MRP 表示的姿态转移矩阵为

$$M(\boldsymbol{\sigma}) = I_3 + \frac{8[\boldsymbol{\sigma}\times][\boldsymbol{\sigma}\times] - 4(1-\boldsymbol{\sigma}^{\mathrm{T}}\boldsymbol{\sigma})[\boldsymbol{\sigma}\times]}{(1+\boldsymbol{\sigma}^{\mathrm{T}}\boldsymbol{\sigma})^2}$$

$$= \frac{1}{1+M_0}\begin{bmatrix} 1-8(\sigma_2^2+\sigma_3^2) & 8\sigma_1\sigma_2+4(1-M_0)\sigma_3 & 8\sigma_1\sigma_3-4(1-M_0)\sigma_2 \\ 8\sigma_1\sigma_2-4(1-M_0)\sigma_3 & 1-8(\sigma_1^2+\sigma_3^2) & 8\sigma_2\sigma_3+4(1-M_0)\sigma_1 \\ 8\sigma_1\sigma_3+4(1-M_0)\sigma_2 & 8\sigma_2\sigma_3-4(1-M_0)\sigma_1 & 1-8(\sigma_1^2+\sigma_2^2) \end{bmatrix}$$

$$(3.2.5)$$

式中：$M_0 = \sigma_1^2 + \sigma_2^2 + \sigma_3^2$；$[\boldsymbol{\sigma} \times]$ 为矢量叉乘运算的反对称矩阵，定义为

$$[\boldsymbol{\sigma} \times] = \begin{bmatrix} 0 & -\sigma_3 & \sigma_2 \\ \sigma_3 & 0 & -\sigma_1 \\ -\sigma_2 & \sigma_1 & 0 \end{bmatrix} \qquad (3.2.6)$$

由于修正的罗德里格斯参数兼具欧拉角与四元数的优点，本章选用修正的罗德里格斯参数作为路径规划中的姿态描述参数。考虑到欧拉角的直观性，力矩平衡姿态的求解选择欧拉角作为描述参数。

3. 姿态运动动力学方程

设航天器本体系相对于轨道坐标系的姿态欧拉角为 φ、θ、ψ，旋转顺序为 2-3-1，则航天器姿态相对惯性空间的转速 $\boldsymbol{\omega}$ 等于这些姿态角的速度矢量和轨道角速度矢量的叠加，轨道角速度的大小用 ω_o 表示，其方向由轨道坐标系的定义可知在轨道坐标系中沿 $-y_n$ 方向，则 $\boldsymbol{\omega}$ 在体坐标系中可表示为

$$\boldsymbol{\omega} = \boldsymbol{M}_x(\varphi) \left\{ \begin{bmatrix} 0 \\ 0 \\ \dot{\psi} \end{bmatrix} + \boldsymbol{M}_z(\psi) \left(\begin{bmatrix} 0 \\ \dot{\theta} \\ 0 \end{bmatrix} + \boldsymbol{M}_y(\theta) \begin{bmatrix} 0 \\ -\omega_o \\ 0 \end{bmatrix} \right) \right\} + \begin{bmatrix} \dot{\varphi} \\ 0 \\ 0 \end{bmatrix} \qquad (3.2.7)$$

简化式（3.27）得到

$$\boldsymbol{\omega} = \begin{bmatrix} \dot{\varphi} + \dot{\theta}\sin\psi - \omega_o\sin\psi \\ \dot{\theta}\cos\varphi\cos\psi - \omega_o\cos\varphi\cos\psi + \dot{\psi}\sin\varphi \\ -\dot{\psi}\cos\varphi - \dot{\theta}\cos\psi\sin\theta + \omega_o\cos\psi\sin\varphi \end{bmatrix} \qquad (3.2.8)$$

经过变形可得到

$$\dot{\boldsymbol{\theta}} = f(\boldsymbol{\theta})\boldsymbol{\omega} + \boldsymbol{q} \qquad (3.2.9)$$

其中：$f(\boldsymbol{\theta}) = \dfrac{1}{\cos\psi} \begin{bmatrix} \cos\psi & -\cos\varphi\sin\psi & \sin\varphi\sin\psi \\ 0 & \cos\varphi & -\sin\varphi \\ 0 & \sin\varphi\cos\psi & \cos\varphi\cos\psi \end{bmatrix}$，$\boldsymbol{q} = \begin{bmatrix} 0 \\ \omega_o \\ 0 \end{bmatrix}$，$\boldsymbol{\theta} = \begin{bmatrix} \varphi \\ \theta \\ \psi \end{bmatrix}$。

用 MRP 建立的姿态运动学微分方程为

$$\dot{\boldsymbol{\sigma}} = \boldsymbol{G}(\boldsymbol{\sigma})(\boldsymbol{\omega} - \boldsymbol{\omega}_0(\boldsymbol{\sigma})) \qquad (3.2.10)$$

式中：$\boldsymbol{\omega}_0(\boldsymbol{\sigma})$ 为当空间站姿态为 $\boldsymbol{\sigma}$ 时，轨道角速度在体坐标系中的表示；$\boldsymbol{G}(\boldsymbol{\sigma})$ 可表示为

$$\boldsymbol{G}(\boldsymbol{\sigma}) = \frac{1}{2}\left(\frac{1 - \boldsymbol{\sigma}^{\mathrm{T}}\boldsymbol{\sigma}}{2}\boldsymbol{E}_3 + \boldsymbol{\sigma}\boldsymbol{\sigma}^{\mathrm{T}} + [\boldsymbol{\sigma} \times] \right) \qquad (3.2.11)$$

式中：$\boldsymbol{E}_3$ 为 3×3 的单位对角矩阵。

假设在体坐标系下描述的空间站惯量张量 $\boldsymbol{J}$ 为常值矩阵,则在体坐标系下表示的刚体空间站动力学方程为

$$\boldsymbol{J}\dot{\boldsymbol{\omega}} = -\boldsymbol{\omega} \times \boldsymbol{J}\boldsymbol{\omega} + \boldsymbol{\tau}_{e} + \boldsymbol{u}_{cmg} \qquad (3.2.12)$$

式中: $-\boldsymbol{\omega}\times\boldsymbol{J}\boldsymbol{\omega}$ 项通常可记 $\boldsymbol{\tau}_{gyro}$; $\boldsymbol{\tau}_{e}$ 为环境力矩; $\boldsymbol{u}_{cmg}$ 为 CMG 产生的控制力矩项。这里考虑空间站受到的环境力矩 $\boldsymbol{\tau}_{e}$ 包括

$$\boldsymbol{\tau}_{e} = \boldsymbol{\tau}_{gg} + \boldsymbol{w} \qquad (3.2.13)$$

式中: $\boldsymbol{\tau}_{gg}$ 为地球重力梯度力矩; $\boldsymbol{w}$ 为包括气动力矩在内的其他力矩。重力梯度力矩表达式为

$$\boldsymbol{\tau}_{gg} = 3\omega_{0}^{2}\tilde{\boldsymbol{i}}_{c}\boldsymbol{J}\boldsymbol{i}_{c} \qquad (3.2.14)$$

式中: $\boldsymbol{i}_{c}$ 为地心与空间站质心连线方向的单位矢量在体坐标系中的表示。

空间站受到的气动力矩 $\boldsymbol{\tau}_{a}$ 为

$$\boldsymbol{\tau}_{a} = \boldsymbol{r}_{P} \times \boldsymbol{F}_{a} \qquad (3.2.15)$$

式中: $\boldsymbol{r}_{P}$ 为质心指向压心的矢径; $\boldsymbol{F}_{a} = -\dfrac{\rho v_{R}^{2}}{2}C_{D}A_{P}\boldsymbol{v}$,为气动力, $\dfrac{\rho v_{R}^{2}}{2}$ 为动压头, ρ 为大气密度, v_{R} 为空间站相对于大气速度的幅值, $\boldsymbol{v}$ 为空间站相对于大气速度的单位方向矢量, A_{P} 为空间站沿相对速度方向的投影面积, C_{D} 为阻力系数,根据空间站的飞行高度,其取值范围为 $2.2\sim2.6$。

◢ 3.2.2 CMG 运动模型

1. CMG 角动量动力学方程

CMG 角动量可表示为

$$\boldsymbol{h}_{cmg} = \sum_{i=1}^{n} \boldsymbol{h}_{i} \qquad (3.2.16)$$

式中: $\boldsymbol{h}_{cmg}$ 为 CMG 角动量; $\boldsymbol{h}_{i}$ 为第 i 个力矩陀螺的角动量; n 为陀螺个数。

体系下表示的 CMG 角动量动力学方程为

$$\frac{\mathrm{d}\boldsymbol{h}_{cmg}}{\mathrm{d}t} + \boldsymbol{\omega} \times \boldsymbol{h}_{cmg} = \boldsymbol{u}_{cmg} \qquad (3.2.17)$$

式中:符号"×"代表矢量叉乘。注意式(3.2.17)与 CMG 的具体类型和构型无关。

2. CMG 力矩方程

CMG 根据进动原理产生力矩。对式(3.2.16)求导,假设每个力矩陀螺的角动量均为 h_{s},则 CMG 输出力矩与框架角速度的关系为

$$\frac{\mathrm{d}\boldsymbol{h}_{cmg}}{\mathrm{d}t} = h_{s}\boldsymbol{J}_{c}\boldsymbol{v} \qquad (3.2.18)$$

式中:$\boldsymbol{v}=\dot{\boldsymbol{\delta}}$,为框架角速度;$\boldsymbol{\delta}$ 为框架角矢量;$\boldsymbol{J}_c$ 为雅可比矩阵。式(3.2.18)即 CMG 力矩方程,矩阵 $\boldsymbol{J}_c$ 的第 i 列向量即为第 i 个陀螺框架转动时对应的单位力矩向量。当 $\boldsymbol{J}_c$ 的秩小于 3 时,CMG 丧失三维力矩输出能力,此时 CMG 陷入奇异。CMG 的奇异程度可以采用下述指标衡量,即

$$m = \det(\boldsymbol{J}_c \boldsymbol{J}_c^{\mathrm{T}}) \tag{3.2.19}$$

3. 五棱锥构型 SGCMG

由于奇异简单、性能良好,五棱锥构型 SGCMG 适合于大型航天器的控制[13]。本章研究中也采用五棱锥构型 SGCMG,下面给出它的角动量与雅可比矩阵模型。

五棱锥构形 SGCMG 包括 6 个力矩陀螺,安装方式如图 3.2.3 所示,陀螺框架轴 $\boldsymbol{g}_i(i=1,2,\cdots,5)$ 对称分布在张角 $\beta=63.4°$ 的锥体上,第 6 个陀螺的框架轴 $\boldsymbol{g}_6$ 平行于锥体体轴。

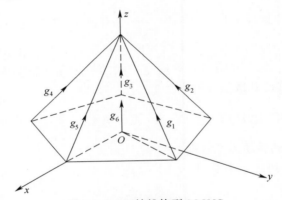

图 3.2.3 五棱锥构型 SGCMG

假设每个陀螺的角动量均为 h_s,且 SGCMG 平台参考坐标系与空间站体坐标系重合,则图 3.2.3 所示 SGCMG 角动量在体坐标系下的表示为

$$\boldsymbol{h}_{\mathrm{cmg}} = h_s \begin{bmatrix} \mathrm{c}\beta\mathrm{c}\delta_1 + \mathrm{c}\beta\mathrm{c}72°\mathrm{c}\delta_2 - \mathrm{s}72°\mathrm{s}\delta_2 - \mathrm{c}\beta\mathrm{s}54°\mathrm{c}\delta_3 - \mathrm{c}54°\mathrm{s}\delta_3 \\ - \mathrm{c}\beta\mathrm{c}36°\mathrm{c}\delta_4 + \mathrm{s}36°\mathrm{s}\delta_4 + \mathrm{c}\beta\mathrm{s}18°\mathrm{c}\delta_5 + \mathrm{c}18°\mathrm{s}\delta_5 + \mathrm{c}\delta_6 \\ \mathrm{s}\delta_1 + \mathrm{c}\beta\mathrm{s}72°\mathrm{c}\delta_2 + \mathrm{c}72°\mathrm{s}\delta_2 + \mathrm{c}\beta\mathrm{c}54°\mathrm{c}\delta_3 - \mathrm{s}54°\mathrm{s}\delta_3 \\ - \mathrm{c}\beta\mathrm{s}36°\mathrm{c}\delta_4 - \mathrm{c}36°\mathrm{s}\delta_4 - \mathrm{c}\beta\mathrm{c}18°\mathrm{c}\delta_5 + \mathrm{s}18°\mathrm{s}\delta_5 + \mathrm{s}\delta_6 \\ \mathrm{s}\beta\mathrm{c}\delta_1 + \mathrm{s}\beta\mathrm{c}\delta_2 + \mathrm{s}\beta\mathrm{c}\delta_3 + \mathrm{s}\beta\mathrm{c}\delta_4 + \mathrm{s}\beta\mathrm{c}\delta_5 \end{bmatrix}$$

$$\tag{3.2.20}$$

式中:c 代表 cos;s 代表 sin;$\delta = [\delta_1 \ \delta_2 \ \cdots \ \delta_6]^{\mathrm{T}}$ 为框架角。

对于五棱锥 SGCMG,3×6 的雅可比矩阵 $\boldsymbol{J}_c$ 为

$$
J_c = \begin{bmatrix}
-c\beta s\delta_1 & c\delta_1 & -s\beta s\delta_1 \\
-c\beta c72°s\delta_2 - s72°c\delta_2 & -c\beta s72°s\delta_2 + c72°c\delta_2 & -s\beta s\delta_2 \\
c\beta s54°s\delta_3 - c54°c\delta_3 & -c\beta c54°s\delta_3 - s54°c\delta_3 & -s\beta s\delta_3 \\
c\beta c36°s\delta_4 + s36°c\delta_4 & -c\beta s36°s\delta_4 - s36°c\delta_4 & -s\beta s\delta_4 \\
-c\beta s18°s\delta_5 + c18°c\delta_5 & c\beta c18°s\delta_5 + s18°c\delta_5 & -s\beta s\delta_5 \\
-s\delta_6 & c\delta_6 & 0
\end{bmatrix}^T
$$

$$(3.2.21)$$

式中参数意义同式(3.2.20)。

▲3.2.3 力矩平衡姿态求解

对于空间站这类长期在轨的大型飞行器,力矩平衡姿态不仅是稳定飞行的重要姿态模式,很多大角度姿态机动任务也是在两个 TEA 之间进行的。对 TEA 的求解及其特性的研究是研究零燃料姿态机动的基础。

令外力矩之和平衡的转动角速度为 $\boldsymbol{\omega}^*$,对应的姿态角记为 $\boldsymbol{\theta}^*$,TEA 姿态即是外力矩平衡的转动角速度 $\boldsymbol{\omega}^*$ 和对应姿态角 $\boldsymbol{\theta}^*$ 的总称。

首先求解外力矩平衡的转动角速度 $\boldsymbol{\omega}^*$,令式(3.2.12)中的控制力矩和转动角加速度 $\dot{\boldsymbol{\theta}}$ 为零,得到

$$\boldsymbol{\tau}_{\text{gyro}}(\boldsymbol{\omega}^*) + \boldsymbol{\tau}_{\text{gg}}(\varphi^*, \theta^*, \Psi^*) + \boldsymbol{w}^* = 0 \qquad (3.2.22)$$

其次,求解外力矩平衡的姿态角 $\boldsymbol{\theta}^*$,令式(3.2.9)中的 $\dot{\boldsymbol{\theta}}(t)$ 均为零,则得到

$$f(\boldsymbol{\theta}^*)\boldsymbol{\omega}^* + \boldsymbol{q} = 0 \qquad (3.2.23)$$

式(3.2.23)经过化简可得

$$\boldsymbol{\omega}^* = \begin{bmatrix} -\omega_o \sin\Psi^* \\ -\omega_o \cos\varphi^* \cos\Psi^* \\ \omega_o \sin\varphi^* \cos\Psi^* \end{bmatrix} \qquad (3.2.24)$$

至此,将式(3.2.22)和式(3.2.23)联合起来,就可以求解得到 TEA。文献[14]针对气动力矩为常值和关于 TEA 的函数两种情况,利用线性代数中的矩阵特征值和特征向量进行求解,这种求解方法的缺点是过程复杂、求解精度不高,尤其当 $\boldsymbol{w}^*$ 为姿态角的函数时,其求解过程相当繁杂。针对这个问题,本章提出一个基于非线性方程迭代求解的方法[1],将式(3.2.22)和式(3.2.24)进行变形得到实函数非线性方程组的一般形式,即

$$\begin{cases} f_i(\varphi^*, \theta^*, \Psi^*, \omega_x^*, \omega_y^*, \omega_z^*) = \boldsymbol{\tau}_{\text{gyro}}(\boldsymbol{\omega}^*) + \boldsymbol{\tau}_{\text{gg}}(\varphi^*, \theta^*, \Psi^*) + \boldsymbol{w}^* = 0 \quad i = 1,2,3 \\ f_4 = \omega_x + \omega_o \sin \Psi^* = 0 \\ f_5 = \omega_y + \omega_o \cos \varphi^* \cos \Psi^* = 0 \\ f_6 = \omega_z - \omega_o \sin \theta^* \cos \Psi^* = 0 \end{cases}$$

$$(3.2.25)$$

采用拟牛顿迭代法[15]求解式(3.2.25)所示的六元非线性方程组,可以获得 TEA。需要指出的是,文献[16]基于忽略重力梯度力矩的假设,得到当 $\boldsymbol{w}^*$ 为零时的 24 个 TEA,对应的姿态为体坐标轴与轨道坐标系坐标轴重合的姿态,显然该结论是成立的。但是,通常情况下空间站所受的重力梯度力矩并不能忽略,此时采用求解非线性方程组的方法求解 TEA 方法更简单,省去了许多推导过程,即使在考虑其他干扰力矩的同时,采用该方法也不会给求解过程带来额外麻烦。因此,采用求解非线性方程组的方法求解 TEA 精度更高、结果更准确、求解过程更通用。

3.2.4 路径规划算法

姿态机动路径规划问题是一类典型的最优控制问题,其求解方法主要包括间接法和直接法两类。直接法将最优控制问题中的变量进行离散化处理,进而转化为非线性规划问题。直接法中最具代表性的就是伪谱法,该方法在近年来得到快速发展与广泛应用[17]。

伪谱法的起源可追溯至流体力学问题中的谱方法,并在求解气象学中偏微分方程问题中得到了长足的发展。Banks 等[18]将伪谱法引入到最优控制领域,此后美国学者 Fahroo、Ross、Rao 等对伪谱法的发展做了比较大的贡献,近年来,各种新型的伪谱法不断被提出,包括高斯伪谱法、勒让德伪谱法、雅克比伪谱法等。目前,伪谱法已经成为求解连续最优控制问题的最有效方法之一,伪谱法对参数初值敏感度低,具有谱收敛的良好特性[19-20],作为完备方法,在一定条件下,伪谱解满足协态映射原理[21],从而保证了解的准确性。

此外,推动伪谱法广泛应用的重要原因是一些成熟软件工具的推出。Ross 等[22]开发了基于 Legendre 伪谱法的 DIDO 软件,这也是国际空间站的 ZPM 在轨验证采用的路径规划工具,Rao 等[23]开发了基于 Radau 伪谱法的 GPOPS 软件。这两款软件都已实现商业化,在各个领域有非常广泛的应用。本章主要采用 GPOPS 软件求解空间站大角度姿态机动的最优路径问题。

3.3 零燃料最优姿态机动路径规划

本节首先仅考虑 SGCMG 角动量运动,规划 ZPM 角动量最优、时间最优与能量最优机动路径,分析不同路径的特点。在此基础上,考虑 SGCMGs 框架角运动,求解一体化 ZPM 路径规划问题。

◢ 3.3.1 考虑陀螺角动量的 ZPM 最优路径规划

ZPM 角动量最优路径可以提供最大的 CMG 角动量冗余,有利于抵御机动过程中各种干扰的影响,尤其适合于机动路径离线规划、在线跟踪的控制策略。但是角动量最优路径在机动始末 CMG 角动量变化率过大,会引起过大的 CMG 框架角速度,这可能损害 CMG 实际上除角动量最优路径外,还可以考虑设计能量最优或时间最优机动路径。CMG 实施控制时消耗电能,采用能量最优机动路径对节约空间站电能具有实际意义。在某些特殊情形下要求空间站快速机动,时间最优问题即机动的快速实现问题,同时时间最优解也给出了完成机动的最短时间。

1. 规划模型

1)状态方程

ZPM 路径规划问题中的状态方程包括姿态运动学方程、姿态动力学方程与 CMG 角动量动力学方程,分别为式(3.2.10)、式(3.2.12)及式(3.2.17)。由于空间站受到的环境力矩中地球引力梯度力矩与气动力矩远大于其他环境力矩,故规划中仅考虑这两种环境力矩。

2)边界条件

ZPM 的边界条件的一般形式可写为

$$\boldsymbol{\sigma}(t_0) = \boldsymbol{\sigma}_0, \boldsymbol{\omega}(t_0) = \boldsymbol{\omega}_0, \boldsymbol{h}_{cmg}(t_0) = \boldsymbol{h}_0 \quad (3.3.1)$$

$$\boldsymbol{\sigma}(t_f) = \boldsymbol{\sigma}_f, \boldsymbol{\omega}(t_f) = \boldsymbol{\omega}_f, \boldsymbol{h}_{cmg}(t_f) = \boldsymbol{h}_f \quad (3.3.2)$$

式中:t_0 为机动开始时刻,默认为 0;t_f 为机动结束时刻,故 t_f 也是总机动时间,t_f 给定与否与具体优化问题有关;$\boldsymbol{\sigma}_0$、$\boldsymbol{\omega}_0$ 和 $\boldsymbol{h}_0$ 分别为初始姿态、初始角速度和初始 CMG 角动量;$\boldsymbol{\sigma}_f$、$\boldsymbol{\omega}_f$ 和 $\boldsymbol{h}_f$ 分别为终端姿态、终端角速度和终端 CMG 角动量。

通常空间站通过 ZPM 从一个 TEA 机动到另一个 TEA。对于 TEA,空间站相对于轨道系静止,其角速度与姿态是关联的,同时,为了机动后迅速过渡到动量管理模式,CMG 的终端角动量也是指定的。

3）路径约束

CMG 的最大角动量和最大角动量变化率是有限的,因此机动过程中 CMG 需要满足一定的性能约束,可表示为

$$\| \boldsymbol{h}_{\text{cmg}} \|^2 \leqslant h_{\max}^2 \tag{3.3.3}$$

$$\left\| \frac{\mathrm{d}\boldsymbol{h}_{\text{cmg}}}{\mathrm{d}t} \right\|^2 = \| \boldsymbol{u}_{\text{cmg}} - \boldsymbol{\omega} \times \boldsymbol{h}_{\text{cmg}} \|^2 \leqslant \dot{h}_{\max}^2 \tag{3.3.4}$$

式中:$h_{\max}$ 为 CMG 最大角动量参数;$\dot{h}_{\max}$ 为 CMG 最大角动量变化率参数。式(3.3.3)称为角动量约束,式(3.3.4)称为角动量变化率约束。为保证规划计算时路径约束在零点可微,式(3.3.3)与式(3.3.4)采用了矢量二范数的平方。

4）优化目标

（1）角动量指标。角动量指标是指机动过程中 CMG 的峰值角动量

$$J_1 = \max(\boldsymbol{h}_{\text{cmg}}(t)) \tag{3.3.5}$$

角动量指标路径规划问题是求解机动过程中的 CMG 峰值角动量最小的机动路径,是一个极小化极大值问题。引入变量 $\gamma = [\max \boldsymbol{h}_{\text{cmg}}(t)]^2$（相应的状态方程为 $\dot{\gamma} = 0$）,同时将角动量约束式(3.3.3)改写为

$$\| \boldsymbol{h}_{\text{cmg}} \|^2 \leqslant \gamma \tag{3.3.6}$$

则可转为末值型性能指标的约束最优控制问题,转化后的性能指标为

$$J_1 = \gamma(t_{\text{f}}) \tag{3.3.7}$$

相关约束包括状态方程式(3.2.10)、式(3.2.12)及式(3.2.17),边界条件式(3.3.1)与式(3.3.2),以及路径约束式(3.3.4)与式(3.3.6),其中 t_{f} 给定。

（2）时间指标。时间指标指总机动时间,由于默认机动开始时刻 $t_0 = 0$,故时间指标为

$$J_2 = t_{\text{f}} \tag{3.3.8}$$

时间最优控制问题用于求解时间最优机动,状态方程与边界条件同角动量最优问题,路径约束包括式(3.3.3)与式(3.3.4),显然 t_{f} 自由。

（3）能量指标。能量指标指机动过程中消耗的能量

$$J_3 = E \tag{3.3.9}$$

Yang 等[24]研究了采用飞轮作为执行机构的刚体航天器能量最优姿态机动问题,采用控制力矩二次型函数的积分作为性能指标,本章也采用以下定义描述机动过程中消耗的能量

$$E = \int_{t_0}^{t_{\text{f}}} \boldsymbol{u}_{\text{cmg}}^{\text{T}} \boldsymbol{u}_{\text{cmg}} \mathrm{d}t \tag{3.3.10}$$

注意式(3.3.10)给出的能量定义式并不是一个严格的能量物理量,其单位为

$N^2 \cdot m^2 \cdot s$。

ZPM 能量最优控制问题的状态方程、边界条件与路径约束同时间最优问题，但 t_f 给定。

2. 算例与分析

采用 Bhatt[25] 中的 ZPM 算例进行研究，该机动为从 +XVV TEA 到 +YVV TEA 的近 90° 大角度机动。空间站运行的圆轨道高度为 342.62km，轨道角速率为 $n = 1.1461 \times 10^{-3} \mathrm{rad/s}$，空间站的惯量张量为

$$J = \begin{bmatrix} 24180443 & 3780010 & 3896127 \\ 3780010 & 37607882 & -1171169 \\ 3896127 & -1171169 & 51562389 \end{bmatrix} \mathrm{kg \cdot m^2}$$

对于 SGCMG，其最大角动量参数为 $h_{max} = 1.9524 \times 10^4 \mathrm{N \cdot m \cdot s}$，最大角动量变化率参数为 $\dot{h}_{max} = 271.16 \mathrm{N \cdot m}$。气动力矩模型中，大气密度取为 $\rho = 2 \times 10^{-11} \mathrm{kg/m^3}$，阻力系数 C_D 取为 2.2，空间站上的气动力矩包括两部分，一部分作用在舱体上，另一部分作用在太阳能电池帆板上，舱体近似为长 45m、半径 2.25m 的类圆柱体，太阳能电池帆板用一对长 20m、宽 4m 的平板代表，假设空间站质心到舱体压心和太阳能电池帆板压心的矢径在体系下固定，分别为 $[-0.17 \ -0.10 \ 4.50]^T m$ 和 $[-0.17 \ -0.10 \ -9.00]^T m$。表 3.3.1 给出了机动的初始与终端边界条件。

表 3.3.1　90°ZPM 边界条件

初始状态	取值	终端状态	取值
σ_0	$[0.1352 \ -0.4144 \ 0.5742]^T \times 10^{-1}$	σ_f	$[-0.3636 \ -0.2063 \ -4.1360]^T \times 10^{-1}$
$\omega_0 /(\mathrm{rad/s})$	$[-0.2541 \ -1.1145 \ 0.0826]^T \times 10^{-3}$	$\omega_f /(\mathrm{rad/s})$	$[1.1353 \ 0.0030 \ -0.1571]^T \times 10^{-3}$
$h_0 /\mathrm{N \cdot m \cdot s}$	$[-0.6725 \ -0.2373 \ -5.2768]^T \times 10^3$	$h_f /\mathrm{N \cdot m \cdot s}$	$[-0.0122 \ -4.8226 \ -0.1830]^T \times 10^3$

表 3.3.2 给出了 ZPM 角动量最优、时间最优与能量最优控制问题的相关参数设置。

表 3.3.2　3 种最优 ZPM 算例设置

算例	机动路径	终端时间	角动量约束
1	角动量最优	6000s	最小化 h_{max}
2	时间最优	最小化 h_f	$h_{max} = 1.9524 \times 10^4 \mathrm{N \cdot m \cdot s}$
3	能量最优	6000s	$h_{max} = 1.9524 \times 10^4 \mathrm{N \cdot m \cdot s}$

图 3.3.1 给出了 3 种最优路径的状态变量曲线。从图中可以看到，对于

MRP 曲线,3 种解的整体变化趋势相似。对于角速度曲线,角动量最优解与时间最优解在机动始末有较剧烈的变化,而能量最优解的变化比较平缓。对于 CMG 角动量曲线,3 种解的前两个分量(h_{cmg} 与 $(h_{cmg})_y$ 的曲线较为相似,而第三个分量$(h_{cmg})_z$ 差别较大。图 3.3.2 给出了空间站姿态机动对应的欧拉转角。结果表明,机动过程中 MRP 远离奇异。

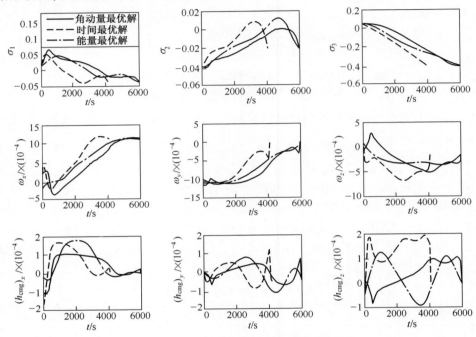

图 3.3.1　3 种 ZPM 最优路径的状态解

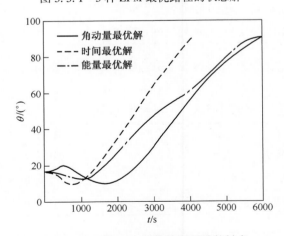

图 3.3.2　3 种 ZPM 最优路径的欧拉转角

图 3.3.3 给出了机动中的 CMG 角动量幅值曲线,图 3.3.4 给出了 CMG 角动量变化率幅值曲线。能量最优解中,CMG 角动量约束取等,CMG 角动量变化率曲线较为光滑,相对于允许上限有较大冗余。值得注意的是,ZPM 角动量最优解与时间最优解的 CMG 性能曲线具有相同的特点,在机动始末 CMG 角动量变化率幅值达到最大,在机动中 CMG 角动量约束取等。

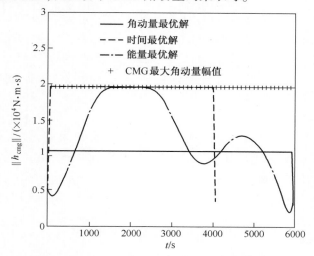

图 3.3.3 3 种 ZPM 最优路径的 CMG 角动量幅值曲线

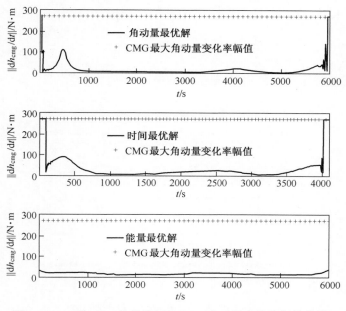

图 3.3.4 3 种 ZPM 最优路径的 CMG 角动量变化率幅值曲线

对此现象可以进行简单的物理解释:对于时间最优机动,机动开始时为实现空间站角速度的迅速增加,需要 CMG 提供尽可能大的控制;CMG 角动量达到最大幅值后,为使空间站获得可能的最大角速度,CMG 角动量尽量保持最大,此时环境力矩带来的角动量增量可以最大程度地作用在空间站上;机动快结束时,CMG 角动量迅速减小以抵达指定终端边界条件。对于角动量最优机动,当终端时间确定时,由于 CMG 保持峰值角动量时间越长,峰值角动量可能越减小,从而带来了与时间最优机动相同的变化特点。

最优解满足控制极值条件,基于伪谱法的协态映射原理可获得协态变量的数值解,据此对解的最优性进行验证。对于角动量最优控制问题,定义 $c_1 = \|\boldsymbol{\lambda}_h - \boldsymbol{J}^{-1}\boldsymbol{\lambda}_\omega\|$,当 $\|\boldsymbol{u}_{cmg} - \boldsymbol{\omega} \times \boldsymbol{h}_{cmg}\| = \dot{h}_{max}$ 时,应有 $c_1 \neq 0$;当 $\|\boldsymbol{u}_{cmg} - \boldsymbol{\omega} \times \boldsymbol{h}_{cmg}\| \neq \dot{h}_{max}$ 时,应有 $c_1 = 0$;对于时间最优控制问题,定义 $c_2 = \|\boldsymbol{\lambda}_h - \boldsymbol{J}^{-1}\boldsymbol{\lambda}_\omega\|$,$c_2$ 的变化应与 c_1 类似;对于能量最优控制问题,由于机动过程中没有触犯角动量变化率约束,故不考虑该约束,基于直接伴随法[26]得到的增广 Hamilton 函数 $\overline{H}$ 为

$$\overline{H} = \boldsymbol{u}_{cmg}{}^{\mathrm{T}}\boldsymbol{u}_{cmg} + \boldsymbol{\lambda}_\sigma{}^{\mathrm{T}}\frac{\mathrm{d}\boldsymbol{\sigma}}{\mathrm{d}t} + \boldsymbol{\lambda}_\omega{}^{\mathrm{T}}\frac{\mathrm{d}\boldsymbol{\omega}}{\mathrm{d}t} + \boldsymbol{\lambda}_h{}^{\mathrm{T}}\frac{\mathrm{d}\boldsymbol{h}_{cmg}}{\mathrm{d}t} + \lambda_p(\boldsymbol{h}_{cmg}{}^{\mathrm{T}}\boldsymbol{h}_{cmg} - h_{max}^2)$$

$$(3.3.11)$$

式中:λ_p 为 KKT 乘子变量。由增广 Hamilton 函数 $\overline{H}$ 导出的控制极值方程为 $\dfrac{\partial \overline{H}}{\partial \boldsymbol{u}_{cmg}} = \boldsymbol{0}$,定义 $c_3 = \left\|\dfrac{\partial \overline{H}}{\partial \boldsymbol{u}_{cmg}}\right\|$,机动过程中应有 $c_3 = 0$。图 3.3.5 给出了这些量随时间变化的关系曲线,它们验证了解的最优性。

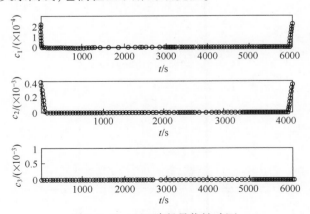

图 3.3.5 ZPM 路径最优性验证

表 3.3.3 给出了 3 种 ZPM 最优解的相关计算结果,时间最优解给出了 ZPM 的最短时间,当机动时间小于该值时,机动不可实现;机动中时间最优解与能量最优解的 CMG 角动量幅值均达到最大;机动能量方面,时间最优机动路径消耗最多,相较于其他两种路径,能量最优机动路径可以显著地节省能量。

表 3.3.3　3 种最优 ZPM 算例规划结果

机动路径	机动时间/s	CMGs 峰值角动量/N · m · s	机动能量/N^2 · m^2 · s
角动量最优	6000	1.0628×10^4	1.2244×10^7
时间最优	4099.9	1.9524×10^4	1.7942×10^7
能量最优	6000	1.9524×10^4	1.2647×10^6

本节研究的 3 种机动路径中,能量最优机动路径对应的 CMG 控制平滑,可以显著节省能量,在保证机动过程中 CMG 角动量一定冗余的前提下,是进行机动的最佳路径。

3.3.2　考虑 SGCMG 框架角运动的一体化 ZPM 最优路径规划

国际空间站实现的 ZPM 采用的是 DGCMG,DGCMG 奇异面简单,采用梯度型操纵律易响应指令力矩并躲避奇异[27],因此设计 ZPM 路径时 NASA 没有专门考虑 DGCMG 指令力矩的实现问题。我国空间站可能采用 SGCMG,SGCMG 奇异面复杂,任何即时响应操纵律都不可能完全躲避奇异[28],当陷入奇异时,SGCMG 会丧失三维力矩输出能力,这可能会影响机动任务的成功实现。对于 ZPM 任务,研究考虑 SGCMG 框架角运动的一体化规划问题,实现机动过程中 SGCMG 的奇异躲避,是提高机动性能的一条有效路径。

不同于一般姿态机动任务,ZPM 需要利用环境力矩实现机动前后空间站角动量的改变,同时为了从机动模式迅速过渡到动量管理模式,机动一般明确指定 CMG 终端角动量状态。基于上述约束,本节规划了规避 SGCMG 奇异的一体化 ZPM 路径。

1. 规划模型

1）状态方程

考虑 SGCMG 框架角运动后,SGCMG 角动量由框架角决定,不再作为状态变量。一体化 ZPM 路径规划问题中的状态方程包括姿态运动学方程（式(3.2.10)）,姿态动力学方程以及 SGCMG 框架角运动方程,分别是

$$\dot{\boldsymbol{\omega}} = \boldsymbol{J}^{-1}(\boldsymbol{\tau}_e - \boldsymbol{\omega} \times (\boldsymbol{J}\boldsymbol{\omega} + \boldsymbol{h}_{cmg}) - h_s \boldsymbol{J}_e \boldsymbol{v} \qquad (3.3.12)$$

$$\dot{\boldsymbol{\delta}} = \boldsymbol{v} \qquad (3.3.13)$$

规划中仍仅考虑地球引力梯度力矩与气动力矩两种环境力矩。

2）边界条件

边界条件基本形式同 3.3.1 小节，机动初始边界条件给定，机动终端对姿态、角速度与 CMG 角动量均进行约束，由于一体化规划问题中的状态变量发生变化，其边界条件为

$$\boldsymbol{\sigma}(t_0) = \boldsymbol{\sigma}_0, \boldsymbol{\omega}(t_0) = \boldsymbol{\omega}_0, \boldsymbol{\delta}(t_0) = \boldsymbol{\delta}_0 \qquad (3.3.14)$$

$$\boldsymbol{\sigma}(t_f) = \boldsymbol{\sigma}_f, \boldsymbol{\omega}(t_f) = \boldsymbol{\omega}_f, \boldsymbol{h}_{cmg}(\boldsymbol{\delta}(t_f)) = \boldsymbol{h}_f \qquad (3.3.15)$$

式中：$\boldsymbol{\delta}_0$ 为初始 SGCMG 框架角。

3）路径约束

考虑 SGCMG 框架角运动后，机动过程中需要满足 SGCMG 框架角速率约束

$$|\dot{v}_i| \leqslant \dot{\delta}_{max} \qquad i = 1, 2, \cdots, n \qquad (3.3.16)$$

式中：$\dot{\delta}_{max}$ 为最大框架角速率参数；n 为 SGCMG 的陀螺总数。与 3.3.1 小节比较，此处角动量变化率幅值约束已经隐含在约束式（3.3.16）中，而角动量幅值约束隐含在 CMG 角动量模型 $\boldsymbol{h}_{cmg} = \boldsymbol{h}_{cmg}(\boldsymbol{\delta})$ 中。

取奇异度量指标为 $m = \det(\boldsymbol{J}_c \boldsymbol{J}_c^T)$，为保证机动过程中 SGCMG 远离奇异，要求机动中

$$m \geqslant 1 \qquad (3.3.17)$$

4）优化目标

综合考虑机动时间与机动能量，优化的性能指标取为

$$J_1 = t_f + k \int_0^f \boldsymbol{v}^T \boldsymbol{v} \, dt \qquad (3.3.18)$$

式中：k 为一给定正实数。

综上，一体化 ZPM 路径规划问题寻求满足状态方程式（3.2.10）、式（3.3.12）与式（3.3.13），边界条件式（3.3.14）与式（3.3.15），以及路径约束式（3.3.16）与式（3.3.17），并最小化性能指标（式（3.3.18））的机动路径，规划模型中终端时间 t_f 自由。

2. 算例与分析

空间站质量惯量取为

$$\boldsymbol{J} = \begin{bmatrix} 4.0 \times 10^6 & 0.8 \times 10^6 & 0.7 \times 10^6 \\ 0.8 \times 10^6 & 6.0 \times 10^6 & 0.5 \times 10^6 \\ 0.7 \times 10^6 & 0.5 \times 10^6 & 9.0 \times 10^6 \end{bmatrix} \text{kg} \cdot \text{m}^2$$

这与"和平号"空间站惯量特性一致。采用五棱锥构型 SGCMG，参考"和平号"空间站使用的 SGCMG[29]，单个陀螺的角动量取为 $h_s = 1000\text{N} \cdot \text{m} \cdot \text{s}$，最大框架

角速率参数取为 $\dot{\delta}_{max} = 0.2\text{rad/s}$。气动模型及边界条件中始末姿态与角速度取值同 3.3.1 小节中 2，SGCMG 初始框架角取为 [0.3959 2.0650 5.1604 2.7019 4.7358 5.2204]^{T}rad（对应角动量为 [0 0 0]^{T}N·m·s），终端 SGCMG 角动量指定为 [0 0 0]^{T}N·m·s。式(3.3.18)中 k 取为 1×10^4。

采用 GPOPS 软件进行求解，规划机动路径的性能指标为 5.0524×10^3，机动时间为 4277.1s。图 3.3.6 与图 3.3.7 分别给出了规划的姿态与角速度曲线。

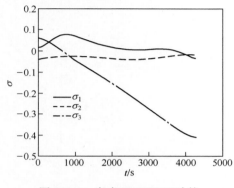

图 3.3.6　考虑 SGCMG 运动的
一体化 ZPM 姿态曲线

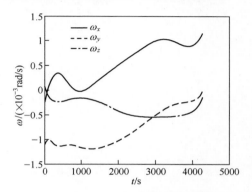

图 3.3.7　考虑 SGCMG 运动的一体化
ZPM 角速度曲线

图 3.3.8 与图 3.3.9 分别给出了机动中的 SGCMG 框架角与框架角速度，图中显示 SGCMG 框架角与框架角速度曲线光滑，框架角速度远小于上限值 $\dot{\delta}_{max}$。图 3.3.10 给出了机动过程中 SGCMG 奇异度量指标。可以看到，在机动中段奇异约束式(3.3.17)取等。图 3.3.11 给出了 SGCMG 角动量幅值曲线，SGCMG 峰值角动量为 4.6862×10^3N·m·s，与 6 个陀螺角动量之和的比值为 0.7810，大于五棱锥 SGCMG 的构型效益 0.7451，可见规划路径不仅保证了 SGCMG 远离奇异，而且高效利用了 SGCMG 的控制能力。

虽然本节路径规划中没有考虑具体的 SGCMG 操纵律，但规划结果仍然可应用到使用具体操纵律的机动路径跟踪控制中。假设空间站采用伪逆加零运动结构的操纵律，从规划得到的框架角速度可以反解得到零运动系数，进而确定与机动路径相对应的零运动，机动中结合零运动信息可以在跟踪姿态机动轨迹的同时较好地追随规划的 SGCMG 框架角轨迹。实施 ZPM 时，跟踪规划的一体化机动路径可以有效避免 SGCMG 奇异，同时高效利用 SGCMG 的控制能力，这对采用 SGCMG 作为姿态控制执行机构的 ZPM 具有实用意义。

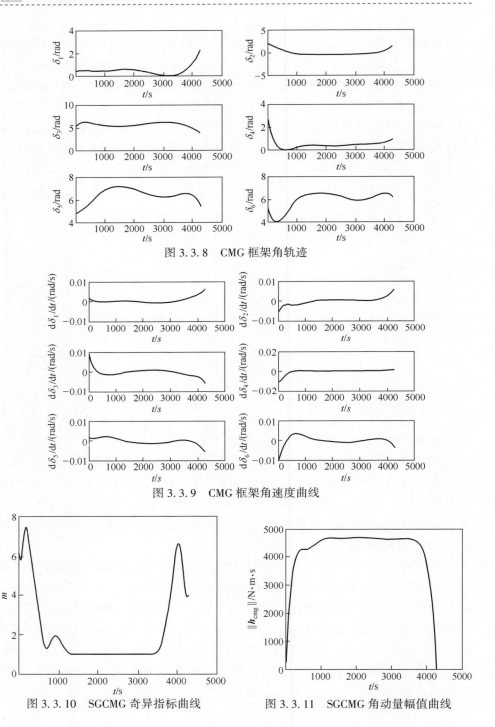

图 3.3.8　CMG 框架角轨迹

图 3.3.9　CMG 框架角速度曲线

图 3.3.10　SGCMG 奇异指标曲线

图 3.3.11　SGCMG 角动量幅值曲线

3.4 CMG 辅助机动燃料最优路径规划

虽然 ZPM 具有节省燃料的显著优点,但是由于 SGCMG 产生的控制力矩较小并存在角动量饱和问题,这导致 ZPM 耗时一般很长,如对于 3.3.3 小节中的 ZPM 算例,其最短机动时间逾 4000s。有时空间站需要快速机动,而推力器提供的力矩比 CMG 力矩至少大一个量级[6],有利于快速实现姿态机动。为结合推力器机动技术与 ZPM 技术的优点,实现机动快速与燃料节省的统一,本节提出了一个新的空间站大角度姿态机动概念——CMG 辅助机动,求解了 CMG 辅助机动燃料最优控制问题。

▲3.4.1 规划模型

1. 状态方程

CMGs 辅助机动路径规划问题中的状态方程包括姿态运动学方程式(3.2.10)、姿态动力学方程与 CMG 角动量动力学方程式(3.2.17),其中姿态动力学方程增加了推力器产生的力矩项,表示为

$$\dot{\boldsymbol{\omega}} = \boldsymbol{J}^{-1}\left[\boldsymbol{\tau}_\mathrm{e} - \boldsymbol{\omega} \times (\boldsymbol{J}\boldsymbol{\omega}) - \boldsymbol{u}_\mathrm{cmg}\right] + \boldsymbol{u}_\mathrm{p} \qquad (3.4.1)$$

由于其他环境力矩为相对小量,规划中仅考虑地球引力梯度力矩与气动力矩两种环境力矩。

2. 边界条件

状态量边界条件同 3.3.1 小节。对于机动时间,根据任务要求对其有上限要求,即

$$t_\mathrm{f} - t_0 < T_\mathrm{s} \qquad (3.4.2)$$

式中:T_s 为最长机动时间参数。

3. 路径约束

CMG 辅助机动路径规划问题中,CMG 性能约束同 3.3.1 小节,推力矩采用幅值有限的连续推力矩模型,机动中需满足

$$u_{\mathrm{p}i} \leqslant u_{\mathrm{p}i\_\mathrm{max}} \qquad i = x, y, z \qquad (3.4.3)$$

式中:$u_{\mathrm{p}i}$ 为推力矩 $\boldsymbol{u}_\mathrm{p}$ 在 i 坐标方向的分量;$u_{\mathrm{p}i\_\mathrm{max}}$ 为该方向上的最大力矩。

4. 优化目标

构造燃料最优控制问题对机动燃料消耗进行优化。由于消耗的燃料正比于推力,作为概念研究,在不影响定性结论的前提下,假设各方向的力臂相等,进而消耗的燃料正比于推力矩,故燃料指标取为

$$J = \int_0^{t_f} (|u_{px}| + |u_{py}| + |u_{pz}|) \mathrm{d}t \tag{3.4.4}$$

综上，CMG 辅助机动燃料最优控制问题寻求优化性能指标（式(3.4.4)），满足运动方程式(3.2.10)、式(3.4.1)与式(3.2.17)，边界条件式(3.3.1)、式(3.3.2)与式(3.4.2)，以及路径约束式(3.3.3)、式(3.3.4)与式(3.4.3)的机动路径。

🔺 3.4.2 燃料最优控制解分析

CMG 辅助机动燃料最优控制问题的 Hamilton 函数为

$$H = |u_{px}| + |u_{py}| + |u_{pz}| + \boldsymbol{\lambda}_\sigma^{\mathrm{T}} \frac{\mathrm{d}\boldsymbol{\sigma}}{\mathrm{d}t} + \boldsymbol{\lambda}_\omega^{\mathrm{T}} \frac{\mathrm{d}\boldsymbol{\omega}}{\mathrm{d}t} + \boldsymbol{\lambda}_h^{\mathrm{T}} \frac{\mathrm{d}\boldsymbol{h}_{\mathrm{cmg}}}{\mathrm{d}t} \tag{3.4.5}$$

对于推力矩 $\boldsymbol{u}_p$，仅考虑 $\boldsymbol{u}_p$ 相关项，有

$$\begin{aligned} H &= |u_{px}| + |u_{py}| + |u_{pz}| + \boldsymbol{\lambda}_\omega^{\mathrm{T}} \boldsymbol{J}^{-1} \boldsymbol{u}_p + \cdots \\ &= |u_{px}| + u_{px} \boldsymbol{\lambda}_\omega^{\mathrm{T}} \boldsymbol{l}_x + |u_{py}| + u_{py} \boldsymbol{\lambda}_\omega^{\mathrm{T}} \boldsymbol{l}_y + |u_{pz}| + u_{pz} \boldsymbol{\lambda}_\omega^{\mathrm{T}} \boldsymbol{l}_z + \cdots \end{aligned} \tag{3.4.6}$$

式中：$\boldsymbol{l}_x = [J^{-1}(1,1) \ J^{-1}(2,1) \ J^{-1}(3,1)]^{\mathrm{T}}$，$\boldsymbol{l}_y = [J^{-1}(1) \ J^{-1}(2,2) \ J^{-1}(3,2)]^{\mathrm{T}}$，$\boldsymbol{l}_z = [J^{-1}(1,3) \ J^{-1}(2,3) \ J^{-1}(3,3)]^{\mathrm{T}}$。考虑到约束条件式(3.4.3)，根据极大值原理，有

$$u_{pi} = u_{pi\_max} \mathrm{dez}(S_i) \qquad i = x, y, z \tag{3.4.7}$$

式中：$S_i = -\boldsymbol{\lambda}_\omega^{\mathrm{T}} \boldsymbol{l}_i (i = x, y, z)$ 为燃料最优解的开关曲线，死区函数 $y = \mathrm{dez}(x)$ 定义为

$$\begin{cases} y = 0 & |x| < 1 \\ y = 1 & x > 1 \\ y = -1 & x < -1 \\ 0 \leqslant y \leqslant 1 & x = 1 \\ -1 \leqslant y \leqslant 0 & x = -1 \end{cases} \tag{3.4.8}$$

对于 $u_{pi}(i=x,y,z)$，当 $\boldsymbol{\lambda}_\omega^{\mathrm{T}} \boldsymbol{l}_i < -1$ 时，$u_{pi} = u_{pi\_max}$；当 $\boldsymbol{\lambda}_\omega^{\mathrm{T}} \boldsymbol{l}_i > 1$ 时，$u_{pi} = -u_{pi\_max}$；当 $|\boldsymbol{\lambda}_\omega^{\mathrm{T}} \boldsymbol{l}_i|$ 时，$u_{pi} = 0$；当 $|\boldsymbol{\lambda}_\omega^{\mathrm{T}} \boldsymbol{l}_i| = 1$ 时，奇异发生，此时 u_{pi} 取值无法通过极大值原理确定。不考虑奇异情形，此时燃料最优解推力矩的结构为 Bang-off-bang 结构。

对于 CMG 力矩 $\boldsymbol{u}_{\mathrm{cmg}}$，仅考虑 $\boldsymbol{u}_{\mathrm{cmg}}$ 相关项，有

$$H = (\boldsymbol{\lambda}_h^{\mathrm{T}} - \boldsymbol{\lambda}_\omega^{\mathrm{T}} \boldsymbol{J}^{-1})(\boldsymbol{u}_{\mathrm{cmg}} - \boldsymbol{\Omega} \times \boldsymbol{h}_{\mathrm{cmg}}) + \cdots \tag{3.4.9}$$

考虑到 CMG 角动量变化率约束，当角动量约束不触犯且 $\boldsymbol{\lambda}_h^{\mathrm{T}} - \boldsymbol{\lambda}_\omega^{\mathrm{T}} \boldsymbol{J}^{-1} \neq \boldsymbol{0}$ 时，根

据极大值原理,有 $\dfrac{\mathrm{d}\boldsymbol{h}_{\mathrm{cmg}}}{\mathrm{d}t} = \boldsymbol{u}_{\mathrm{cmg}} - \boldsymbol{\omega} \times \boldsymbol{h}_{\mathrm{cmg}}$ 与 $\boldsymbol{\lambda}_h - \boldsymbol{J}^{-1}\boldsymbol{\lambda}_{\boldsymbol{\omega}}$ 方向相反,同时

$$\left|\left|\frac{\mathrm{d}\boldsymbol{h}_{\mathrm{cmg}}}{\mathrm{d}t}\right|\right| = \dot{h}_{\max} \text{。}$$

3.4.3 算例与分析

考虑 3.3.1 小节 2 中的 90°机动算例,边界条件按表 3.3.1 给定,空间站质量惯量、CMG 相关参数与气动模型均同 3.3.1 小节 2 中所述,假设推力器提供的力矩三轴最大均为 2500N·m。关于机动时间,初值时间为 $t_0 = 0$s,最长机动时间参数为 $T_s = 900$s。

为进行比较,除规划 CMG 辅助机动路径外,还对仅采用推力器的燃料最优机动和绕特征轴的常速率机动进行了计算。对于仅采用推力器的燃料最优控制问题,同样采用 3.3 节的方法进行求解。绕特征轴的常速率机动中,空间站相对于轨道系的角速度首先线性增加到设定机动速率,而后保持该速率不变,在机动末段又线性减小到零。图 3.4.1 中给出了燃料最优 CMG 辅助机动、燃料最优推力器机动和绕特征轴常速率机动的姿态与角速度曲线,图 3.4.2 给出了 3 种不同机动分别对应的推力矩曲线。

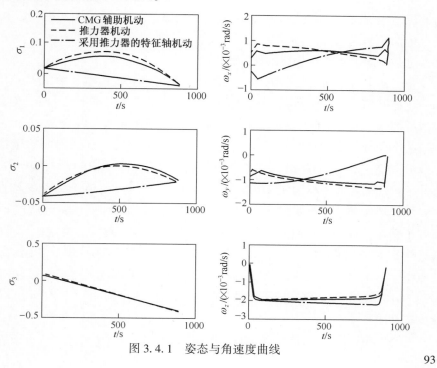

图 3.4.1 姿态与角速度曲线

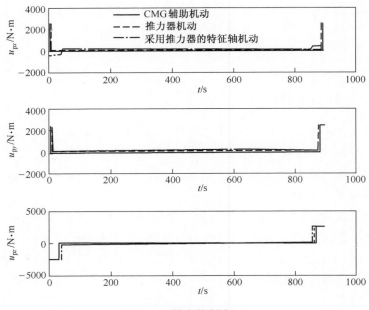

图 3.4.2　推力控制力矩

从图 3.4.1 和图 3.4.2 中可以看到,燃料最优 CMG 辅助机动与燃料最优推力器机动相似,较绕特征轴的常速率机动有明显的不同,这是由于前两者利用了姿态运动的非线性特性,采用"迂回"的路径实现机动目标,而绕特征轴的机动则通过强行施加控制按设定的路径进行机动。

基于伪谱法的协态映射原理验证规划获得的燃料最优解。图 3.4.3 给出了归一化控制与控制开关曲线,每个子图的右方给出了切换局部放大图,该图表明数值解的正确性,同时也说明基于推力矩的控制模式并未发生奇异。

关于机动燃料消耗(按式(3.4.4)计算),燃料最优 CMG 辅助机动的性能指标为 $2.4361 \times 10^5 \text{N} \cdot \text{m} \cdot \text{s}$,燃料最优推力器机动的性能指标为 $3.1637 \times 10^5 \text{N} \cdot \text{m} \cdot \text{s}$,特征轴机动的性能指标为 $4.0362 \times 10^5 \text{N} \cdot \text{m} \cdot \text{s}$。一方面,由于对姿态运动模型的非线性特性和环境力矩加以合理利用,燃料最优机动相对于特征轴机动有效节省了燃料;另一方面,通过合理协调 CMG 与推力器两种姿态控制执行机构,燃料最优 CMG 辅助机动相较于燃料最优推力器机动可以进一步节省约 23.00% 的燃料。对本节的机动算例,3.3.1 小节 2 中采用 ZPM 技术的最短机动时间为 4099.9s,此处仅 900s 就完成了机动,说明 CMG 辅助机动相较于 ZPM 可以大大减少机动时间。

考察 CMG 辅助机动中 CMG 的性能曲线,图 3.4.4 给出了 CMG 角动量幅值

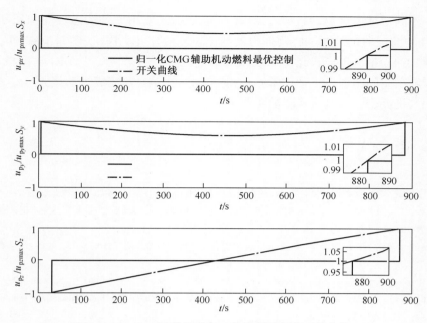

图 3.4.3　CMG 辅助机动归一化控制及相应开关曲线

曲线,图 3.4.5 给出了 CMG 角动量变化率幅值曲线。从图中可以看到与时间最优 ZPM 类似,在机动过程中 CMG 角动量达到最大值,在机动始末 CMG 角动量变化率幅值达到了阈值,这与 3.4.2 小节的分析一致。虽然 CMG 辅助机动中 CMG 角动量达到最大,但由于机动中段推力器处于关闭状态,在跟踪规划路径时可以适时开机以消除机动中各种干扰的影响,具有更强的抵御干扰的能力,这也是 CMG 辅助机动相对于 ZPM 的又一优点。

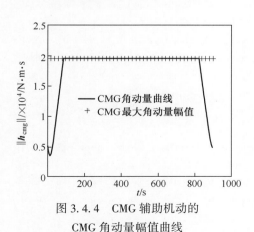

图 3.4.4　CMG 辅助机动的
CMG 角动量幅值曲线

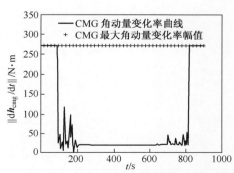

图 3.4.5　CMG 辅助机动的 CMG 角
动量变化率幅值曲线

不同于推力器机动技术与 ZPM 技术分别只使用一种姿态控制执行机构，CMG 辅助机动技术通过协调推力器与 CMG,具有机动快速、燃料节省、可从机动模式到动量管理模式光滑过渡和抵御干扰能力强等优点。CMG 辅助机动技术丰富了空间站姿态机动技术体系,对空间站在轨快速完成机动任务、减少燃料消耗与提高安全性具有重要的实践价值。

参考文献

[1] 周黎妮. 考虑动量管理和能量存储的空间站姿态控制研究[D]. 长沙:国防科技大学,2009.

[2] 章胜. 基于控制力矩陀螺的空间站姿态机动路径规划与制导策略研究[D]. 长沙:国防科技大学,2014.

[3] 赵乾. 考虑力矩陀螺奇异与饱和的空间站姿态机动控制策略与路径规划[D]. 长沙:国防科技大学,2015.

[4] Messerschmid E,Bertrand R. Space stations systems and utilization[M]. Struttgart:Springer,1999.

[5] Lyndon B. International space station familiarization mission operations directorate space flight training division[R]. NASA,1998.

[6] Bedrossian N,Bhatt S. Space station zero-propellant maneuver guidance trajectories compared to eigenaxis[C]. 2008 American Control Conference,Seattle,2008.

[7] Hall R A,Kaznacheyevt Y V. Fuel-optimal rotations of the space station Mir[C]. AIAA Guidance,Navigation and Control Conference,San Diego,1996.

[8] Kang W,Bedrossian N. Pseudospectral Optimal Control Theory Makes Debut Flight,Saves NASA 1M in under Three Hours[J]. SIAM News - Society for Industrial and Applied Mathematics,2007,40(7):1-3.

[9] Bedrossian N,Bhatt S. Zero-propellant maneuver guidance[J]. IEEE Control Systems Magazine,2009,29(5):53-73.

[10] Bedrossian N,Bhatt S. First ever flight demonstration of zero propellant maneuver attitude control concept[C]. 2007 AIAA GN&C Conference,Hilton Head,2007.

[11] Bedrossian N,Bhatt S,Lammers M,et al. Zero-Propellant Maneuver TM Flight Results for 180 deg ISS Rotation[C]. Proceedings of the 20th International Symposium on Space Flight Dynamics,NASA,2008.

[12] Pietz J. Pseudospectral Collocation Methods for the Direct Transcription of Optimal Problems[D]. Houston:Department of Computational and Applied Mathematics,Rice University,2003.

[13] 锦辉. 单框架控制力矩陀螺系统的构型分析和对比研究[J]. 中国空间科学技术;2003,6(3):52-56.

[14] Elgersma M R,Chang D S. Determination of torque equilibrium attitude for orbiting space station[C]. AIAA-1992-4481-CP,1992.

[15] Nocedal J,Wright S J. Numerical optimization[M]. Struttgart:Springer Science+Business Mdia,1999.

[16] Likins P W,Roberson R E. Uniqueness of equilibrium attitudes for earth pointing satellites[J]. Journal of Astronautical Science,1966,13:87-88.

[17] 唐国金,罗亚中,雍恩米. 航天器轨迹优化理论、方法及应用[M]. 北京:科学出版社,2012.

［18］ Banks S P，Mhana J. Optimal Control and Stabilization for Nonlinear Systems ［J］. IMA Journal of Mathematical Control and Information，1992，9（2）：179-196.

［19］ Rao A V. A survey of numerical methods for optimal control ［C］. AAS/AIAA Astrodynamics Specialist Conference，Pittsburgh，2009.

［20］ Gong Q，Kang W，Bedrossian N S，et al. Pseudospectral optimal control for military and industrial applications ［C］. 46th IEEE Conference on Decision and Control，New Orleans，2007.

［21］ Fahroo F，Ross I M. Advances in pseudospectral methods for optimal control ［C］. AIAA Guidance，Navigation，and Control Conference，2008.

［22］ Ross I M，Fahroo F. Pseudospectral knotting methods for solving optimal control problems ［J］. Journal of Guidance，Control，and Dynamics，2004，27（3）：397-405.

［23］ Rao A V，Benson D A，Darby C L，et al. GPOPS：a MATLAB software for solving multiple-phase optimal control problems using the gauss pseudospectral method ［J］. ACM Transactions on Mathematical Software，2010，37（2）：1-39.

［24］ Yang C C，Li C L，Wu C J. Minimal energy maneuvering control of a rigid spacecraft with momentum transfer ［J］. Journal of Franklin Institute，2007，344（7）：991-1005.

［25］ Bhatt S. Optimal Reorientation of Spacecraft Using Only Control Moment Gyroscopes ［D］. Houston：Department of Computational and Applied Mathematics，Rice University，2007.

［26］ Hartl R F，Sethi S P，Vickson R G. A survey of the maximum principles for optimal control problems with state constraint ［J］. SIAM Review，1995，37（2）：181-218.

［27］ Yoshikawa T A. Steering law for three double gimbal control moment gyro system ［R］. NASA-TM-X-64926，1975.

［28］ Bauer S R. Single-gimbal CMG steering laws ［R］. Charles Stark Draper Laboratory Report Space Guidance & Navigation Memo 10E-87-06，1987.

［29］ 吴忠，吴宏鑫. "和平号"空间站 SGCMG 系统及其操纵［J］. 航天控制，1999，17（2）：76-80.

第4章

空间站运营后勤补给总量分配方案规划

空间站长期在轨运营期间,地面需要安排多艘货运飞船对空间站进行物资补给,站上航天员也需要多次出舱执行各类舱外任务。由于货运飞船运载能力有限,地面需要对各艘货运飞船包括维护维修备件、航天员生活用品和科学试验器材等在内的上行载荷总量进行合理分配。另外,由于舱外航天服使用次数有限且安排一次出舱时间长、成本高,地面有必要先对各出舱任务进行有效整合,尽量减少出舱次数,提高每次出舱的效率[1]。包括舱外任务在内的空间站长期任务的安排方案、上行物资的补给方案和货运飞船的发射方案都需要在总体层进行规划,以提高空间站整体运营效益和运营鲁棒性。总体层规划包括战略级规划和战术级规划,本章主要介绍面向战略级的后勤补给总量分配方案规划方法,面向战术级的规划内容和方法将在下一章中介绍。

本章主要内容安排如下:4.1节介绍了基于改进蚁群算法的舱外任务打包规划方法;4.2节分析了后勤补给总量分配方案规划的主要内容,介绍了所设计的优化策略;4.3节给出了后勤补给总量分配方案规划的优化模型和相应的求解算例。

4.1 舱外任务打包规划

◣4.1.1 规划问题概述与分析

载人航天技术的发展尤其是空间站长时间在轨运营能力的提高,使得航天员需要经常出舱开展舱外活动,包括舱外维修任务和各种真空条件下的舱外载荷试验。然而,航天员进行一次舱外活动需要较长的准备时间且成本很高[2]。为了尽量高效地执行每次舱外活动,需要在空间站任务规划的初始阶段尽可能地协调好各舱外任务,使那些可以同时执行的舱外任务尽可能被安排到同一次舱外活动中,从而减小总的出舱次数,提高出舱工作的效率。本章将把一段时间内多个舱外任务安排到一系列舱外活动中的过程定义为舱外任务打包规划。

舱外任务打包规划问题可以看作空间站长期运营任务规划的一个子问题。Zhu 和 Luo[3] 对该问题进行了初步研究。由于问题模型构造得较为简化,结合罚函数的差分进化算法对该问题的优化效果也不好,因此优化成功率很低。Zhu 等[4] 完善了该问题的规划模型,并设计了一种可以高效求解该问题的蚁群优化算法,本节内容主要基于 Zhu 等[4] 的研究成果进行介绍。

舱外任务打包规划是一个与一维装箱问题类似的组合优化问题。对于一维装箱问题来说,每个物品都有一个确定的质量,这些物品需要被放进一些容积给定的箱子中,不能有剩余,目标是箱子的个数最小化。类似地,舱外任务打包规划指的是将一些舱外任务同时安排进多次舱外活动中,目标是出舱的次数最小化。本书将一次舱外活动中所需执行的所有任务定义成一个任务包。舱外任务打包规划可以看作所有舱外任务被打包成多个任务包的一个过程,每个任务包都满足相应的约束。图 4.1.1 给出了舱外任务打包规划的一个例子。在一段给定的时间区间,m 个舱外任务被打包成 n 个任务包,然后相应地在 n 次舱外活动中去执行这些任务。

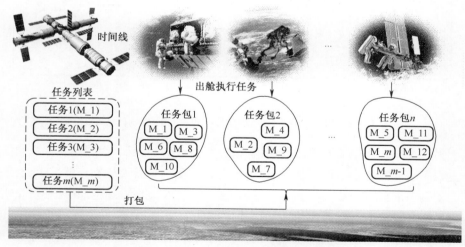

图 4.1.1　舱外任务打包规划过程示例

对于单个舱外任务来说,与该任务相关的属性主要是所需的航天员数量以及执行的时长。为了方便,本书将所需航天员人数和所需时长的乘积定义为人时。如果将一个满负荷的出舱活动和这些舱外任务看作装箱问题中的箱子和物品,那么舱外任务打包规划本质上就是一个一维多箱装载问题。但是,两者相比有两个不同点。在装箱问题中,只需要考虑物品的质量,但在舱外任务打包规划问题中,除了出舱总人时外,还有两个约束是需要考虑的。

第一个约束是每个舱外任务的执行时间窗口。在装箱问题中,一个物品可被放到任何一个箱子中,只要放入这个物品后没超出该箱子的最大承载质量。但是在出舱任务打包规划问题中,某个任务并非可以被安排到任意一次舱外任务中,因为即使那些任务安排后还没有超过该次舱外活动的最大总人时,还必须满足存在可执行该次出舱活动中所有出舱任务的时间区间。而这个时间区间就是这次出舱活动的时间窗口。图4.1.2展示了舱外任务打包规划问题和装箱问题的第一个不同点。对于装箱问题来说,3个质量分别为2kg、3kg和4kg的物品可以被放入一个承重能力为10kg的箱子中,但是对于出舱任务打包规划问题,因为要考虑时间窗口约束,3个分别需要2人·h、3人·h和4人·h的任务却不一定能被放入同一个10人·h的任务包中,比如图4.1.2(c)中因为不存在时间区间交集,这3个任务就不能被安排在同一次舱外活动中。

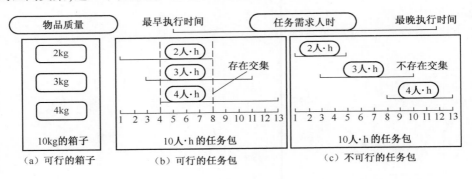

图4.1.2　出舱任务打包规划问题与装箱问题第一个不同点

另一个不同点是需要考虑每个航天员的最长出舱时长。空间站长期在轨飞行过程中需要执行很多舱外任务,有的任务只需要一名航天员操作就够了,有些则必须两名航天员一起才能完成。因此,对于一个可行的任务包来说,不仅是需要满足任务总人时不超过出舱活动可提供的最大人时,而且每个航天员执行任务的时间也不能超出他们在舱外所能停留的最长时间。图4.1.3展示了舱外任务打包规划问题和装箱问题的第二个不同点。对于装箱问题来说,一个2kg重的物品可以被放入一个还有2kg余量的箱子中,但对于舱外任务打包规划问题来说,一个2人·h的舱外任务却不一定能被放入两个航天员都已经安排了5人·h舱外任务的任务包中,就像图4.1.3(c)所示的情况那样,因为2人·h的任务包含两名航天员执行1h和一名航天员执行2h两种情况。

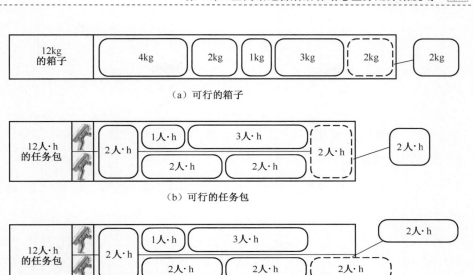

（a）可行的箱子

（b）可行的任务包

（c）不可行的任务包

图 4.1.3　出舱任务打包规划问题与装箱问题第二个不同点

▲4.1.2　规划问题数学模型

基于上述分析,可以对舱外任务打包规划问题进行以下建模。

给定 n 个有序的舱外任务 $e_1,e_2,\cdots,e_n$。执行这些任务的航天员人数需求、执行时间需求和总人时需求分别表示为 N_{e_i} 和 Δt_{e_i},其中 $i=1,2,\cdots,n$。很明显, $\mathrm{MH}_{e_i}=N_{e_i}\cdot\Delta t_{e_i}$。这些任务的时间窗口表示为 $[T_{e_i}^0,T_{e_i}^f]$ $(i=1,2,\cdots,n)$。每次舱外活动的最长停留时间和最大总人时分别表示为 $\Delta t_{\max}$ 和 $\mathrm{MH}_{\max}$。需要注意的是,每次出舱的最大总人时是相同的。当任务总数为 n 时,最多需要 n 个任务包。考虑以下两种形式的设计变量,即

$$y_i = \begin{cases} 1 & \text{如果任务包 } i \text{ 被使用了} \\ 0 & \text{其他} \end{cases}$$

$$x_{ij}^k = \begin{cases} 1 & \text{如果任务 } j \text{ 被安排到了第 } i \text{ 个} \\ & \text{任务包的第 } k \text{ 个航天员}; j=1,2,\cdots,n; k=1,2 \\ 0 & \text{其他} \end{cases}$$

舱外任务打包规划问题的目标函数为

$$f = \min \sum_{i=1}^n y_i \tag{4.1.1}$$

约束条件为

$$\sum_{j=1}^{n} \Delta t_{e_j} \cdot x_{ij}^{k} \leqslant \Delta t_{\max} \cdot y_i \qquad k = 1, 2 \qquad (4.1.2)$$

$$\sum_{i=1}^{n} x_{ij}^{k} = 1 \qquad j = 1, 2, \cdots, n; k = 1, 2 \qquad (4.1.3)$$

$$y_i = 0 \text{ 或 } 1 \qquad (4.1.4)$$

$$x_{ij}^{k} = 0 \text{ 或 } 1, \qquad j = 1, 2, \cdots, n; k = 1, 2 \qquad (4.1.5)$$

$$\begin{cases} t_1^i = \max\{T_{E_1^i}^0, T_{E_2^i}^0, \cdots, T_{E_{n_i}^i}^0\} \\ t_2^i = \min\{T_{E_1^i}^f, T_{E_2^i}^f, \cdots, T_{E_{n_i}^i}^f\} \qquad i \in I, I = \{d \mid y_d = 1\} \\ t_1^i < t_2^i \end{cases} \qquad (4.1.6)$$

其中,约束式(4.1.2)表示第 i 个任务包中第 k 个航天员所需执行的任务总时长不得超过最长的出舱时长。约束式(4.1.3)表示每一个任务肯定会被放入其中一个任务包中。在约束式(4.1.6)中, E_j^i 表示第 i 个任务包中的第 j 个任务, n_i 表示第 i 个任务包中的任务数。约束式(4.1.6)表示同一个任务包中的所有任务的允许发生时间必须有一个交集,也就是说,所有包中任务最大的最早开始时间 t_1^i 必须要小于最小的最晚截止时间 t_2^i。

与装箱问题类似,舱外任务打包规划问题的目标也是所需任务包的数量最小化,如式(4.1.1)。然而,Falkenauer[5]指出直接用箱子个数的倒数作为装箱问题的目标函数效果并不好,因为比最优箱子个数多一个箱子的解存在很多种可能性,那么这就会导致这个问题在优化时目标函数并不是连续变化的。为了解决这个问题,他定义了一个目标函数,即

$$f = \max\left(\sum_{i=1}^{N} (F_i/C)^m / N\right) \qquad (4.1.7)$$

式中: N 为箱子的需求数量; F_i 为第 i 个箱子的实际装载量; C 为箱子的最大容量。进一步地, m 是一个决定箱子装载效率和箱子数量权重的参数。与式(4.1.7)的定义类似,本书将舱外任务打包规划问题的目标函数表示为

$$f = \max\left(\sum_{i=1}^{P} (\mathrm{MH}_i^{\mathrm{pac}}/\mathrm{MH}_{\max})^m / P\right) \qquad (4.1.8)$$

式中: $\mathrm{MH}^{\mathrm{pac}}$ 为第 i 个任务包的任务总人时需求。为了把式(4.1.8)转化成一个极小化优化问题,本书定义了以下两个新的目标函数,即

$$F_1 = \min\left(-\sum_{i=1}^{P} (\mathrm{MH}_i^{\mathrm{pac}}/\mathrm{MH}_{\max})^m / P\right) \qquad (4.1.9)$$

$$F_2 = \min\left(P / \sum_{i=1}^{P} (\mathrm{MH}_i^{\mathrm{pac}}/\mathrm{MH}_{\max})^m\right) \qquad (4.1.10)$$

事实上,当 $m=1$ 时, F_2 就退化成式(4.1.1)中的目标函数 f。因为此时分母就变成一个常数。后面的算例将对两个目标函数进行对比,确定哪个更好,同时确定最合适的参数 m。

4.1.3　基于蚁群算法的打包规划方法

针对舱外任务打包规划问题的特性,本章设计了一种改进的蚁群算法求解该问题。改进的蚁群算法描述如下。

1. 信息素矩阵定义

蚁群算法的性能非常依赖于算法中的信息素链表的定义[6]。因此,选择一个适合该问题的信息素链表定义方式至关重要。舱外任务打包规划问题本质上是一个分组问题,其目标是将待规划的所有任务进行分组以使所分组的个数尽量少。

在本章提出的改进蚁群算法中,信息素链表定义成任务 i 和 j 被安排到同一个任务包中的喜好。对于求解序列优化问题的传统蚁群算法,所用的是信息素链表,那么对于舱外任务打包规划问题,信息素链表实质上变成一个信息素矩阵。初始化该信息素矩阵时,任意两个出舱任务之间如果存在可执行时间交集,那信息素矩阵中表示这两个任务的单元就初始化为 1;否则就初始化为 0。1 代表这两个任务之间存在时间窗口,而 0 表示这两个任务不可能被放入同一个任务包中,如图 4.1.4 所示。这样定义信息素矩阵的一大好处是式(4.1.2)的约束将会自动满足,因为所有准备装包的任务中,只有那些还存在时间区间交集的任务才有可能被考虑放入到任务包中。这种定义可以提高任务打包的优化效率,因为时间窗口不可行的组合在此阶段就可以不用考虑直接排除。

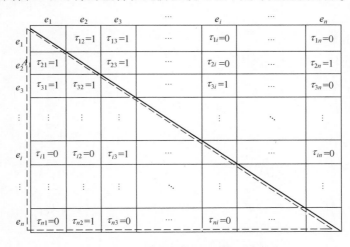

图 4.1.4　改进蚁群算法的信息素矩阵

2. 解构造方法

要设计一个高效的蚁群算法,另一个重要的方面是设计一个好的启发式解构造方法。首速适应下降(First-Fit Decreasing,FFD)[7]和最速适应下降(Best-Fit Decreasing,BFD)[8]是两个经典的求解装箱问题的启发式规则。这两个规则都是先按照物品的质量进行降序排列,然后从当前质量最大的物品开始,选择第一个适合的或者是最适合的物品放入当前的箱子中。借鉴其思想,FFD 和 BFD 也可以用于设计求解舱外任务打包规划问题的蚁群算法。流程 1 给出了本书提出的改进蚁群算法中的启发式规则和解构造方法。

流程 1　改进蚁群算法的解构造方法

1:将 n 个给定的舱外任务按任务最早执行时间升序排列,然后放入数组 V_1 中,初始化 $N_r = n$ 为数组 V_1 中剩余任务个数

2:打开一个空的任务包,然后将 V_1 中的第一个任务放入任务包中

3:根据第一个放入的任务更新任务包的时间窗口,并将该任务从 V_1 中删除,剩余任务个数 $N_r = N_r - 1$

4:如果 $N_r == 0$

　　　跳到步骤 12

5:从 V_1 中选择任务组成候选集,然后放入数组 V_2

6:如果 $V_2 \in \varnothing$

　　跳到步骤 10

7:从 V_2 中选择一个任务放入任务包,删除 V_1 中该对应任务,更新任务包的时间窗口

8:清空数组 V_2

9:如果当前任务包还没有装满

　　　回到步骤 5

10:关闭当前任务包

11:如果 $N_r \neq 0$

　　　回到步骤 2

12:收集所有完成打包的任务包

在步骤 5 中,候选集表示所有放入当前任务包中能满足约束的出舱任务,包括时间窗口约束和航天员出舱时长约束。

在步骤 7 中,蚂蚁 k 选择任务 j 作为当前任务包 b 的下一个放入任务的概

率,按以下方式进行计算,即

$$
p_{bj}^k(s) = \begin{cases} \dfrac{\tau_{bj} \cdot \eta_j \beta^k}{\displaystyle\sum_{g \in V_2^k(s,b)} \tau_{bg} \cdot \eta_g \beta^k} & j \in V_2^k(s,b) \\ 0, & \text{其他} \end{cases}
\tag{4.1.11}
$$

式中：$V_2^k(s,b)$ 为所有可能被装入当前任务包 b 的任务数组；η_j 为启发参数。这里,信息素参数被固定为 1,因为只用参数 β^k 就可以反映出信息素和启发参数之间的权重比例。对于任务 j 来说,当前任务包 b 中所有信息素值的均值 τ_{bj} 按以下方式计算,即

$$
\tau_{bj} = \frac{\displaystyle\sum_{i \in b} \tau_{ij}}{N_b}
\tag{4.1.12}
$$

式中：N_b 为任务包 b 中的任务数。信息素均值是指所有任务包中任意两个已经被放入的任务 i 和 j 的信息素值的平均数。

在执行步骤 5 时,需要注意以下 3 点。

(1) 对于启发式规则 FFD 来说,质量大的物品总是比质量小的物品有更大的偏好被选择作为放入当前箱子的下一个物品。也就是说,一个物品是否会被选择放入当前箱子的启发式偏好与这个物品的质量大小有关。类似地,在用于求解舱外任务打包规划问题的改进蚁群算法中,一个任务是否会被选择放入当前任务包的偏好与这个任务所需的人时有关。因此,式(4.1.11)中的 η_j 就等于任务 j 所需要的人时。

(2) 一旦一个任务被成功放进某个任务包中后,如果这个任务只需要一名航天员执行,那么它将被按照图 4.1.5 所示的方式分配给其中一个航天员。和启发式规则 BFD 类似,这种分配方式的策略是如果两个航天员都有执行该任务的时间,那么这个任务将会被分配给剩余空闲时间更少的那个航天员。

(3) 在经典的蚁群算法中,启发式参数 β 在每一代进化中都是一个固定不变的数。然而,将参数 β 固定经常会限制蚁群算法的优化性能。本书改进的蚁群算法采用参数自适应调整策略,每一只蚂蚁都有一个独立的 β,每一代的参数值都会随着进化过程做自适应地调整。

3. 信息素更新方法

本章采用的信息素更新方法在最大最小蚂蚁系统[9]的信息素更新方法基础上进行了改进。在最大最小蚂蚁系统中,只有最好的蚂蚁才会被选择用于更新信息素链表,而且信息素值将会被限定于 $[\tau_{\min}, \tau_{\max}]$ 之间,以避免在搜索的过程中早熟。然而,只用最好的蚂蚁来更新信息素会增大搜索的贪婪性。为了

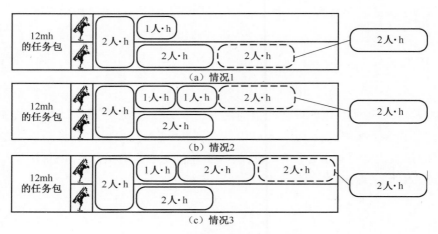

图 4.1.5　单人执行任务航天员分配方式

平衡算法的全局搜索和局部搜索能力,排在前 5% 的蚂蚁都会被选出,然后再从它们中随机选择一只用于更新信息素矩阵。

最大最小蚂蚁系统和其他绝大多数蚁群算法在进化的过程中共用同一个信息素链表。与之不同的是,本章提出的改进蚁群算法中每一只蚂蚁都有一个独立的信息素矩阵。从相同的初始信息素矩阵开始,所有的蚂蚁根据各自的信息素矩阵独立地构造它们各自的解,然后在更新信息素矩阵时相互共享各自的信息素信息。对于该改进算法来说,每个蚂蚁都需要拥有一个独立的信息素矩阵,因为信息素衰减参数在该算法中也是自适应的。对于蚂蚁 k,舱外任务 i 和 j 之间的信息素值将通过以下方式进行更新,即

$$\tau_{ij}^{k}(\text{gen}+1) = \varepsilon^{k} \cdot \tau_{ij}^{k}(\text{gen}) + \sqrt{1-\varepsilon^{k}} \cdot T_{ij}^{\text{tbest}} \cdot W \qquad (4.1.13)$$

$$\begin{cases} W = -F(s^{\text{tbest}}) & F = F_1 \\ W = 1/F(s^{\text{tbest}}) & F = F_2 \end{cases} \qquad (4.1.14)$$

式中:gen 为当前进化代数。蚂蚁 tbest 是从当前蚂蚁种群前 5% 的个体中随机选出的一只蚂蚁。$F(s^{\text{tbest}})$ 是解 s^{tbest} 的目标函数值。无论是选择 F_1 还是 F_2 作为目标函数,式(4.1.14) 都可以使得 W 从一个较小的值(0.6~0.8)变到 1。和信息素矩阵不同的是,矩阵 T 是一个布尔矩阵,用于在一个解已经完成构造之后存储这个解中两两任务之间的关系。对于蚂蚁 tbest 来说,如果任务 i 和 j 被放到了同一个任务包中,那么 $T_{ij}^{\text{tbest}}=1$;否则 $T_{ij}^{\text{tbest}}=0$。ε^{k} 是蚂蚁 k 的衰减参数,取值范围在 $(0,1)$ 之间。与传统的最大最小蚂蚁系统不同,本章改进的算法中信息素上下限阈值并不是固定不变的,而是根据式(4.1.15)作适应性地调整,即

$$\begin{cases} \tau_{\min} = 1 + W^{\frac{\sqrt{g_{\max}}}{\text{gen}}} \\ \tau_{\max} = 1 - W^{\frac{\sqrt{g_{\max}}}{\text{gen}}} \end{cases} \qquad (4.1.15)$$

式中：$g_{\max}$ 为最大的进化代数。适应性地调整上下限阈值可以更好地调控算法在进化不同阶段的全局搜索和局部搜索能力。

4. 参数自适应方法

所提出的改进算法中，信息素参数 β 和衰减系数 ε 是两个自适应的参数。对于蚂蚁 k，信息素参数 β^k 的方式计算为

$$\beta^k \sim N(\mu\beta_g, 0.5^2) \qquad (4.1.16)$$

式中：β^k 为从均值为 $\mu\beta_g$、标准差为 0.5 的高斯分布中随机抽取的一个数。每一代的 $\mu\beta_g$ 通过以下的方式进行更新，即

$$\mu\beta_{g+1} = \omega_\beta \cdot \mu\beta_g + (1 - \omega_\beta) \cdot \text{mean}(S_\beta) \qquad (4.1.17)$$

式中：ω_β 为 0.8~1.0 之间的一个均匀随机数；S_β 为所有当前代中成功的启发式参数集合。这里，成功的启发式参数指的是当前代蚂蚁以该参数找到一个更好的解。$\text{mean}(S_\beta)$ 是所有成功信息素参数的二范数，计算方式为

$$\text{mean}(S_\beta) = \sum_{x \in N_\beta} \sqrt{x^2 / N_\beta} \qquad (4.1.18)$$

式中：N_β 为所有成功信息素参数的个数。

除了将高斯分布的标准差改成 0.1 外，衰减系数 ε^k 的自适应过程与 β^k 相同。

5. 改进蚁群算法的伪代码

流程 2 给出了本书用于求解舱外任务打包规划问题的改进蚁群算法伪代码。其中，$\mu\beta_0$ 和 $\mu\varepsilon_0$ 是算法第一代中用于计算 β 和 ε 的两个初始值。

流程 2　求解舱外任务打包规划问题的改进蚁群算法伪代码

1：设定算法种群个数和最大进化代数分别为 NP 和 $G_{\max}$，初始化自适应参数值 $\mu\beta_0$ 和 $\mu\varepsilon_0$，并为每只蚂蚁初始化信息素矩阵

2：　for g = 1 to $G_{\max}$ do

3：　　for k = 1 to NP do

4：　　　计算蚂蚁 k 的 β^k 和 ε^k

5：　　　根据流程 1 的解构造方式产生解 k

　　　end for

6：　　for k = 1 to NP do

7：　　　从目标函数值前 5% 的蚂蚁中随机选择一只

8：　　　用该蚂蚁的数据更新蚂蚁 k 的信息素矩阵

　　 end for

9：　　收集当前代所有成功进化蚂蚁相应的参数值

10：　　用收集的参数值更新参数 $\mu\beta_g$ 和 $\mu\varepsilon_g$

11：　 end for

4.1.4　算例求解与分析

1. 算例配置

本算例考虑了一个 2021—2025 年间的空间站长期运营任务。表 4.1.1 中列出了 171 个需要在这 5 年中完成的舱外任务及其相关属性,包括每个任务的航天员人数需求、执行该任务的人时需求以及该任务最早和最晚的允许完成时间。为了表示方便,表 4.1.1 中 EERM 和 ELE 分别代表舱外设备维修更换任务和舱外试验任务, MN、AH 和 ED 分别代表任务名称、任务需求人时数和执行时间区间。

结合我国空间站的实际运营能力,本算例中设定每次出舱执行太空行走的航天员人数为 2 人,每次出舱时间不超过 6h,也即每次出舱所能提供的最大人时数为 12 人·h。

表 4.1.1　舱外任务列表及其相关属性

MN	AH/ (人·h)	ED	MN	AH/ (人·h)	ED	MN	AH/ (人·h)	ED	MN	AH/ (人·h)	ED
EERM_001	2×2	1~10	ELE_028	1×3	13~24	ELE_057	1×3	25~37	ELE_090	1×3	37~49
EERM_002	2×2	1~10	ELE_029	1×2	13~24	ELE_058	1×3	25~37	ELE_091	1×2	37~49
EERM_003	2×2	1~10	ELE_030	1×3	13~24	ELE_059	1×2	25~37	ELE_092	1×2	37~49
EERM_004	2×2	1~10	ELE_031	1×3	13~24	ELE_060	1×3	25~37	ELE_093	1×3	37~49
EERM_005	2×2	1~10	ELE_032	1×2	13~24	ELE_062	1×2	25~37	ELE_094	1×3	37~49
EERM_006	2×2	1~10	ELE_033	1×3	13~24	ELE_063	1×3	25~37	ELE_095	1×3	37~49
EERM_007	2×2	1~10	ELE_034	1×3	13~24	ELE_064	1×3	25~37	ELE_096	1×3	37~49
EERM_008	2×2	1~10	ELE_035	1×2	13~24	ELE_065	1×2	25~37	EERM_041	2×1	46~58
ELE_001	1×2	1~13	ELE_036	1×3	13~24	ELE_066	1×3	25~37	EERM_042	2×1	46~58
ELE_002	1×2	1~13	ELE_037	1×2	13~24	ELE_068	1×2	25~37	EERM_043	2×2	46~58
ELE_003	1×3	1~13	ELE_038	1×2	13~24	ELE_069	1×3	25~37	EERM_044	2×1	46~58

（续）

MN	AH/(人·h)	ED	MN	AH/(人·h)	ED	MN	AH/(人·h)	ED	MN	AH/(人·h)	ED
ELE_004	1×3	1~13	ELE_039	1×3	13~24	ELE_070	1×3	25~37	EERM_045	2×2	46~58
ELE_005	1×2	1~13	ELE_040	1×3	13~24	ELE_071	1×2	25~37	EERM_046	2×1	46~58
ELE_006	1×3	1~13	ELE_041	1×2	13~24	ELE_072	1×3	25~37	ELE_097	1×2	49~60
ELE_007	1×2	1~13	ELE_042	1×3	13~24	EERM_029	2×2	34~46	ELE_098	1×2	49~60
ELE_008	1×2	1~13	ELE_043	1×2	13~24	EERM_030	2×2	34~46	ELE_099	1×3	49~60
ELE_009	1×3	1~13	ELE_044	1×2	13~24	EERM_031	2×2	34~46	ELE_100	1×3	49~60
ELE_010	1×3	1~13	ELE_045	1×3	13~24	EERM_032	2×2	34~46	ELE_101	1×2	49~60
ELE_011	1×2	1~13	ELE_046	1×3	13~24	EERM_033	2×2	34~46	ELE_102	1×3	49~60
ELE_012	1×3	1~13	ELE_047	1×2	13~24	EERM_034	2×2	34~46	ELE_103	1×2	49~60
ELE_013	1×2	1~13	ELE_048	1×3	13~24	EERM_035	2×2	34~46	ELE_104	1×2	49~60
ELE_014	1×2	1~13	ELE_049	1×2	13~24	EERM_036	2×2	34~46	ELE_105	1×3	49~60
ELE_015	1×3	1~13	ELE_055	1×2	13~24	EERM_037	2×2	34~46	ELE_106	1×3	49~60
ELE_016	1×3	1~13	ELE_061	1×2	13~24	EERM_038	2×2	34~46	ELE_107	1×2	49~60
ELE_017	1×2	1~13	ELE_067	1×2	13~24	EERM_039	2×2	34~46	ELE_108	1×3	49~60
ELE_018	1×3	1~13	EERM_017	2×2	22~34	EERM_040	2×2	34~46	ELE_109	1×2	49~60
ELE_019	1×2	1~13	EERM_018	2×2	22~34	ELE_073	1×2	37~49	ELE_110	1×2	49~60
ELE_020	1×2	1~13	EERM_019	2×2	22~34	ELE_074	1×2	37~49	ELE_111	1×3	49~60
ELE_021	1×3	1~13	EERM_020	2×2	22~34	ELE_075	1×3	37~49	ELE_112	1×3	49~60
ELE_022	1×3	1~13	EERM_021	2×2	22~34	ELE_076	1×2	37~49	ELE_113	1×2	49~60
ELE_023	1×2	1~13	EERM_022	2×2	22~34	ELE_077	1×2	37~49	ELE_114	1×3	49~60
ELE_024	1×3	1~13	EERM_023	2×2	22~34	ELE_078	1×3	37~49	ELE_115	1×2	49~60
EERM_009	2×3	10~22	EERM_024	2×2	22~34	ELE_079	1×2	37~49	ELE_116	1×2	49~60
EERM_010	2×2	10~22	EERM_025	2×2	22~34	ELE_080	1×2	37~49	ELE_117	1×3	49~60
EERM_011	2×3	10~22	EERM_026	2×2	22~34	ELE_081	1×3	37~49	ELE_118	1×1	49~60
EERM_012	2×2	10~22	EERM_027	2×2	22~34	ELE_082	1×3	37~49	ELE_119	1×1	49~60
EERM_013	2×3	10~22	EERM_028	2×2	22~34	ELE_083	1×2	37~49	ELE_120	1×1	49~60
EERM_014	2×2	10~22	ELE_050	1×2	25~37	ELE_084	1×3	37~49	ELE_121	1×1	49~60
EERM_015	2×3	10~22	ELE_051	1×3	25~37	ELE_085	1×2	37~49	ELE_122	1×1	49~60
EERM_016	2×2	10~22	ELE_052	1×3	25~37	ELE_086	1×2	37~49	ELE_123	1×1	49~60
ELE_025	1×2	13~24	ELE_053	1×2	25~37	ELE_087	1×3	37~49	ELE_124	1×1	49~60
ELE_026	1×2	13~24	ELE_054	1×3	25~37	ELE_088	1×3	37~49	ELE_125	1×1	49~60
ELE_027	1×3	13~24	ELE_056	1×2	25~37	ELE_089	1×2	37~49			

2. 目标函数与算法参数确定

基于上述测试算例,进行了大量的仿真测试。测试结果表明,当目标函数和相关参数按表 4.1.2 取值时,优化效果较好。

表 4.1.2 参数设置

目标函数		算法参数		自适应初始值	
类型	参数 m	种群规模（NP）	进化代数（NG）	$\mu\varepsilon_0$	$\mu\beta_0$
F_1	4	150	300	0.9	2

图 4.1.6 刻画了从不同初始值 $\mu\varepsilon_0$ 开始 $\mu\varepsilon_g$ 的变化规律。从图中可以看出,无论初始值如何设定,$\mu\varepsilon_g$ 在经过进化后总会适应性地收敛到 $0.86\sim0.95$ 之间波动且不再发散,这说明算法的鲁棒性得到了增强。当衰减参数 ε 被设置为一个固定值时,优化的结果明显没有参数自适应时的结果好。图 4.1.7 刻画了从不同初始值开始 $\mu\beta_g$ 的变化规律。从图中可以看出,无论初始值如何设定,$\mu\beta_g$ 一直呈逐渐增大的趋势。一个较小的 $\mu\beta_g$ 可以帮助保持种群的多样性,而一个较大的值则可以增大搜索的贪婪性。这一结果表明,自适应策略成功地使算法完成了从初期注重全局性搜索到后期注重局部性搜索的转变。

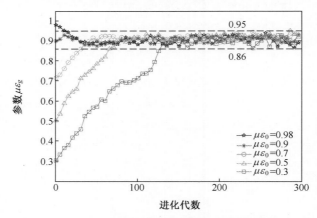

图 4.1.6 不同 $\mu\varepsilon_0$ 下 $\mu\varepsilon_g$ 随进化代数的变化情况

3. 最优解验证

为了更直观地展示任务打包效果,本节选择了收敛到最优目标函数值的一个解用于验证。图 4.1.8 中给出了 41 个任务包中各任务的详细打包方案。从图 4.1.8 中可以看出,所有的任务包都没有超过最大人时数,同时也都存在可执行该任务包的时间窗口。除了最后一个任务包外,其余的任务包均为满负荷任务包,这说明了前 40 次舱外活动的效率已达到最高。对于最后一个任务包中的任务来说,虽然最优解是两个任务由其中一个航天员执行,但实际运营过程中,为了平衡两个航天员工作强度,减少该次出舱时间,可以让两个航天员分别完成一个任务。

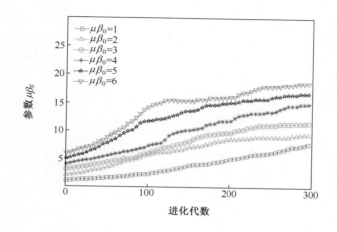

图 4.1.7　不同 $\mu\beta_0$ 下 $\mu\beta_g$ 随进化代数的变化情况

4. 新增算例测试

为了进一步验证改进蚁群算法在求解舱外任务打包规划问题时的鲁棒性,本节新增了两个算例进行测试(算例 2 和算例 3)。在这两个算例中,将新增 171 个与表 4.1.1 相同的舱外任务作为待规划任务,也就是说,在算例 2 和算例 3 中将会有 342 个舱外任务需要规划。算例 2 和算例 3 中每次出舱的航天员数量还是设定为 2 人,但出舱最长时长算例 2 中还是设置为 6h,算例 3 中设置为 8h。

所有这 342 个舱外任务的总需求时长是 968 人·h。考虑到每个任务包分别不能大于 12 人·h 和 16 人·h,理论上,算例 2 中至少需要 81 次出舱才能完成,也即需要 81 个任务包,而算例 3 中至少需要 61 个任务包。目标函数和相关参数的设置还是如表 4.1.2 所列。当 $m=4$ 时,算例 2 和算例 3 的全局最优解目标函数值分别为 -0.990093 和 -0.984631。

图 4.1.9 展示了两个算例 20 次独立运行的统计结果。可以发现,即使任务数量加倍,两个算例优化到最优目标函数值的概率都还超过了 50%。与上面的仿真结果相比,算法收敛到最优任务包个数的成功率依然保持在 90% 以上。这个成功率对于一个工程优化问题来说是完全可以接受的。图 4.1.10 和图 4.1.11 分别展示了算例 2 和算例 3 收敛到最优解的历史优化曲线。

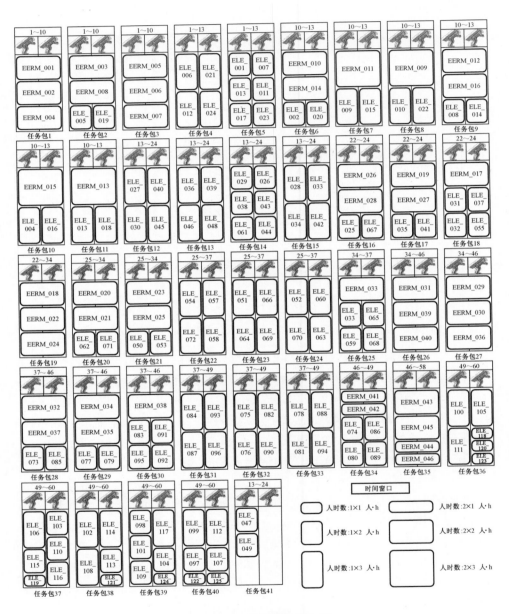

图 4.1.8　最优解打包方案

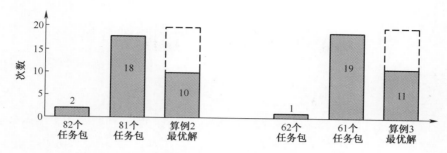

图 4.1.9　算例 2 和算例 3 分别独立运行 20 次的结果统计

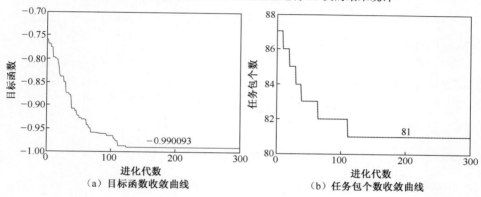

图 4.1.10　算例 2 最优解收敛曲线

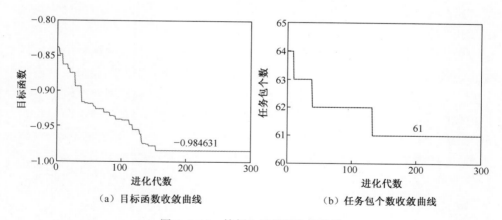

图 4.1.11　算例 3 最优解收敛曲线

以上仿真结果显示,本章提出的改进蚁群算法在求解舱外任务打包规划问题上具有优越性。对于几百个舱外任务的规划问题,本章提出的任务打包方法均以不低于 90% 的成功率收敛到问题的最优解。

4.2　后勤补给总量分配规划问题分析

4.2.1　规划问题概述

后勤补给总量分配规划是战略级规划阶段的核心规划问题。为了给运载火箭、飞船等长周期研制产品的投产时间提供参考及为后续规划提供相应的输入，该阶段规划不但要给出每艘货船的发射月份和每艘货船平台、航天员和空间应用 3 个系统上行物资总量的分配方案，还需要根据上一节出舱任务打包规划得到的结果确定每个出舱任务包的发生时间，也即确定每次出舱活动的月份。其中，货船的物资装载策略对后勤补给总量分配规划结果具有较大的影响。因此，需要首先对该阶段货运飞船的物资装载策略进行设计，并根据该装载策略构建相应的规划模型，最后通过优化算法进行优化获得满足各约束条件的货船发射时间方案、出舱任务执行时间方案和上行物资总量分配方案[10]。

4.2.2　物资装载策略设计与优化变量选择

货船不同种类的货舱之间存在物理隔离。因此，不同舱段物资的装载可以分开进行规划。对于半密封货船，本章设计的物资装载策略是按照推进舱、开放舱和密封舱的顺序进行装载的，而对于密封式货船，由于其没有开放舱，装载过程要比半密封货船少开放性物资装载这一步。

考虑到不同舱段所装物资的多样性和复杂性不同，在本章的规划中每艘货船推进剂的上行量不作为优化变量，每次的上行量以补满在轨库存为原则进行计算。大多数情况下，一艘货船补给的推进剂是最近一次或最近两次轨道机动所消耗的推进剂的量。若在两次轨道机动之间有两艘货船上行，则这两艘货船推进剂的上行量各为上一次轨道机动推进剂消耗量的一半。开放性物资的种类不多，主要是太阳能电池帆板等一些舱外设备。因此，每艘货船开放性物资的上行量也不作为优化变量，上行量即为计算半密封货船需求数量时每艘船分配的量。

每艘货船密封舱各系统密封性物资的上行量是需要优化的变量。密封舱的物资装货策略为先装密封连续消耗类物资，然后求出下一艘货船发射时间节点之前必须上行的各系统所有密封离散消耗类物资与该艘货船发射前已上行的所有各系统密封离散消耗类物资的质量差，把该部分离散消耗类物资先装进密封舱。最后再分配密封舱剩余可装载的各系统离散消耗类物资的质量。为了使各连续消耗类物资的消耗相匹配,规划连续消耗类物资时每艘货船只取一个设计变量,即为所有连续消耗类物资的可支持人天数。乘上相应物资的消耗速率就是该艘飞船相应连续消耗类物资的上行质量。装完必须上行的离散消耗类物资后,再分配的剩余离散消耗类物资可装载质量,只需要设置两个系统的上行量作为设计变量即可,第三个系统的上行量在另外两个系统的上行量给出之后便可确定。

　　为了更清晰地说明该规划阶段的物资装载策略,图 4.2.1 和图 4.2.2 分别给出了该规划阶段密封式货船和半密封式货船的物资装载顺序。这种物资装载策略以物理隔离的舱段为基础,针对不同舱段进行有序装载。特别地,在装载密封舱离散消耗类物资时,因为该规划阶段只需要规划各系统物资的总量,按照如图 4.2.1 和图 4.2.2 所示的顺序,先装连续消耗类物资再装必须上行的离散消耗类物资,最后装可调配的离散消耗类物资,可以自然地满足离散消耗类物资的最晚上行时间约束,在一定程度上可以减小后勤补给方案规划的难度。

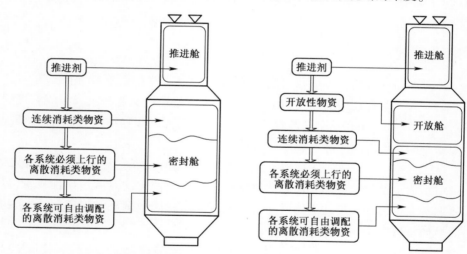

图 4.2.1　密封式货船的物资装载顺序　　　　图 4.2.2　半密封式货船的物资装载顺序

4.3　后勤补给总量分配方案优化

4.3.1　规划模型

1. 设计变量

根据 4.2.2 小节设计的物资装载策略,后勤补给总量分配规划模型的设计

变量可表示为

$$X = [T_1, \cdots, T_j, \cdots, T_{N_B}; t_1, dt_1, m_1^1, m_1^2, \cdots, t, dt_i, m_i^1, m_i^2, \cdots, t_{N_C}, dt_{N_C}, m_{N_C}^1, m_{N_C}^2]^T$$

$$(4.3.1)$$

式中：N_B 为由出舱任务打包规划得到的任务包的个数；N_C 为根据物资上行总量需求求得的货运飞船总数量，包括整个规划周期内密封式货船和半密封式货船的数量；T_j 为第 j 个出舱任务包的发生时间，取值上下界为每个任务包的最早和最晚允许发生时间；t_i 为第 i 艘货船的发射月份，该发射月份也是相对时间，起始时间为整个规划周期的初始时间，若规划周期的时间跨度为 ΔT，则货船发射月份的取值范围为 $t_i \in [1, \Delta T]$，T_j 和 t_i 都是以月为单位的整数离散变量；dt_i 为第 i 艘货船连续消耗类物资可支持消耗的人天数，取值范围根据货船运载量和各连续消耗类物资每人每天的消耗率由需求方设定；m_i^1、m_i^2 分别为第 i 艘货船装载完必须上行的离散消耗类物资后剩余装载空间平台系统离散消耗类物资的上行量和航天员系统离散消耗类物资的上行量，取值范围为 m_i^1、$m_i^2 \in [0, m_i^{remain}]$，$m_i^{remain}$ 为第 i 艘货船的剩余装载空间的可装载质量。dt_i 是以人·天为单位的连续变量，m_i^1、m_i^2 是以 kg 为单位的连续变量。

2. 约束条件

针对上述物资装载策略和工程实际情况，约束条件主要考虑以下几点。

(1) 为了避免地面任务实施单位多线作战，尤其是发射场系统需要有飞船发射的准备周期，相邻发射的两艘货船有最小发射时间间隔约束，暂定连续两次货运任务的发射时间间隔不小于 2 个月，即

$$t_{i+1} - t_i \geqslant 2 \qquad i = 1, 2, \cdots, N_C - 1 \qquad (4.3.2)$$

(2) 为了使每艘货船在装载密封舱时有可自由调配的离散消耗性物资，每艘货船装完密封连续消耗类物资和必须上行的密封离散消耗类物资后，剩余的可装载质量要大于 0，即

$$m_i^{remain} > 0 \qquad i = 1, 2, \cdots, N_C \qquad (4.3.3)$$

(3) 考虑到在轨存储空间的有限性以及空间站运营的鲁棒性，连续消耗类物资会有最高库存量和最低库存量约束。本章规划的连续消耗类物资只由可支持人天数决定，最高和最低库存量的约束即可转换成物资最大可支持人天数和最小可支持人天数。因此，连续消耗类物资的可支持人天数需要满足每次补给前不小于最小可支持人天数，补给完后不大于最大可支持人天数，有

$$\begin{cases} MD(t_i^-) \geqslant MD_{min} \\ MD(t_i^+) \leqslant MD_{max} \end{cases} \qquad i = 1, 2, \cdots, N_C \qquad (4.3.4)$$

式中：$MD(t_i^-)$ 和 $MD(t_i^+)$ 为货船补给前和补给后连续消耗类物资的可支持人

天数；MD_{min} 和 MD_{max} 分别为连续消耗类物资的最小和最大可支持人天数。

（4）同样地，为了使空间站运营具备一定的鲁棒性以应对突发状况，在轨推进剂的库存量也是需考虑的约束，由于本章设计的货船装载策略中推进剂是按照补满原则上行的，则在轨推进剂的存储量只需要满足每次轨道机动完后剩余量不低于最低安全库存值即可，即

$$M^{Prop}(t_i^+) \geqslant M_{min}^{Prop} \qquad i = 1, 2, \cdots, n_{maneu} \qquad (4.3.5)$$

式中：$M^{Prop}(t_i^+)$ 为第 i 次轨道机动完后在轨推进剂的剩余量；M_{min}^{Prop} 为在轨推进剂最低库存值；n_{maneu} 为规划周期内总的轨道机动次数。

3. 目标函数

第一个考虑的指标是时间独立性指标 $f_1(\boldsymbol{X})$，表达式为

$$f_1(\boldsymbol{X}) = \min \sum_{i=1}^{N_B+N_C+1} (L_{i+1} - L_i)^2 \qquad (4.3.6)$$

式中：$L_i(i = 1, 2, \cdots, N_B + N_C + 2)$ 是一组时间序列，L_1 为规划周期的起始月份，$L_{N_B+N_C+2}$ 为规划周期的结束月份，$L_i(2 \leqslant i \leqslant N_B+N_C+1)$ 为按大小顺序排列的各出舱活动月份和货船发射月份。这里将上述时间序列间隔的平方和定义为时间独立性指标。考虑到货船发射需要进行交会对接，和出舱活动一样都是需要准备较长时间的。为了提高航天员在轨工作和地面发射场人员工作的从容性和鲁棒性，需要对出舱时间和货船发射时间一起进行优化，使得上述时间序列尽量均匀分布在整个规划周期内。

第二个考虑的指标是平均应用效益指标 $f_2(\boldsymbol{X})$，表达式为

$$f_2(\boldsymbol{X}) = \min \sqrt{\sum_{i=1}^{N_C} \left(\frac{M_i^{utilization}}{t_{i+1} - t_i} - \bar{\delta}\right)^2} \qquad (4.3.7)$$

式中：$\bar{\delta}$ 按以下表达式求出，即

$$\bar{\delta} = \frac{\sum_{i=1}^{N_C} \dfrac{M_i^{utilization}}{t_{i+1} - t_i}}{N_C} \qquad (4.3.8)$$

式中：$M_i^{utilization}$ 为第 i 艘货船应用系统上行物资的总质量。这里将第 i 艘货船中应用系统上行质量 $M_i^{utilization}$ 与该艘货船和下一艘货船发射时间间隔（$t_{i+1}-t_i$）的比值定义为应用物资的时效比，由于该阶段不规划具体的在轨任务，空间站运营效益只以应用物资上行质量的多少来评判，每艘货船上行的应用物资时效比越接近，也即各艘货船上行的应用物资时效比标准差越小，平均应用效益就越好。设计该指标的目的就是为了均衡每艘货船应用物资的上行量，保证在轨科学实验安排的合理性。

▲ 4.3.2 优化方法

在对 4.3.1 小节 3 中定义的两个指标 $f_1(X)$ 和 $f_2(X)$ 单独进行优化时发现,两个指标并不存在此消彼长的制约关系。事实上,每一组货船的发射时间序列都会对应一个最优的上行物资时效比,因此本章在优化求解总量分配规划问题时以这两个指标的和 $F(X)$ 作为总的目标函数,即

$$F(X) = f_1(X) + f_2(X) \qquad (4.3.9)$$

本章采用差分进化算法(Differential Evolution,DE)对该规划问题进行求解。DE 是一种简单、高效的进化算法,具有稳健性、易实现性和易改进性等特点。它最早由 Storn 和 Price 为求解切比雪夫多项式而提出[11],在第一届进化计算竞赛中技压群雄,表现出了突出的优化性能[12]。算法的整体流程与遗传算法类似。传统的 DE 算法是一种实值优化算法,它通过种群的交叉、变异、选择,不断循环,实现进化,获得搜索空间内的最优解。为了充分应用每一代变异的可行个体和不可行个体的信息,本章采用了 Zhu 等[13]改进的采用混合策略 DE 算法,该改进算法采用一种包含"DE/rand/1""DE/rand/2""DE/current-to-rand/1"和"DE/current-to-pbest/1"这 4 种变异策略和"whole_rand""current_rand""reflect_rand"和"cut_off"这 4 种边界处理策略的有机组合模式。另外,该改进 DE 的算法参数采用了自适应调整的方法,当前代的变异和交叉系数通过学习上一代所有成功个体的参数来确定。

▲ 4.3.3 算例求解与分析

1. 算例配置

本算例考虑一个规划周期为 5 年的空间站运营任务方案,时间跨度为 2023 年 1 月至 2027 年 12 月。整个规划周期内,除了出舱需求任务外,其余的任务需求都按一类任务提出。由于该阶段不规划除出舱任务外其余任务的发生时间,这里只给出归类汇总后的年度各类需求任务对应的物资需求。各年度各类物资的需求量如表 4.3.1 所列。

表 4.3.1　5 年规划周期内年度各类物资需求上行质量　　　　（kg）

需求年份	推进剂	开放性物资	连续消耗类物资	离散消耗类物资		
				平台系统	航天员系统	应用系统
2023 年	1540	1176	5209	1726.38	160	1251
2024 年	1540	1288	5209	747.52	831	1189
2025 年	2390	751	5209	418.6	110	1400
2026 年	2390	1138	5209	754.42	160	1530
2027 年	1540	380	5209	1346.55	771	1531

在该 5 年规划周期内,2025 年和 2026 年是太阳活动高年,其他 3 年为太阳活动均年。太阳活动高年时每年安排 3 次轨道维持机动,分别安排在该年的 2 月、6 月和 10 月。均年时每年安排两次,分别安排在该年的 3 月和 9 月。因为太阳活动高年时需要消耗更多的推进剂来进行空间站轨道维持,所以表 4.3.1 中 2025 年和 2026 年的推进剂需求量要高于其他 3 年。连续消耗类物资主要是和航天员一日生活相关的物资,包括水、食品、氧气等。连续消耗类物资简化为每天按一定的速率进行匀速消耗,消耗质量按以下公式进行计算,即

$$M_t^{连续消耗} = R_i \cdot N_{man} \cdot \Delta t \qquad i = 1, 2, \cdots, n \qquad (4.3.10)$$

式中:n 为连续消耗类物资的种类数;R_i 为第 i 种连续消耗类物资每人每天的消耗速率;N_{man} 为在轨驻留人数;Δt 为持续时间。

根据需求分析得出所有连续消耗类物资的总消耗速率为 4.757kg/(人·天)。表 4.3.2 给出了本算例推进剂和连续消耗类物资的初始在轨库存状态及其上下限约束。

表 4.3.2　推进剂和连续消耗类物资初始以及最高和最低库存量

物资类别	初始库存量	最高库存量	最低库存量
推进剂/kg	1500	2100	500
连续消耗类物资/人·天	540	1080	180

物资补给所采用的货运飞船结构见 4.2.2 小节,类型包括密封式货船和半密封式货船两种。表 4.3.3 给出了两种货船各舱段的最大装载质量上限。表 4.3.4 给出了 5 年规划周期内年度货船的需求数量。

表 4.3.3　货船各舱段上行物资装载质量上限　　　　　　（kg）

货船类型	推进舱上行质量上限	开放舱上行质量上限	密封舱上行质量上限
密封式货船	2100	—	4400
半密封式货船	2100	1600	2000

表 4.3.4　2023—2027 年两种类型货船需求数量　　　　　　（艘）

货船类型	2023 年	2024 年	2025 年	2026 年	2027 年
密封式货船	2	1	1	1	2
半密封式货船	1	1	1	2	1

从表 4.3.4 中可以看出,该 5 年规划周期内总共需要货运飞船 13 艘,包括 7 艘密封式货船和 6 艘半密封式货船,因此,该算例对应规划模型中的设计变量个数为 63,包括 11 个出舱任务发生时间的变量、13 个货船发射时间的变量以及

39 个货船上行物资装载质量的变量。

2. 优化计算与指标对比分析

为了比较算法的优化性能,除了采用改进的 DE 算法对上述算例进行优化求解外,还采用了 Zhang 等[14]提出的混合整数遗传算法对该算例进行求解。算法的参数设置如表 4.3.5 所列。

表 4.3.5　混合整数 GA 参数

参数名称	参数值
种群规模	500
变异概率	0.4
交叉概率	0.8
锦标赛规模	3
目标函数评价次数	5×10^5

为了体现算法比较的公平性,DE 算法的种群规模和目标函数评价次数设置与表 4.3.5 中的相同,因为 DE 算法变异系数和交叉系数是自适应的,所以无需进行设置。本节基于两种优化算法分别对该算例进行了 10 次独立的优化计算,20 组优化结果如表 4.3.6 所列。

表 4.3.6　总量分配规划两种优化算法优化结果对比

优化解序号	DE			混合整数 GA 算法		
	$f_1(X)$	$f_2(X)$	$F(X)$	$f_1(X)$	$f_2(X)$	$F(X)$
1	446	4.00×10^{-8}	446.0000	**444**	3.0092	447.0092
2	444	4.28×10^{-8}	444.0000	462	0.51983	462.5198
3	444	4.81×10^{-8}	444.0000	454	0.62908	454.6291
4	450	4.00×10^{-8}	450.0000	458	**0.19971**	458.1997
5	452	$\mathbf{2.45 \times 10^{-8}}$	452.0000	454	0.48953	454.4895
6	448	9.44×10^{-8}	448.0000	452	0.67841	452.6784
7	450	3.84×10^{-7}	450.0000	456	0.29044	456.2904
8	442	6.40×10^{-8}	442.0000	452	1.0429	453.0429
9	442	2.86×10^{-8}	442.0000	446	0.40282	446.4028
10	**440**	2.56×10^{-7}	**440.0000**	460	0.32666	**460.3267**

指标 $f_1(X)$ 和 $f_2(X)$ 如式(4.3.6)和式(4.3.7)所定义,其中指标 $f_1(X)$ 更考验优化算法的全局搜索能力,而指标 $f_2(X)$ 则更需要的是算法良好的局部搜

索能力。虽然目标函数是将指标 $f_1(X)$ 和 $f_2(X)$ 相加成 $F(X)$ 进行优化,但为了方便对比分析,表 4.3.6 同时给出了 20 组结果 $f_1(X)$、$f_2(X)$ 和 $F(X)$ 的值。从表中的数据可以看出,DE 算法优化得到的最好解为 440,要好于混合整数 GA 算法的最优解 444;对于指标 $f_1(X)$,DE 算法获得的 10 组解大多数都优化到了450 以下,但混合整数 GA 算法只有第一组和第九组的解小于 450,说明 DE 算法的全局搜索能力要好于混合整数 GA 算法;对于指标 $f_2(X)$,DE 算法获得的 10组解基本都优化到了 10^{-8} 的量级,但混合整数 GA 算法的最好解只优化到了0.19971,说明 DE 算法的局部搜索能力也要好于混合整数 GA 算法。

从上面的数据对比可以看出,对于本章构建的后勤补给总量分配方案规划模型,DE 的优化效果要好于 Zhang 等[14]提出的混合整数 GA 算法。

3. 规划方案约束满足情况分析

这里基于 4.3.3 小节 2 中 DE 算法获得的最好的一组解,对后勤补给总量分配规划的结果和约束满足情况作进一步分析。

表 4.3.7 给出了该方案的货运飞船发射时间序列和各出舱任务包的出舱时间序列,起始月份为 2023 年 1 月。从表 4.3.7 中可以看出,各次出舱活动的任务均在允许的最早和最晚发生时间之间,说明每个出舱任务的发生时间均可满足需求方提出的约束。每艘货船的发射时间间隔都不小于 3 个月,每艘货船的发射时间和每次出舱活动的时间都不在同一个月内,说明该优化方案在满足货船发射时间间隔不小于两个月的情况下,进一步提高了时间独立性,使得站上航天员工作的从容性和地面货运飞船的时间鲁棒性都得到了保证。

表 4.3.7　货船发射序列和出舱活动序列

货船序列	发射时间/月	出舱任务包序列	出舱时间/月	最早发生时间/月	最晚发生时间/月
第 1 艘密封船	1	任务包 1	4	1	10
第 2 艘密封船	7	任务包 2	13	10	13
第 1 艘半密封船	11	任务包 3	10	10	13
第 2 艘半密封船	16	任务包 4	22	22	25
第 3 艘密封船	20	任务包 5	24	22	25
第 3 艘半密封船	27	任务包 6	29	25	34
第 4 艘密封船	31	任务包 7	34	34	37
第 4 艘半密封船	37	任务包 8	42	37	46
第 5 艘半密封船	40	任务包 9	46	37	46
第 5 艘密封船	44	任务包 10	51	49	58
第 6 艘密封船	49	任务包 11	55	49	60
第 7 艘密封船	53				
第 6 艘半密封船	57				

表 4.3.8 给出了该方案每艘货船各类物资的上行质量和每艘货船应用系统物资的上行时效比。从表 4.3.8 中可以看出,每艘货船推进剂的上行量均满足 2100 kg 的上限,开放性物资的上行量均满足 1600 kg 的上限,密封式货船密封性物资的上行量都已达到 4400 kg 的上限,半密封式货船密封性物资的上行量也达到了 2000 kg 的上限,说明各艘货船各舱段物资的装载都能满足表 4.3.3 所给的约束。另外,从表 4.3.8 中还可以看出每艘货船应用系统物资的上行时效比都为 119.02 kg/月,说明该后勤补给方案每艘货船应用物资的上行量非常均衡,可以保证在轨科学实验的合理、有效开展。

表 4.3.8 货船各类物资上行质量统计

货船序列	推进剂/kg	开放性物资/kg	连续消耗类物资/kg	离散消耗类物资/kg			密封性物资总量/kg	应用物资时效比/(kg/月)
				平台系统	航天员系统	应用系统		
第 1 艘密封船	600	—	2363	623.25	699.7	714.1	4400	119.02
第 2 艘密封船	770	—	2196	1385.4	342.52	476.07	4400	119.02
第 1 艘半密封船	770	1176	1348.6	24.671	31.599	595.08	2000	119.02
第 2 艘半密封船	385	1288	1275.5	181.2	67.225	476.07	2000	119.02
第 3 艘密封船	385	—	2862.8	492.36	211.71	833.12	4400	119.02
第 3 艘半密封船	1566.7	751	1444.1	22.719	57.088	476.07	2000	119.02
第 4 艘密封船	796.67	—	3088.8	425.61	171.47	714.1	4400	119.02
第 4 艘半密封船	796.67	760	1496.6	42.697	103.65	357.05	2000	119.02
第 5 艘半密封船	796.67	378	1342.9	94.656	86.418	476.07	2000	119.02
第 5 艘密封船	796.67	—	2591.5	510.18	703.27	595.08	4400	119.02
第 6 艘密封船	796.67	—	2400.7	906.26	617.02	476.07	4400	119.02
第 7 艘密封船	770	—	1879.1	1516.2	528.66	476.07	4400	119.02
第 6 艘半密封船	385	380	1276.8	120.44	126.74	476.07	2000	119.02

图 4.3.1~图 4.3.3 给出了每艘货船发射时,各系统离散消耗类物资已上行质量和必须上行质量的对比,折点处为一次货船的发射。从图中可以看出,每艘货船 3 个系统物资的上行累计质量都要高于该艘货船发射时必须要上行的质量,说明该后勤补给方案可以满足各系统各类物资的最晚上行时间约束。

图 4.3.4 给出了连续消耗类物资可支持天数在整个 5 年规划周期内的月变化曲线,曲线每次上升即对应一次货船物资补给,然后按一定速率均匀消耗到下一次补给。由于规划连续消耗类物资时为了匹配各类物资消耗,设计变量取的是每艘货船上行的连续消耗类物资可支持天数,因此各类消耗性物资的变化规律与可支持天数的变化规律是相同的。从图中可以看出,整个周期内最高可支持人天数为第 1 个月补给后的 1036.7 人·天,最低为第 31 个月的 217.85 人·天,

可支持人天数始终在最大允许值和最小允许值之间变化,未超过警戒线,因此,连续消耗类物资的补给方案满足最高与最低在轨库存量的约束。

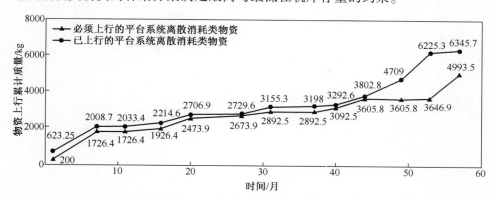

图 4.3.1 平台系统离散消耗类物资已上行质量和必须上行质量对比

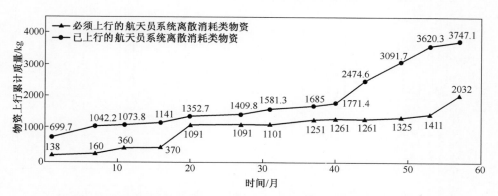

图 4.3.2 航天员系统离散消耗类物资已上行质量和必须上行质量对比

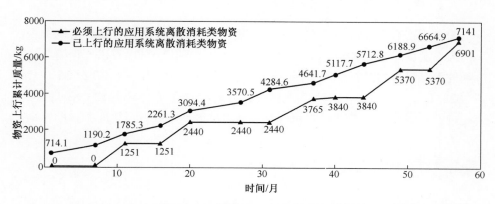

图 4.3.3 应用系统离散消耗类物资已上行质量和必须上行质量对比

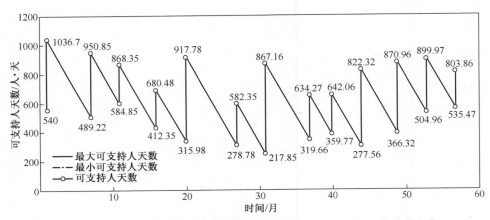

图 4.3.4　总量分配规划连续消耗类物资库存量可支持人·天数动态变化

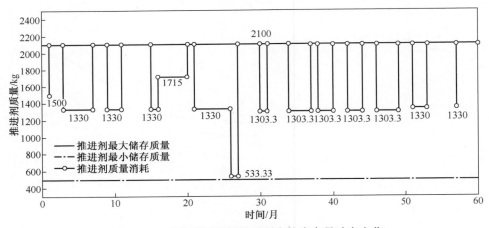

图 4.3.5　总量分配规划推进剂在轨库存量动态变化

图 4.3.5 给出了推进剂在整个 5 年规划周期内的月变化曲线,曲线每一次上升为一次货船物资补给,每一次下降为一次轨道机动,可以看出 5 年内在轨推进剂的库存量也始终在最高库存量和最低库存量之间变化,虽然在第 26 个月也即 2025 年 2 月进行了一次轨道机动后推进剂在轨存储量只剩 533.33 kg,但仍未超过警戒线,因此,推进剂的补给方案也满足最高与最低在轨库存的约束。

参考文献

[1] 朱阅訸. 空间站运营在轨事件与货运补给规划方法研究 [D]. 长沙:国防科学技术大学,2015.

[2] MillerF P, Vandome A F, Mcbrewster J. Extra-vehicular activity [M]. Berlin:VDM Publishing

House,2009.

[3] Zhu Y H,Luo Y Z. Packing programming of space station spacewalk events based on bin packing theory and differential evolution algorithm [C]. 2016 IEEE Congress on Evolutionary Computation,Vancouver,2016.

[4] Zhu Y H,Luo Y Z,Tan K C,et al. An intelligent packing programming for space station extravehicular missions [J]. IEEE Computational Intelligence Magazine,2017,12(4):38-47.

[5] Falkenauer E,Delchambre A. A genetic algorithm for bin packing and line balancing [C]. IEEE International Conference on Robotics & Automation,Nice,1992.

[6] Gao S,Wang Y,Cheng J,et al. Ant colony optimization with clustering for solving the dynamic location routing problem [J]. Applied Mathematical Computation,2016,285:149-173.

[7] KantorovichL V. Mathematical methods of organizing and planning production [J]. Management Science,1960,6:366-422.

[8] Coffman E G,Csirik Jr J,Galambos G,et al. Bin packing approximation algorithms:Survey and classification [M] // Pardalos P M,Du D Z,Graham R L(Eds.),Handbook of combinatorial optimization. New York:Springer,2013.

[9] Stützle T,Hoos H H. Max-min,ant system [J]. Future Generation Computer Systems,1999,16(9):889-914.

[10] 林鲲鹏. 空间站长期运营总体任务规划与仿真方法 [D]. 长沙:国防科学技术大学,2014.

[11] Storn R,Price K V. Differential evolution—A simple and efficient adaptive scheme for global optimization over continuous spaces [R]. ICSI,Berkeley,TR-95-012,1995.

[12] Storn R,Price K V. Differential evolution—A simple and efficient heuristic for global optimization over continuous spaces [J]. Journal of Global Optimization,1997,11(4):341-359.

[13] Zhu Y H,Wang H,Zhang J. Spacecraft Multiple-Impulse Trajectory Optimization Using Differential Evolution Algorithm with Combined Mutation Strategies and Boundary-Handling Schemes [J]. Mathematical Problems in Engineering,2015(1):1-13.

[14] Zhang J,Tang G J,Luo Y Z,et al. Orbital Rendezvous Mission Planning using Mixed Integer Nonlinear Programming [J]. Acta Astronautica,2011,68(7-8):1070-1078.

第 5 章
空间站运营长期任务与补给详单统筹规划

第 4 章介绍的后勤补给总量分配规划属于总体层规划中的战略级规划,主要是对空间站未来较长一段时间内各系统的上行物资总质量进行合理分配,规划方案并不细化到每艘货运飞船具体的上行载货清单。具体的货运方案需要在下一步战术级规划阶段给出。本章重点介绍战术级规划的相关模型和方法。该阶段规划将根据战略级规划的结果和细化的任务及物资需求进一步规划出每个任务的安排方案和每艘货船的载货清单。考虑到任务和需求物资的密切联系,该阶段对空间站长期任务与货运补给详单进行一体化规划[1]。此外,该规划货船的发射时间规划精度将由月精确到天,需要考虑发射时间窗口的约束。因此,规划任务和载货清单前需要先给出规划周期内货船的发射时间窗口。

本章主要内容安排如下:5.1 节介绍了货船发射窗口约束的求解方法;5.2 节分析了长期任务与补给详单统筹规划的主要内容,主要介绍所设计的优化策略;5.3 节给出了长期任务与补给详单统筹规划的优化模型和求解算例。

5.1 货船发射时间窗口规划

◣5.1.1 规划需求分析

货运飞船的发射需要考虑与空间站进行交会对接的时间,因此并不是全年的任意一天都可以执行货船发射任务,那些满足货船发射条件的时间区间称为发射窗口[2]。要满足发射窗口约束首先得满足单个航天器发射的约束。为了保证太阳能电池帆板能够正常发电,能源系统要求航天器在轨运行时太阳光与太阳能电池帆板的夹角必须在一定的范围内;热控系统要求在轨运行时航天器的受晒因子也必须在一定的范围内。此外,航天器在一定的姿态下,GNC 系统对太阳光与轨道面的夹角也需要控制在一定的范围内[3]。因此,货运飞船发射时间窗口规划实质上就是在考虑上述 3 种类型约束的情况下,找出规划周期内满足发射约束条件的各时间区间。

▲5.1.2 规划模型

1. 约束条件

1) 能源系统约束

地心–太阳矢量 $\boldsymbol{R}_s$ 在 J2000 地惯系中的投影为

$$\boldsymbol{R}_s = (\cos\lambda, \sin\lambda\cos\varepsilon, \sin\lambda\sin\varepsilon)^T \tag{5.1.1}$$

式中:λ 为太阳黄经;ε 为黄赤交角。设 J2000 地惯系到航天器本体坐标系的转换矩阵为 $\boldsymbol{C}_E$,那么地心—太阳矢量 $\boldsymbol{R}_s$ 在航天器本体坐标系中的投影为

$$\boldsymbol{C}_E\boldsymbol{R}_s = (S_{ox}, S_{oy}, S_{oz})^T \tag{5.1.2}$$

令 u 为航天器的纬度幅角,Ω 为升交点赤经,i 为轨道倾角,则

$$\begin{aligned} S_{ox} = {} & \cos\lambda\cos u\cos\Omega + \cos i\cos\varepsilon\cos\Omega\sin\lambda\sin u + \sin i\sin\varepsilon\sin\lambda\sin u + \\ & \cos\varepsilon\cos u\sin\lambda\sin\Omega - \cos i\cos\lambda\sin u\sin\Omega \end{aligned} \tag{5.1.3}$$

$$\begin{aligned} S_{oy} = {} & \cos i\cos\varepsilon\cos u\cos\Omega\sin\lambda + \cos u\sin i\sin\varepsilon\sin\lambda - \cos\lambda\cos\Omega\sin u - \\ & \cos i\cos\lambda\cos u\sin\Omega - \cos\varepsilon\sin\lambda\sin u\sin\Omega \end{aligned} \tag{5.1.4}$$

$$S_{oz} = \sin i\sin\Omega\cos\lambda - \sin i\cos\Omega\sin\lambda\cos\varepsilon + \cos i\sin\lambda\sin\varepsilon \tag{5.1.5}$$

假定太阳光为平行光,航天器对地定向,太阳能电池帆板可绕垂直于航天器体纵对称面的轴转动,则帆板的法向平行于航天器的轨道面,因此太阳光与帆板的最小夹角等于太阳光与航天器轨道面的夹角。

设太阳–航天器矢量与轨道面的夹角为 θ,允许的最大夹角为 θ_{E-max},最小夹角为 θ_{E-min},则能源分系统的约束可以表示为

$$\theta = \arcsin(S_{oz}) \tag{5.1.6}$$

$$\theta_{E-min} \leqslant \theta \leqslant \theta_{E-max} \tag{5.1.7}$$

利用式(5.17)可求解能源分系统约束下的发射窗口。

2) 热控系统约束

热控分系统对受晒因子有限制,受晒因子表达式为

$$t_s = \frac{\text{航天器绕地球一周中受太阳照射时扫过的地心角}}{360°} \tag{5.1.8}$$

利用球面三角公式,可推导出

$$t_s = \frac{1}{2} + \frac{1}{\pi}\left|\arcsin\left|\frac{\sqrt{2R_E H + H^2}}{(R_E + H)\cdot\cos\theta}\right|\right| \tag{5.1.9}$$

式中:R_E 为地球半径;H 为轨道高度;θ 为太阳–航天器矢量与轨道面的夹角。

由式(5.1.9)可知,t_s 不仅取决于 λ、Ω、i,还取决于轨道高度 H。

设受晒因子的约束要求为

$$t_{\text{s-min}} \leq t_s \leq t_{\text{s-max}} \tag{5.1.10}$$

则

$$\frac{\sqrt{2R_EH + H^2}}{(R_E + H)\sin\left[\pi\left(t_{\text{s-max}} - \frac{1}{2}\right)\right]} \leq \cos\theta \leq \frac{\sqrt{2R_EH + H^2}}{(R_E + H)\sin\left[\pi\left(t_{\text{s-min}} - \frac{1}{2}\right)\right]} \tag{5.1.11}$$

利用式(5.1.11)可求解能源分系统约束下的发射窗口。

3) GNC 系统约束

GNC 系统一般对航天器—太阳矢量与轨道面的夹角 θ 提出了约束,具有以下两种形式,即

$$\theta_{\text{G-min}} \leq \theta \leq \theta_{\text{G-max}} \tag{5.1.12}$$

$$\theta \leq \theta_{\text{G-min}} \text{ 或 } \theta \geq \theta_{\text{G-max}} \tag{5.1.13}$$

利用上述两式可以求得 GNC 分系统约束下的发射窗口。

2. 发射窗口的求解算法

从上述数学模型可以看出,各系统对发射窗口的约束都可以转化为对轨道阳光角的约束,因此只需求解满足相应轨道阳光角约束的发射时间窗口即可。

若给定了分段的各系统约束如下。

(1) 能源系统约束

$$\theta_{\text{E-min}}^i \leq \theta \leq \theta_{\text{E-max}}^i \quad \text{当 } t_{i-1} \leq t < t_i, \quad i = 1, 2, \cdots, I \tag{5.1.14}$$

(2) 热控系统约束

$$t_{\text{s-min}}^j \leq t_s \leq t_{\text{s-max}}^j \quad \text{当 } t_{j-1} \leq t < t_j, \quad j = 1, 2, \cdots, J \tag{5.1.15}$$

(3) GNC 系统约束

$$Q_{\text{G-min}}^l \leq \theta \leq \theta_{\text{G-max}}^l \quad \text{当 } t_{l-1} \leq t < t_l, \quad l = 1, 2, \cdots, L \tag{5.1.16}$$

式中:t 为表示货船入轨时刻起算的时间;下标 I、J、L 分别为各约束的分段数。

那么,对于给定的待规划发射窗口的日期区间 $T_0 \leq T \leq T_f$,可首先根据星历计算出太阳的黄经 λ,然后根据经典的轨道动力学由给出的空间站轨道倾角 i、轨道高度 H、偏心率 e 和轨道升交点赤经 Ω 计算出相对应的轨道阳光角,即

$$\theta = \theta(\lambda, \Omega, i, e) \tag{5.1.17}$$

由式(5.1.17)所求得的是 $[T_0, T_f]$ 时间区间内轨道阳光角 θ 的整体变化情况,最后由式(5.1.14)至式(5.1.16)所给出的轨道阳光角约束交集给出 $[T_0, T_f]$ 区间内各段时间区间 $[t_0^1, t_f^1]$,$[t_0^2, t_f^2]$,$\cdots$,$[t_0^n, t_f^n]$,这 n 个时间区间即为满足

约束的货运飞船发射窗口。

5.1.3 算例求解

本算例考虑一个 3 年的规划周期,求解的是 2023 年 1 月 1 日至 2025 年 12 月 31 日之间货船的发射时间窗口。设定货船发射的轨道阳光角约束为 $|\theta| \leq 50°$,空间站的运行轨道参数设定如下。

- 轨道高度:$h = 393\text{km}$。
- 偏心率:$e = 0.000001$。
- 轨道倾角:$i = 42°$。
- 初始升交点赤经:$\Omega = 30°$。

为了尽量准确地反映空间站的轨道状态,本章采用考虑 J2 项摄动的轨道预报模型对空间站运行轨道进行预报。图 5.1.1 给出了该规划周期内轨道阳光角的整体变化情况。

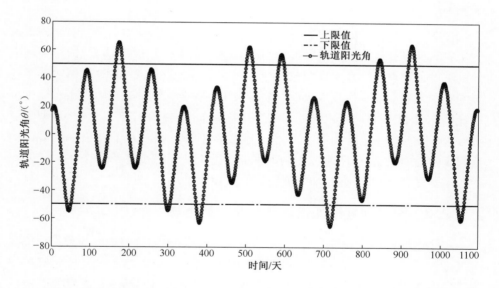

图 5.1.1 2023 年 1 月 1 日至 2025 年 12 月 31 日空间站轨道阳光角动态变化

表 5.1.1 给出了图 5.1.1 中上、下限值范围内的时间区间,也即满足轨道阳光角约束的发射窗口。表中的起始时间与结束时间是以 2023 年 1 月 1 日为起始时间的相对时间。从表中可以看出,该规划周期内满足轨道阳光角约束的发射窗口个数有 11 个,每个发射窗口的时间跨度并不一样,时间长的窗口可持续 112 天,时间短的窗口则只有 36 天。

表 5.1.1　满足轨道阳光角约束的发射窗口　　　　（天）

发射窗口序列	起始时间	结束时间	持续时间	发射窗口序列	起始时间	结束时间	持续时间
1	1	39	38	7	596	707	111
2	51	162	111	8	726	837	111
3	182	294	112	9	848	915	67
4	305	371	66	10	934	1044	110
5	389	499	110	11	1060	1096	36
6	516	582	66				

5.2　长期任务与补给详单统筹规划问题分析

5.2.1　问题概述

长期任务与补给详单规划是战术级规划阶段的核心规划问题。为了给货运飞船实际物资装载时提供指导以及为任务层规划提供相应的输入,该步规划不但要给出每艘货船的发射日期和每艘货船的上行物资清单,还需要确定每个任务的安排方案。本章在战术级规划阶段采用一体化规划的策略对任务和物资进行统筹规划,该策略对战术级规划结果具有决定性的影响。因此,该步规划需要重点对任务的安排策略和货运飞船的物资装载策略进行设计,并根据该策略构建相应的规划模型,最后通过优化算法进行优化获得满足各约束条件的货船发射时间方案、任务安排方案和每艘货船的载货详单。

5.2.2　统筹规划策略设计与优化变量选择

一体化规划指的是对规划周期内的任务安排详单和每艘货船的载货详单同时进行规划,规划完毕后同时获得任务和物资的详单规划结果。其规划流程如图 5.2.1 所示。其中,轨道机动任务的发生时间根据空间站轨道高度的衰减情况确定,与推进剂上行需求量一起作为输入,无需在此对其进行规划;航天员一日生活任务是每天都发生的例行任务,也无需规划。详单规划时只需提取它们对应的需求物资即可,轨道机动任务对应的物资即为推进剂,航天员一日生活任务对应的物资即为连续消耗类物资。这两种物资的货船装载策略如图 5.2.2 所示,与初步规划的装载策略基本相同。

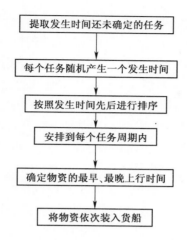

图 5.2.1 长期任务与补给详单规划流程框图

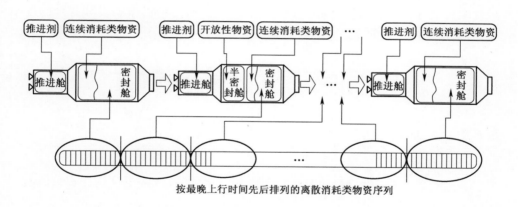

图 5.2.2 多艘货船总体物资装载顺序

但是,所提的需求任务中绝大多数还是单个具体的任务,并且是发生时间还未确定的任务。因此,需要先将各系统所提的具体需求任务中除了轨道机动任务和航天员一日生活任务外的其余任务提取出来,然后对该部分任务进行规划。战术级规划阶段需要规划出每个任务周期的任务安排列表,为了便于规划,本章将这些提取出来的每个任务的发生时间都作为设计变量。根据设计变量的取值即任务的发生时间,确定每个任务所在的任务周期,最终可得到每个任务周期所安排的任务列表。

另外,当这些任务的发生时间给出之后,需要根据任务的发生时间确定其所对应的需求物资的最早、最晚上行时间。物资的最晚上行时间不能晚于任务的发生时间,以避免出现在执行某个任务时,其需求的物资还没上行到站的情况。物资的最早上行时间为任务发生时间减去站上物资最长可存放时间,本章设定最晚上行时间为任务发生时间的前一天,物资最长在轨存放时间为一年。

图5.2.2是图5.2.1中最后一步货船物资装载的详细过程。图5.2.2描述的是多艘货船在整个规划周期内总体装载过程。总的装载原则为先装推进舱,若有则再装开放舱,最后装密封舱。但与总量分配方案规划阶段不同的是,这里各舱段的物资尤其是密封舱离散消耗类的物资就不再是规划航天员、平台和应用3个系统上行的总量了,而是具体到每个物资。因此,特别地对于密封离散消耗类物资而言,本章设计了按照物资最晚上行时间的先后顺序原则依次进行装载。若再装入某件物资时所装载的总质量或总体积超过了该艘货船的上行质量或体积上限,则将该件物资安排到下一艘货船中上行。

这种长期任务和物资统筹规划策略的优点在于可以通过调整任务的发生时间来对物资的装载顺序进行调整,而无需对所有任务和物资分别设变量规划任务所安排的任务周期和物资所在的货船序列。该策略可以减小设计变量的规模,有效地降低规划的难度。

5.3　长期任务与补给详单优化

5.3.1　规划模型

1. 设计变量

若除轨道机动任务和航天员一日生活外的其余任务的个数为N_D,规划周期内需求的货运飞船总数量为N_C(包含该规划周期内的密封式货船和半密封式货船的数量),则长期任务和补给详单统筹规划的设计变量可表示为

$$\boldsymbol{X} = \left[E_1, \cdots, E_j, \cdots, E_{N_D}; t_1, \mathrm{d}t_1, \cdots, t_i, \mathrm{d}t_i, \cdots, t_{N_C}, \mathrm{d}t_{N_C} \right]^{\mathrm{T}} \quad (5.3.1)$$

式中:E_j为第j个任务的发生日期,取值范围为该任务的最早和最晚开始时间;t_i为第i艘货船的发射日期,起始时间为规划周期内第一个任务周期的起始日期,取值范围以总量分配方案规划得到的货船发射时间为中心,向前减60天为下限,向后加60天为上限,例如,某艘货船总量分配方案规划出的发射时间为2023年8月1日,那么该艘货船在详单统筹规划时发射时间的取值范围为2023年6月1日到2023年10月1日。

$\mathrm{d}t_i$为第i艘货船连续消耗类物资可支持消耗的人天数,取值范围根据货船

运载量和各连续消耗类物资每人每天的消耗率由需求方设定。

2. 约束条件

约束条件主要考虑以下几点。

（1）长期任务和补给详单统筹规划时需要把每个具体的任务安排到多个任务周期内，但是每个任务周期所能提供的人时资源、功耗资源和测控通信资源是有上限的，不能在一个任务周期内安排过多的任务，出现资源不够用的情况。因此，每个任务周期内安排的任务需要满足三类资源总需求都不超过每个任务周期所能提供的三类资源的上限，即

$$\begin{cases} \text{Source}_{i\text{Need}}^{\text{manhour}} \leqslant \text{Source}_{\text{max}}^{\text{manhour}} \\ \text{Source}_{i\text{Need}}^{\text{power}} \leqslant \text{Source}_{\text{max}}^{\text{power}} \qquad i = 1,2,\cdots,n_{\text{Task}} \\ \text{Source}_{i\text{Need}}^{\text{commun}} \leqslant \text{Source}_{\text{max}}^{\text{commun}} \end{cases} \qquad (5.3.2)$$

式中：$\text{Source}_{i\text{Need}}^{\text{manhour}}$、$\text{Source}_{i\text{Need}}^{\text{power}}$ 和 $\text{Source}_{i\text{Need}}^{\text{commun}}$ 分别为第 i 个任务周期总人时数、总功耗和总测控通信资源需求；$\text{Source}_{\text{max}}^{\text{manhour}}$、$\text{Source}_{\text{max}}^{\text{power}}$ 和 $\text{Source}_{\text{max}}^{\text{commun}}$ 分别为单任务周期可提供的人时数、功耗和测控通信资源上限；n_{fask} 为详单规划周期内任务周期的个数。

（2）与总量分配方案规划一样，考虑地面发射场系统的测试准备周期，连续两次货运飞船的发射时间间隔需要满足不小于 60 天，即

$$t_{i+1} - t_i \geqslant 60 \qquad i = 1,2,\cdots,N_{\text{C}} - 1 \qquad (5.3.3)$$

（3）由于密封离散消耗类物资是按最晚上行时间先后顺序装载的，那么每艘货船所装的第一个离散消耗类物资的最晚上行时间需要满足不早于该艘货船的发射时间，所装的最后一个离散消耗类物资的最早上行时间需要满足不晚于该艘货船的发射时间，即

$$\begin{cases} t_i \leqslant t_i^{\text{first-disc-lastest}} \\ t_i \geqslant t_i^{\text{last-disc-earlist}} \end{cases} \qquad i = 1, 2, \cdots, N_{\text{C}} \qquad (5.3.4)$$

式中：$t_i^{\text{first-disc-lastest}}$ 为第 i 艘货船所装的第一个离散消耗类物资的最晚上行时间；$t_i^{\text{last-disc-earlist}}$ 为所装的最后一个离散消耗类物资的最早上行时间。

（4）同样地，由于开放性物资也是按最晚上行时间先后顺序装载的，那么每艘半密封式货船所装的第一个开放性物资的最晚上行时间需要满足不早于该艘半密封式货船的发射时间，所装的最后一个开放性物资的最早上行时间不晚于该艘半密封式货船的发射时间，即

$$\begin{cases} t_i \leqslant t_i^{\text{first-open-lastest}} \\ t_i \geqslant t_i^{\text{last-open-earlist}} \end{cases} \qquad i = 1, 2, \cdots, N_{\text{H}} \qquad (5.3.5)$$

式中: $t_i^{\text{first-open-lastest}}$ 为第 i 艘货船所装的第一个离散消耗类物资的最晚上行时间; $t_i^{\text{last-open-earlist}}$ 为所装的最后一个离散消耗类物资的最早上行时间; N_H 为半密封式货船的总数量。

(5) 连续消耗类物资的可支持人天数需要满足每次补给前不小于最小可支持人天数,补给完后不大于最大可支持人天数,即

$$\begin{cases} \text{MD}(t_i^-) \geqslant \text{MD}_{\min} \\ \text{MD}(t_i^+) \leqslant \text{MD}_{\max} \end{cases} \quad i = 1, 2, \cdots, N_C \quad (5.3.6)$$

式中: $\text{MD}(t_i^-)$ 和 $\text{MD}(t_i^+)$ 为货船补给前和补给后连续消耗类物资的可支持人天数; $\text{MD}_{\min}$ 和 $\text{MD}_{\max}$ 分别为连续消耗类物资的最小和最大可支持人天数。

(6) 在轨推进剂的存储量也需要满足每次轨道机动完后剩余量不低于最低安全库存值,即

$$M^{\text{Prop}}(t_i^+) \geqslant M_{\min}^{\text{Prop}} \quad i = 1, 2, \cdots, n_{\text{maneu}} \quad (5.3.7)$$

式中: $M^{\text{Prop}}(t_i^+)$ 为第 i 次轨道机动完后在轨推进剂的剩余量; $M_{\min}^{\text{Prop}}$ 为在轨推进剂最低库存值; n_{maneu} 为规划周期内总的轨道机动次数。

(7) 与总量分配方案规划一样,该阶段规划也需要考虑轨道阳光角的约束,每艘货船发射的时间都需要在满足轨道阳光角约束的时间窗口内,即

$$t_i \in \Delta t_j \quad i = 1, 2, \cdots, N_C; j = 1, 2, \cdots, N_L \quad (5.3.8)$$

式中: N_L 为货船发射窗口个数。

3. 目标函数

第一个考虑的指标是工作强度均衡性指标,其表达式为

$$f_1(\boldsymbol{X}) = \min \sqrt{\sum_{i=1}^{n_{\text{Task}}} \left(\frac{\text{Source}_{i\text{Need}}^{\text{manhour}}}{\text{num}_i^{\text{astro}}} - \bar{\delta} \right)^2} \quad (5.3.9)$$

式中: $\bar{\delta}$ 为平均工作强度,计算表达为

$$\bar{\delta} = \frac{\sum_{i=1}^{n_{\text{Task}}} \frac{\text{Source}_{i\text{Need}}^{\text{manhour}}}{\text{num}_i^{\text{astro}}}}{n_{\text{Task}}} \quad (5.3.10)$$

式中: $\text{num}_i^{\text{astro}}$ 为第 i 个任务周期的航天员在轨驻留人数。这里将均衡性指标设为每个任务周期任务总人时数需求与乘员人数比值的标准差。为了提高工作强度均衡性,应尽量使每个任务周期安排的任务总人时数需求与该周期内驻留的乘员人数比值相同,使得每个任务周期的工作强度相当,避免某一批次乘组的航天员所安排的工作太多。

第二个考虑的指标是货船发射时间匹配性指标,其表达式为

$$f_2(\boldsymbol{X}) = \min \sqrt{\sum_{i=1}^{N_C} (t_i^{\text{Detail-Launch}} - t_i^{\text{General-Launch}})^2} \qquad (5.3.11)$$

式中: $t_i^{\text{Detail-Launch}}$ 为第 i 艘货船长期任务和补给详单统筹规划的实际发射时间; $t_i^{\text{General-Launch}}$ 为第 i 艘货船总量分配规划出的发射时间。这里将统筹规划的实际发射时间与总量分配规划的发射时间的偏差取为指标函数,通过优化可以使统筹规划的货船发射时间结果在满足约束的情况下与总量分配方案规划的结果尽量匹配。

第三个考虑的指标是货船上行物资质量匹配性指标,其表达式为

$$f_3(\boldsymbol{X}) = \min \sqrt{\sum_{i=1}^{N_C-1} \left[(M_i^{\text{Detail-Plat}} - M_j^{\text{General-Plat}})^2 + (M_i^{\text{Detail-Astro}} - M_j^{\text{General-Astro}_i})^2 + (M_i^{\text{Detail-Applv}} - M_i^{\text{General-Apply}})^2 \right]}$$

$$(5.3.12)$$

式中: $M_i^{\text{Detail-Plat}}$、$M_i^{\text{Detail-Astro}}$ 和 $M_i^{\text{Detail-Apply}}$ 分别为第 i 艘货船统计的长期任务和补给详单统筹规划的 3 个系统上行物资总质量; $M_i^{\text{Gemera;-Plat}}$、$M_i^{\text{General-Astro}}$ 和 $M_i^{\text{General-Apply}}$ 分别为第 i 艘货船总量分配方案规划的三大系统上行物资总质量。为了实现统筹规划的货船各系统上行质量与总量分配方案规划结果尽量匹配,这里将长期任务和补给详单统筹规划得到的各系统密封性物资上行总质量与总量分配方案规划出的各系统密封性物资上行总质量的偏差取为指标函数,通过优化,可以使统筹规划的货船各系统密封性物资上行总质量结果在满足约束的情况下与总量分配方案规划的结果尽量匹配。

▲5.3.2　优化方法

在对 5.3.1 小节"3 目标函数"中定义的 3 个指标 $f_1(\boldsymbol{X})$、$f_2(\boldsymbol{X})$ 和 $f_3(\boldsymbol{X})$ 单独进行优化时发现,3 个指标之间都不存在相互制约的关系。事实上,通过调整任务发生时间使工作强度得到均衡的同时也可以使货船发射时间和上行质量结果相匹配。因此,本章在优化求解长期任务和补给详单统筹规划问题时以这 3 个指标的和 $F(\boldsymbol{X})$ 作为总的目标函数进行单目标优化。

$$F(\boldsymbol{X}) = f_1(\boldsymbol{X}) + f_2(\boldsymbol{X}) + f_3(\boldsymbol{X}) \qquad (5.3.13)$$

优化算法还是采用第 4 章介绍的改进 DE 算法[4]。

5.3.3 算例求解与分析

1. 算例配置

本章考虑的算例为一个 3 年周期的长期运营任务,时间跨度为 2023 年 1 月 1 日至 2025 年 12 月 31 日。为了规划方便,下文的时间都以相对时间表示,相对时间的起始日期即为 2023 年 1 月 1 日。本算例设定任务周期的时间跨度为半年,因此规划周期内共 6 有个任务周期。每个任务周期都安排 3 名航天员驻留,每个任务周期空间站上所能提供的最大人时数、功耗和测控通信资源量如表 5.3.1 所列,该规划周期内具体的任务和物资需求如表 5.3.2 和表 5.3.3 所列,由于需求的任务和物资数量太多,表中未将所有的任务和物资全部列出,只给出了部分任务和物资的样例。本算例整个 3 年规划周期内需求任务的总数为 628 个,需求物资的总数为 786 个。

表 5.3.1 单任务周期三类在轨资源可供上限

在轨资源类型	最大可提供量
人时资源/人·h	3974.4
功耗资源/kW·h	88320
测控通信资源/h	2355.2

表 5.3.2 规划周期内需求任务列表

长期任务名称	最早发生时间/天	最晚发生时间/天	在轨资源需求		
			人时数/人·h	功耗/kW·h	测控通信/h
平台系统任务 1	1	365	50	100	0
平台系统任务 2	1	365	20	80	0
⋮	⋮	⋮	⋮	⋮	⋮
航天员系统任务 1	1	274	10	30	0
航天员系统任务 2	1	274	15	50	0
⋮	⋮	⋮	⋮	⋮	⋮
应用系统任务 1	1	366	30	240	50
应用系统任务 2	1	366	120	3000	100
⋮	⋮	⋮	⋮	⋮	⋮

表 5.3.3 规划周期内相应上行需求物资列表

需求物资名称	所属任务	物资密封性	物资离散性	上行质量/kg	上行体积/L
平台系统物资 1	平台系统任务 1	密封	离散	40	164

（续）

需求物资名称	所属任务	物资密封性	物资离散性	上行质量/kg	上行体积/L
平台系统物资 2	平台系统任务 2	开放	离散	1140	570
⋮	⋮	⋮	⋮	⋮	⋮
航天员系统物资 1	航天员系统任务 1	密封	连续	2200	5460
航天员系统物资 2	航天员系统任务 2	密封	离散	50	125
⋮	⋮	⋮	⋮	⋮	⋮
应用系统物资 1	应用系统任务 1	密封	离散	70	150
应用系统物资 2	应用系统任务 2	密封	离散	35	160
⋮	⋮	⋮	⋮	⋮	⋮

太阳活动情况与轨道机动时间设置如下：2023 年和 2024 年为太阳活动均年，各安排两次轨道维持机动，分别安排在 2023 年 3 月 15 日、2023 年 9 月 15 日、2024 年 3 月 15 日和 2024 年 9 月 15 日。2025 年为太阳活动高年，安排 3 次轨道维持机动，分别安排在 2025 年 2 月 15 日、2025 年 6 月 15 日以及 2025 年 10 月 15 日。推进剂和乘员连续消耗类物资的初始及最高、最低库存量设置如表 5.3.4 所列。为了提高规划准确性，统筹规划时货船物资的装载除了要考虑质量的上限外，还要考虑体积的上限，两者需同时满足才是可行的装载方案。货船各舱段上行物资的质量和体积上限如表 5.3.5 所列。表 5.3.6 给出了该规划周期内年度货船的需求数量。

表 5.3.4 推进剂和连续消耗类物资初始以及最高、最低库存量

物资类别	初始库存量	最高库存量	最低库存量
推进剂/kg	1500	2100	500
连续消耗类物资/人·天	540	1080	180

表 5.3.5 货船各舱段上行物资装载质量和体积上限

货船类型	推进舱质量上限/kg	开放舱		密封舱	
		质量上限/kg	体积上限/L	质量上限/kg	体积上限/L
密封式货船	2100	—	—	4400	12680
半密封式货船	2100	1600	6000	2000	5600

表 5.3.6 2023—2025 年两种类型货船需求数量（艘）

货船类型	2023 年	2024 年	2025 年
密封式货船	2	1	1
半密封式货船	1	1	1

由表 5.3.4 至表 5.3.6 可知,该规划周期内总共需要安排 7 艘货运飞船,包括 4 艘密封式货船和 3 艘半密封式货船。因此,该规划算例中设计变量共有 642 个,包括 628 个任务发生时间的变量、7 个货船发射日期的变量以及 7 个货船连续消耗类物资上行可支持人天数的变量。

2. 优化计算与指标对比分析

本节也同时采用了 DE 和 GA 算法[5]对该问题进行求解。算法参数设置如表 5.3.7 所列。

表 5.3.7　GA 参数

参 数 名 称	参 数 值
种群规模	500
变异概率	0.4
交叉概率	0.8
锦标赛规模	3
目标函数评价次数	5×10^5

为了体现算法比较的公平性,DE 算法的种群规模和目标函数评价次数设置与表 5.3.7 中的相同,因为本章采用的改进 DE 算法变异系数和交叉系数是自适应的,所以无需进行设置。本节基于两种优化算法分别对该算例进行了 10 次独立的优化计算,20 组优化结果如表 5.3.8 所列。

表 5.3.8　两种优化算法优化结果对比

优化解序号	DE 算法				GA 算法			
	$f_1(X)$	$f_2(X)$	$f_3(X)$	$F(X)$	$f_1(X)$	$f_2(X)$	$f_3(X)$	$F(X)$
1	4.8002	13.304	395.77	413.8742	38.028	20.567	512.95	571.545
2	0.82084	13.304	414.51	428.6348	24.667	49.508	418.41	492.585
3	1.5291	11.446	360.2	**373.1751**	28.729	17.349	**407.07**	**453.148**
4	21.658	**11.045**	**358.77**	391.473	38.647	34.044	421.1	493.791
5	2.0977	13.601	408.86	424.5587	38.557	23	424.67	486.227
6	0.4419	11.225	367.27	378.9369	26.031	32.879	481.69	540.6
7	1.7126	16.371	416.54	434.6236	41.116	**15.362**	515.62	572.098
8	0.59566	12.53	418.22	431.3457	33.509	23	455.49	511.999
9	1.2581	12.083	416.41	429.7511	39.7	25.06	409.38	474.14
10	**0.47701**	12.124	367.72	380.321	**16.636**	29.12	442.3	488.056

为了方便对比分析,表 5.3.8 同时给出了 DE 算法和 EA 算法各 10 组结果 $f_1(X)$、$f_2(X)$、$f_3(X)$ 和 $F(X)$ 的值。从表中的数据可以看出,对于总目标函数 $F(X)$,DE 算法优化得到的最好解为 373.1751,而 GA 算法得到的最优解只有 453.148,这说明 DE 算法的全局搜索能力要好于 GA 算法。特别地,对于指标 $f_1(X)$,DE 算法获得的 10 组解中大多数都在 2 以下,最小的优化到了 0.47701,但 GA 算法获得的解都在 10 以上,最小的也只优化到 16.636,这说明 DE 算法在优化工作强度均衡性指标时具有更好的局部搜索能力。对于指标 $f_2(X)$,DE 算法获得的 10 组解基本都在 12 左右,但 GA 算法获得的解相对分散,最小的为 15.362,最大的为 49.508,这说明 DE 算法在优化匹配性指标时稳定性相对更高。

从上面的结果对比可以看出,对于本章构建的长期任务和补给清单统筹规划模型,DE 算法的优化效果也要好于 GA 算法。

3. 规划方案约束满足情况分析

本小节基于上述 DE 算法优化求得的最好的一组解,对长期任务和补给清单统筹规划结果和约束满足情况作进一步的分析。

表 5.3.9 统计了每个任务周期所有任务的个数和三类在轨资源的总需求。从表中可以看出,每个任务周期三类资源的需求总量均未超出单任务周期可提供总量的上限,说明该规划方案每个任务周期所安排的任务都能被执行完。进一步分析可以发现,每个任务周期的总人时数需求都在 2477 左右,而该算例设定,每个任务周期的驻留人数均为 3 人,因此每个任务周期的人时数需求比也基本相同。这说明该规划方案任务安排比较合理,每个任务周期航天员的工作强度相当。

表 5.3.9 各任务周期任务个数及在轨资源总需求

任务周期序号	时间区间/天	任务周期内包含的任务个数/个	在轨资源的总需求		
			总人时数/人·h	总功耗/kW·h	总测控通信/h
1	1~182	112	2481.2	40564	1628.9
2	183~365	97	2475.7	45076	1709.3
3	366~547	119	2476.7	75955	1659.6
4	548~730	122	2476.4	65298	931.31
5	731~912	88	2475.9	59941	809.01
6	913~1096	90	2477.1	32989	947.29
单任务周期可提供上限			3974.4	88320	2355.2

表 5.3.10 给出了 7 艘货船发射时间的总量分配方案规划结果和该阶段统筹规划结果的对比。从表中可以看出,第 1 艘密封船、第 1 艘半密封船、第 2 艘

密封船、第 2 艘半密封船和第 3 艘密封船的发射日期都与总量分配方案规划的结果相同，虽然其余两艘货船的发射日期未完全匹配上，但相差也不大。说明该详单规划方案的货船发射日期可以满足匹配性要求。进一步地，可以看出每两艘货船之间最短的发射时间间隔为 112 天，说明该方案也满足货船发射时间间隔不小于 60 天的约束。

表 5.3.10 货船发射时间总量分配方案规划结果与统筹规划结果对比

（天）

货船序列	总量分配方案规划的发射时间	统筹规划的发射时间	时间间隔
第 1 艘密封船	1	1	181
第 2 艘密封船	182	182	112
第 1 艘半密封船	305	294	162
第 2 艘半密封船	457	456	123
第 3 艘密封船	579	579	209
第 3 艘半密封船	791	788	125
第 4 艘密封船	913	913	

表 5.3.11 给出了前 6 艘货船密封舱 3 个系统上行物资总量的总量分配方案规划与统筹规划统计结果的对比。因为 2026 年的任务需求未在该规划周期内提出，所以不考虑 2025 年最后一艘货船也即是第 7 艘货船上行质量匹配性的情况。从表中可以看出，除了第 1 艘密封船航天员系统的物资上行质量偏差了约 330kg 外，其余货船各系统的物资上行质量偏差均在 100kg 以下。说明该方案也可以基本满足上行物资质量匹配性的要求。

表 5.3.11 货船各系统上行物资总量分配方案规划结果与统筹规划结果对比

（kg）

货船序列	平台系统上行物资		航天员系统上行物资		应用系统上行物资	
	总量分配方案规划	统筹规划	总量分配方案规划	统筹规划	总量分配方案规划	统筹规划
第 1 艘密封船	805.16	782.38	2880.7	2544.2	714.1	727.5
第 2 艘密封船	1554.5	1530.7	2369.4	2371.8	476.07	490.5
第 1 艘半密封船	128.49	176.75	1276.4	1252.6	595.08	567.83
第 2 艘半密封船	279.4	284.64	1244.5	1242.6	476.07	462.5
第 3 艘密封船	712.75	654.06	2854.1	2800.8	833.12	763.33
第 3 艘半密封船	133.89	135.06	1390	1383.1	476.07	477.5

表 5.3.12 给出了 7 艘货船密封舱和开放舱上行物资总质量和总体积的统计，与表 5.3.5 所列的各舱段上行质量和体积上限进行对比可以看出，每艘密封式货船密封舱的上行体积均超过 4400kg，上行体积也均未超过 12680L；每艘半密封式货船密封舱的上行体积均为超过 2000kg，上行体积也均未超过 5600L；每艘半密封式货船开放舱的上行体积均超过 1600kg，上行体积也均未超过 6000L。说明该物资补给方案每艘货船的物资装载均满足货船各舱段装载上限约束。而且前 6 艘货船由于物资需求明确，所以装载效率较高，尤其是密封舱上行物资已经快接近上限。但第 7 艘货船由于没有提供 2026 年的任务与物资需求，所以上行的只是 2025 年的物资需求。待到下一年也即是以 2024 年为起始规划 2024—2026 年时，该艘货船的上行物资便可将 2026 年的物资需求考虑进去。

表 5.3.12　货船密封舱和开放舱上行物资总量统计

货船序列	密封舱		开放舱	
	上行总质量/kg	上行总体积/L	上行总质量/kg	上行总体积/L
第 1 艘密封船	4054.1	11629	—	—
第 2 艘密封船	4392.9	10698	—	—
第 1 艘半密封船	1997.2	5493.2	1176	857.51
第 2 艘半密封船	1989.8	5419	1288	516.67
第 3 艘密封船	4218.2	12678	—	—
第 3 艘半密封船	1995.7	5562.8	751	1661.1
第 4 艘密封船	2517.1	6563.8	—	—

表 5.3.13 给出了每艘货船所上行的密封离散消耗类物资的个数以及第一个物资的最晚上行时间和最后一个密封性物资的最早上行时间；表 5.3.14 给出了每艘半密封式货船的密封离散消耗类物资个数、第一个物资的最晚上行时间和最后一个物资的最早上行时间。从表中可以看出，每艘货船的发射时间均在该艘货船最后一个物资的最早上行时间和第一个物资的最晚上行时间之间，因此该方案货船的物资补给满足物资的最早、最晚上行时间要求。

表 5.3.13　货船密封离散消耗类物资上行情况

货船序列	密封离散消耗类物资个数/个	最后一个物资的最早上行时间/天	货船发射时间/天	第一个物资的最晚上行时间/天
第 1 艘密封船	154	−151	1	1
第 2 艘密封船	89	2	182	214
第 1 艘半密封船	148	187	294	367

（续）

货船序列	密封离散消耗类 物资个数/个	最后一个物资的最 早上行时间/天	货船发射 时间/天	第一个物资的最 晚上行时间/天
第 2 艘半密封船	94	272	456	552
第 3 艘密封船	160	522	579	638
第 3 艘半密封船	57	589	788	887
第 4 艘密封船	77	731	913	954

表 5.3.14　半密封式货船开放性物资上行情况

货船序列	开放性物资个数 /个	最后一个物资的最 早上行时间/天	货船发射时间 /天	第一个物资的最 晚上行时间/天
第 1 艘半密封船	2	−98	294	303
第 2 艘半密封船	2	97	456	486
第 3 艘半密封船	3	471	788	839

图 5.3.1 显示的是 7 艘货船的发射时间和满足轨道阳光角约束的时间区间。从图中可以看出，第 1 艘密封船在第 1 个发射窗口内，第 2 艘密封船和第 1 艘半密封船在第 3 个发射窗口内，第 2 艘半密封船在第 5 个发射窗口内，第 3 艘密封船在第 6 个发射窗口内，第 3 艘半密封船在第 8 个发射窗口内，第 4 艘密封船在第 9 个发射窗口内。由此说明，所有货船的发射时间都能满足轨道阳光角的约束要求。

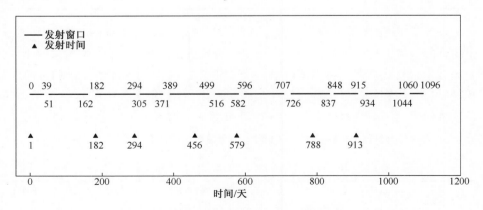

图 5.3.1　货船发射时间轨道阳光角约束满足情况

图 5.3.2 给出了该规划方案 3 年周期内连续消耗类物资可支持天数的日变化曲线。从图中可以看出，整个周期内最高可支持人天数为第 1 天补给后的

1080 人·天,最低为第 913 天补给前的 191 人·天,可支持人天数始终在最大允许值和最小允许值之间变化,未超过警戒线。因此,连续消耗类物资的补给方案满足最高与最低在轨库存量的约束要求。

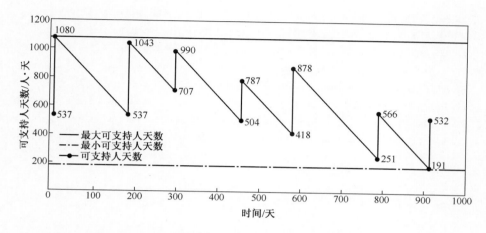

图 5.3.2　连续消耗类物资库存量可支持人天数动态变化

图 5.3.3 给出了该规划方案 3 年周期内推进剂在轨库存量的日变化曲线。从图中可以看出,虽然在第 777 天也即 2025 年 2 月 15 日进行了一次轨道机动后推进剂在轨存储量只剩 533.33kg,但库存量始终还是在最高库存量和最低库存量之间变化,未超过警戒线。因此,推进剂的补给方案也满足最高与最低在轨库存量的约束要求。

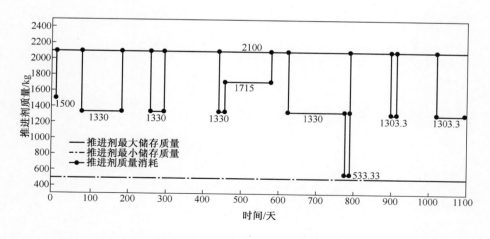

图 5.3.3　推进剂在轨库存量动态变化

参考文献

［1］ 朱阅訸. 空间站运营在轨事件与货运补给规划方法研究［D］. 长沙:国防科技大学,2015.

［2］ 唐国金,罗亚中,张进. 空间交会对接任务规划［M］. 北京:科学出版社,2008.

［3］ 李海阳,彭祺擘,周英,等. 航天器交会对接发射窗口分析［J］. 宇航学报,2009,30(5):1861-1865.

［4］ Zhu Y H, Wang H, Zhang J. Spacecraft Multiple – Impulse Trajectory Optimization Using Differential Evolution Algorithm with Combined Mutation Strategies and Boundary–Handling Schemes［J］. Mathematical Problems in Engineering,2015(1):1-13.

［5］ Zhang J, Tang G J, Luo Y Z, et al. Orbital Rendezvous Mission Planning using Mixed Integer Nonlinear Programming［J］. Acta Astronautica,2011,68(7-8):1070-1078.

第6章
空间站运营在轨任务启发式规划

空间站运营期间待执行的各项在轨任务需要根据上一层规划的结果方案及空间站工程当前状态(包括航天员、在轨航天器、各领域载荷和地面状态等,以及上一规划周期任务执行情况等)进行细化,制订某次载人飞行任务周期内的在轨任务编排方案。编排方案仅给出在轨任务的发生日期,并不精确到具体时刻。本章和下一章研究的在轨任务规划属于任务层规划,相较于前两章总体层的战略级和战术级规划,在轨任务规划的粒度更为精细,规划内容也更为复杂。作为空间站运营任务规划中的关键一环,在轨任务规划对保证空间站在轨安全运行及充分发挥应用效能有着重要作用,其规划方案决定了在轨任务的执行效率与在轨资源的利用效率[1]。

空间站运营在轨任务规划需要解决复杂的系统组合优化与调度问题。启发式算法和智能优化算法是两种较为有效的求解方法。基于规划构造的启发式算法可以在较小的计算代价下,快速获得规划问题可行解,具有较优的计算性能。智能优化算法对规划问题特性不敏感,虽然计算代价较大,但可以求得问题的全局最优解或近最优解。本章主要介绍在轨任务规划问题的启发式规划方法,基于智能优化算法的规划方法将在第7章中进行介绍。

本章的主要内容安排如下:6.1节分析了空间站运营在轨任务规划问题的规划内容、基本约束、规划难点和主流规划方法;6.2节对在轨任务规划相关概念进行了描述,基于本体理论构建了规划对象描述模型;6.3节基于约束满足理论建立了在轨任务启发式规划模型;6.4节介绍了启发式分层规划策略并给出相应的启发式算法;6.5节通过一个在轨任务规划问题算例对提出的算法进行验证。

6.1 在轨任务规划问题分析

6.1.1 规划内容分析

空间站运营过程中的在轨任务主要来源于空间站工程所涉及的各工程系统,主要包括航天员系统、空间应用系统和空间站平台系统。空间站长期在轨运营涉及的任务类型多样复杂,如货运飞船发射补给任务、航天员轮换任务、交会对接任务、轨道机动任务、有效载荷应用任务、舱段组装任务及航天员出舱任务等,图 6.1.1 展示了空间站运营在轨任务的主要类型。本章研究的空间站运营在轨任务规划,主要面向解决空间站例行任务、空间站科学实验资源分配及平台维护操作等任务的规划调度问题。

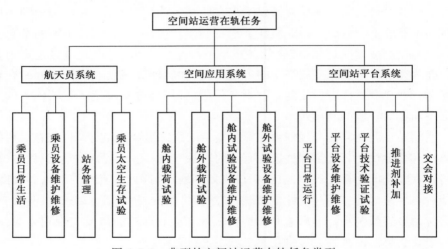

图 6.1.1 典型的空间站运营在轨任务类型

6.1.2 基本约束分析

在轨任务规划的核心是制订每个任务周期中所含运营任务的操作概要,即在满足各项在轨约束的条件下确定任务的发生时间及执行序列。根据任务设计需求及资源能力,可将约束分为两种类型,即任务约束和资源约束。

1. 任务约束分析

1) 规划周期要求

一次规划中对所有任务的时间限制。在规划前需要对不可在本次规划时间区间执行的任务进行剔除。同时,任务的规划执行时间必须在本次规划起止时间内。图 6.1.2 展示了规划周期约束对任务执行情况的影响。

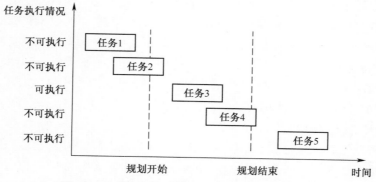

图 6.1.2　规划周期约束对任务执行情况的影响

2) 执行时效性要求

根据工程具体需求,部分任务对其执行时间有着严格的要求,即具有执行时效性。例如,某些任务的开始时间和完成时间有明确限定,超出任务可执行的时间界限,则执行该任务在工程上没有任何意义。

3) 优先级要求

在任务规划前,任务设计者首先需要根据目标需求确定每个任务的优先级,根据优先级在规划过程中是否变化可以将其分为静态优先级和动态优先级两种情况。优先级是衡量任务重要程度的关键指标,一般采用数值方式表示,数值越大表明优先级越高,任务重要性越强。优先级在多任务执行发生冲突时用来辅助决策,对执行任务进行取舍。在任务取舍时,通常优先保证优先级较高的任务得以执行。

4) 任务分解要求

任务根据其发生频次可以分为 4 种类型,即周期性执行任务(例行任务)、多次执行任务、单次执行任务和随机执行任务。其中,周期性执行任务指的是在某个时间段内以确定的周期(时间间隔)执行的任务;多次执行任务指的是在某个时间段内执行一次以上的任务,其没有明确的时间间隔要求;单次执行任务指的是在某个时间段内仅执行一次的任务;随机执行任务指的是在某个时间段内以一定概率发生的任务,如设备故障维修任务和视情维护任务等。

在规划前,首先需要对周期性执行任务和多次执行任务进行预处理,按照一定的方法将其分解成多个有时间界限的单次执行任务。例如,某项科学应用需要在 30 天内重复进行 3 次试验,那么可以以 10 天为一个间隔时间,每 10 天完成 1 次试验,以满足任务需求。

5)成组任务要求

成组任务指的是为了降低规划复杂度,将完成某项工程目标所需要执行的多个任务在满足时序关系要求的基础上进行整合,形成一个总体任务进行规划,并将这些任务看成是总体任务所包含的活动。例如,探索宇宙环境对植物生长的影响试验,需要植物培养任务、宇宙射线照射任务、植物育种任务等任务按照一定的时序关系的协同完成,当这些任务全部执行时,该工程目标的收益才能实现,只完成一部分任务则几乎没有收益。

6)任务间逻辑关系要求

任务间逻辑关系要求主要包括与约束、或约束、异或约束、互斥约束和因果关系约束。以两个任务为例,与约束指的是任务 1 和任务 2 同时执行或同时不被执行;或约束指的是任务 1 和任务 2 至少有一个被执行;异或约束指的是任务 1 和任务 2 不能同时被执行;互斥约束指的是任务 1 和任务 2 中只有一个可以执行;因果关系约束指的是任务之间存在因果关系,即如果任务 1 执行,则任务 2 也执行。

7)任务所含活动间的时序关系要求

活动间时序关系指的是某些任务或任务所含活动之间有明确的执行时序要求,活动的执行必须满足时序关系要求。图 6.1.3 给出了两个活动间几种典型的时序关系示意图,其中活动 A 为基准活动。S_A、S_B、E_A 和 E_B 分别表示活动 A 和活动 B 的开始时间和结束时间。

2. 资源约束分析

1)连续资源约束

连续资源通常指的是在轨资源,其可分为损耗型资源和非损耗型资源。连续资源可同时被多个任务占用,但资源使用量的总和不能超过该种资源所能提供的总量上限。其中损耗型资源主要包括站上储存的推进剂、水、食品等,是在战术层规划时需考虑的主要资源约束,在轨任务在上述资源需求满足的情况下开展规划,在规划时不再考虑;非损耗型资源主要包括电能、数据通信带宽和热控容量等,根据工程实际运营规划需求,目前在轨任务规划主要考虑了两种典型的非损耗型资源约束,即电能约束和数据通信带宽约束。

(1)电能约束。电能是空间站长期在轨运营的基本保障,为了维持空间站平台安全运行和载荷任务应用两大基本功能,需要消耗很高的功率。

空间站作为一个大型轨道航天器,其太阳能发电率会受到当前轨道飞行状态的影响,如轨道受晒因子、太阳入射角以及航天器在阴影区与光照区的转换等,而由于空间站多舱段的复杂构型设计,可能会出现太阳能电池帆板被遮挡的

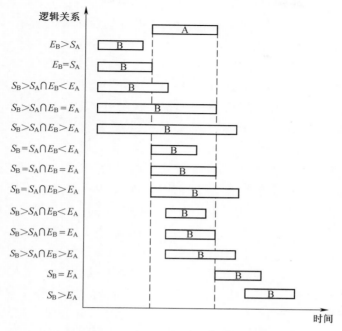

图 6.1.3　任务/活动间时序关系示意图

情况,同时在运行过程中需要考虑多舱段间的能源分配协调问题,这些因素都造成了空间站能源的动态变化特性。

　　空间站上的电能主要由地面控制中心和站上能源控制系统联合调配,从而解决各舱段间的能源平衡问题,并实现为空间站运行提供稳定的能源供应。当在轨任务规划时,将空间站额定功率作为输入项对规划进行约束,在任一时刻当前站上所有使用设备的总功率不能超过空间站的额定功率。

　　(2) 数据通信带宽约束。空间站上的数据通信主要满足 3 个方面的需求,即安全需求(实时轨道数据信息等)、空间站和有效载荷系统的控制需求,以及为航天员当前的、与任务相关的不能实现自动化的任务提供必要指导帮助[2]。

　　不同于卫星数据通信,空间站上可携带的数据存储容量较大,不需要考虑存储容量的约束限制,在任务执行时主要考虑数据传输总线的带宽限制,在任一时刻当前站上所有任务的数据传输总带宽不能超过空间站的额定带宽,以保证有效通信,确保任务顺利执行。

　　2) 离散资源约束

　　离散资源主要指空间站上的使用设备,可以分为共享型设备和独占型设备。其中共享型设备指的是可以被多个任务使用的设备,而独占型设备指的是某一时刻该设备只能支持一个任务执行。航天员作为一种特殊的资源,主要作用是完成各项复杂任务操作,其本质与设备相似,因此在规划时将其作为一种特殊离散资源来考虑。

（1）航天员技能约束。航天员在轨驻留对空间站在轨运营至关重要,其主要体现在两个方面:一方面,航天员可以在太空中开展地面无法完成的特殊空间科学实验和相关技术应用及验证;另一方面,航天员可以对空间站运营实施有效的监测、操作及管理,完成舱段组装及设备更换维修,并可以快速对紧急情况进行决策处理。

空间站航天员操作必须考虑到他们所掌握的技能。航天员根据其技能一般分为指令长、飞行员、载荷专家、随船工程师和飞行工程师等,一些任务的执行必须由指定的航天员完成,同时为了保证任务完成质量,同一时刻同一名航天员只安排一项操作任务,即不考虑同一名航天员并行执行多个任务的情况。

（2）航天员工作人时约束（作息约束）。航天员在空间站上的时间是一种极重要资源,这是因为航天员每天的总工时是有限的。航天员工作人时,一般以在轨人数乘以工作时间表示。在轨驻留期间,航天员每天的任务主要包括站上系统维护、医监医保、空间载荷应用、舱外活动和公共事务管理等工作[3-4]。表6.1.1 和表6.1.2 分别展示了国际空间站航天员一天的基本工作生活安排情况和一工作日的任务人时分配情况。

表 6.1.1 国际空间站航天员工作日的生活工作情况

序号	时间	活动
1	07：00—08：00	早餐
2	08：00—08：30	工作准备
3	08：30—12：00	日常工作
4	12：00—13：30	午餐及休息
5	13：30—18：00	日常工作
6	18：00—20：00	晚餐、个人事务
7	20：00—22：00	锻炼
8	22：00—22：30	工作总结

表 6.1.2 国际空间站航天员一个工作日的任务人时分配情况

在轨任务	人时分配比例/%
站上系统维护维修	40
医监医保	12
空间载荷应用	18

（续）

在　轨　任　务	人时分配比例/%
舱外活动	10
公共事务管理	20

　　航天员必须在保证自身健康安全的前提下，再开展空间站的其他各项工作，因此在规划时需要考虑航天员的生理作息规律的约束，即任务尽量安排在航天员的工作时间，不占用其休息时间，同时每天的工作强度尽量不超过航天员的工作人时上限，需要执行临时紧急性任务或其他重要任务时除外。

　　（3）设备负载能力约束。考虑到空间站上设备维护维修成本较高，为了降低运营风险及成本，保证设备的设计使用寿命，执行任务时需考虑使用设备的负载能力。当某一时刻设备的申请使用量超过该设备的负载能力时，优先保证重要的任务使用，其他任务根据重要程度排队等候。

◤6.1.3　规划难点分析

　　由6.1.1小节和6.1.2小节的分析可知，不同于卫星和短期载人飞船的轨道姿态运行控制或是有限载荷的应用任务，空间站除了常规的轨道姿态控制任务，还主要包括航天员在轨操作任务（如站务管理、失重防护锻炼、医监医保等）、空间站载荷应用任务（如舱内舱外载荷试验、试验设备维护维修、试验机柜维护更换等）以及空间站平台管理任务（例行维护、废弃物管理、轨道维持及姿态调整等），涉及的任务类型多样。

　　同时，在轨任务的执行受到更为复杂的约束。考虑空间站所处的特殊内部和外部环境，各项在轨任务的执行都将受到设备功耗、散热以及测控通信带宽等约束的限制，一些任务的执行还需考虑任务间和任务内部活动间的逻辑关系及时序关系约束等。此外，空间站运营在轨任务规划的显著特点是在任务规划周期内长期有航天员在轨驻留，在轨任务的安排还需考虑航天员的在轨安全及生理作息规律的约束。

　　综上所述，空间站运营在轨任务规划具有规划内容多样、约束复杂、耦合性强、难以求解等显著特点，是一类复杂的系统优化与调度问题。开展在轨任务规划需要解决以下两个方面的难点。

1. 规划对象概念描述

　　空间站运营在轨任务通常由一个或多个活动组成，在任务执行过程中，活动按照其规定的次序执行，同时活动在执行过程中需要满足空间站在轨运行的各项约束。因此，针对众多规划概念，首先需要解决如何基于规划领域相关知识，贴合工程实际,对规划对象进行有效描述。

2. 规划问题求解

(1)满足复杂的约束关系。空间站运营既有实时约束,如空间站额定功耗及测控通信带宽约束,也有非实时的关联约束和时间约束,如任务及活动间逻辑关系约束和航天员在轨驻留的作息制度约束等。如何厘清并处理好这众多约束,也是在轨任务规划需要解决的关键问题。

(2)体现"安全第一"的载人航天总体设计原则[5]。在任务规划时,必须优先满足空间站的安全性要求,而同时空间站在轨运营期望获得较高的经济效益。如何处理、兼顾不同的规划需求并获得相对应的规划方案,也是在轨任务规划的关键问题。

(3)保证规划求解的收敛性与稳定性。在轨任务规划需要对各在轨任务在时间线上进行选择、编排和组合,这实质上是一个组合优化与调度问题。针对这类问题,如何选择合适的算法,能高效、快速地收敛到良好的解,并且能够满足工程稳定性需求,也是在轨任务规划的关键问题。

6.2 在轨任务规划对象建模

空间站在轨任务规划领域涉及多种元素的概念和关系,即使是同一类元素,在实际工程中具体的描述也有很大差别,这就意味着需要一种模型能规范地描述领域中的各项概念和关系。为满足领域框架模型建立和数据交互共享需求,本章基于本体理论建立空间站在轨任务规划对象模型,统一描述各规划对象的概念及其之间的关系。

6.2.1 规划对象分析

在轨任务规划是在满足约束条件下选用合适的规划算法对各在轨任务进行规划,安排各个活动的开始时间、资源与设备分配及航天员工作协调等,基本规划对象包括任务、活动、资源、设备和航天员,其与其他规划要素的关系如图6.2.1所示。规划前需要建立上述规划对象的描述模型,以方便、清晰地描述各对象之间的关系。

在轨任务规划问题涉及的领域众多,为了简化模型、降低规划复杂度,本书结合工程实际,对相关规划对象和要素作出一些基本的假设和简化。

(1)活动执行具有不可中断性(中断即失败)。

(2)多活动任务只有全部活动都成功执行,该任务才判定为成功执行。

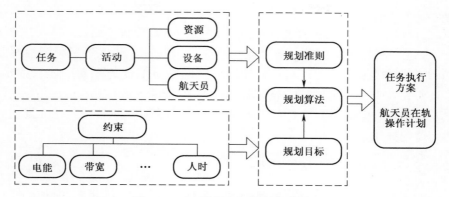

图 6.2.1　在轨任务规划要素关系

（3）不考虑任务执行过程中的随机因素，即不对随机发生任务进行规划。

（4）不考虑设备的待机启动时间，当活动开始执行时，设备立刻启动。

（5）设备可靠，即在规划时间内空间站所有设备正常运行，不会出现故障。

（6）空间站实际在轨运行时的各项轨道约束，通过对任务执行时间进行限定来满足，不再进行特定描述。

6.2.2　本体理论

本体的概念最早起源于哲学领域，其在哲学中的定义为"对世界上客观存在物的系统描述，即存在论"。在《韦伯斯特词典》中，本体的解释为"与存在的本质和联系相关的形而上学分支，或与存在的本质或存在物的种类有关的特殊理论"。在《牛津词典》中，其解释为"存在的科学或研究"。可以看出在哲学中，本体理论用于解释世界的某些领域，研究领域的知识和概念框架，其目的是通过预先忠实的描述以寻求真理。

本体理论在继承哲学中概念化框架事实的基础上，在信息技术领域被赋予新的定义，用于研究信息领域的知识表达。信息系统本体比较有代表性的定义主要有以下几个。

（1）构成相关领域词汇的基本术语和关系，以及利用这些术语和关系构成的规定该词汇外延的规则[6]。

（2）共享概念化的明确的形式化规范[7]。

（3）某些方面概念化的明确解释或表示[8]。

（4）解释形式化词汇的指定意思的逻辑理论[9]。

（5）特定的形式化语言产生的清晰公理理论[10]。

当前，本体理论的应用尤其在调度问题研究领域已经比较成熟。Wieder 和

Ziegler[11]建立了中间件网格调度领域知识本体;Smith 等[12]定义了调度本体的概念,描述了调度问题中资源和任务概念;Smith 等[13]和 Frankovic 等[14]分别建立了针对一般性调度问题的本体模型框架;凌晓冬[15]建立了多星测控调度问题的本体领域模型;卜慧蛟等[16]建立了空间站短期任务规划本体领域模型。上述研究表明,基于本体理论的描述建模方法,能够灵活有效地描述领域内的概念及作用关系。本书参考上述研究,利用本体理论对空间站在轨任务规划对象进行建模描述。

6.2.3　规划对象本体模型

对于空间站在轨任务规划问题,规划对象本体(Space Station Mission Planning Area Ontology,SSMPAO)可定义为

$$SSMPAO = \{ConceptSet, RelationSet\} \tag{6.2.1}$$

式中:ConceptSet 为概念集合,包含有领域内的多个概念本体;RelationSet 为领域中的概念关系集合。

1. 任务本体模型

任务(Mission)是规划的核心要素,是规划的主体,也是引起空间站状态变化的主要原因。一个任务通常由一个或多个活动构成,通过对活动的规划调度来实现任务的主要目标。任务可以形式化地用一个 12 元组来表示,即

$$\langle ID, Name, Type, System, Priority, Frequency, EarlyStartDate,$$
$$LateEndDate, Frequence, ExcuteNum, MRelaSet, ActSet \rangle \tag{6.2.2}$$

任务元组的各元素含义说明如下。

(1) ID:编号,用于对任务进行区分。

(2) Name:名称,给出具体的任务含义。

(3) Type:类型,主要包含图 6.1.1 给出的 13 种任务类型。

(4) System:工程系统,说明任务所属的工程系统,主要有航天员系统、空间应用系统和空间站平台系统。

(5) Priority:优先级,说明任务的重要程度。

(6) Frequency:频次,说明任务在规划周期内的发生频次,主要有周期发生、多次发生、单次发生和随机发生 4 种情况。

(7) EarlyStartDate:最早开始日期,说明任务最早的开始执行时间,即任务必须开始于该时间点之后。

(8) LateEndDate:最晚结束日期,说明任务最晚的执行结束时间,即任务必须在该时间点前执行完所有活动。

(9) Frequence:频率,说明周期发生任务的间隔发生时间。

（10）ExcuteNum：执行次数，说明多次发生任务在规划时间内的执行次数。

（11）MRelaSet：任务关系集合，说明任务间的逻辑关系。

（12）ActSet：活动集合，说明任务包含的所有活动。

2. 活动本体模型

活动（Activity）是规划的基本单元，是构成任务的元素之一，任务规划问题实质上是活动在时间线上的排布问题，即确定每个活动的发生时间。活动可以形式化地用一个 9 元组来表示，即

$$\langle ID, Name, StarTime, Dur, ResoSet,$$
$$UsageSet, AstronSet, DevSet, RelaSet \rangle \tag{6.2.3}$$

活动元组的各元素含义说明如下。

（1）ID：编号，用于对活动进行区分。

（2）Name：名称，给出具体的活动含义。

（3）StartTime：开始时间，说明活动的开始时间，通过规划确定。

（4）Dur：时长，说明活动的持续执行时间。

（5）ResoSet：资源集合，说明活动执行时需要的资源。

（6）UsageSet：使用量集合，说明活动在执行中不同阶段的资源使用量。

（7）AstronSet：航天员集合，说明执行活动需要参与的航天员信息。

（8）DevSet：设备集合，说明执行活动需要使用的设备信息。

（9）RelaSet：活动关系集合，说明多活动任务的活动间时序关系。

3. 资源本体模型

资源（Resource）是空间站开展一切活动的基础和前提，是构成任务规划约束的基本元素。资源可以形式化地用一个 5 元组来表示，即

$$\langle ID, Name, Type, Unit, ValueSet \rangle \tag{6.2.4}$$

资源元组的各元素含义说明如下。

（1）ID：编号，用于对资源进行区分。

（2）Name：名称，给出具体的资源含义。

（3）Type：类型，说明资源的类型，分为损耗型资源和非损耗型资源。

（4）Unit：单位，说明资源的单位。

（5）ValueSet：容量值集合，说明资源的最大可用量。

4. 设备本体模型

设备（Device）是活动执行的工具，其可以形式化地用一个 7 元组来表示，即

$$\langle ID, Name, System, Type, ActNum, ResoSet, UsageSet \rangle \tag{6.2.5}$$

设备元组的各元素含义说明如下。

（1）ID：编号，用于对设备进行区分。

（2）Name：名称，给出具体的设备含义。

（3）System：系统，说明设备所属的工程系统。

（4）Type：类型，说明设备的类型。

（5）ActNum：支持活动数，说明设备的负载容量。

（6）ResoSet：资源集合，说明设备使用时需要的资源。

（7）UsageSet：使用量集合，说明设备不同工作模式下的资源使用量。

5. 航天员本体模型

航天员（Astronaut）主要操作站上设备来完成各项活动，其可以形式化地用一个 6 元组来表示，即

$$\langle ID, Name, Skill, WorkHours, ResoSet, UsageSet \rangle \quad (6.2.6)$$

航天员元组的各元素含义说明如下。

（1）ID：编号，用于对航天员进行区分。

（2）Name：名称，给出具体的航天员的名称。

（3）Skill：技能，说明航天员的工作技能。

（4）WorkHours：工作时间，说明航天员的每天工作时间。

（5）ResoSet：资源集合，说明航天员驻留需要的资源。

（6）UsageSet：使用量集合，说明航天员驻留期间的资源使用量。

6.3 启发式规划模型

由 6.1 节的分析可知，在轨任务规划问题实质上是一个资源受限情况下的复杂系统组合优化与调度问题，即需要在满足各项资源约束限制的条件下，合理安排每个活动的时间并对资源进行有效调度。组合优化与调度问题一般具有两个基本特性，即约束满足和目标优化[17]。本节主要针对在轨任务规划问题的约束满足特性，建立问题的约束满足规划调度模型和评价指标模型。

6.3.1 约束满足模型

结合人工智能领域的约束满足基本理论，空间站运营在轨任务规划问题的约束满足模型（Constraint Satisfaction Model, CSM）可用一个 4 元组来表示，即

$$CSM = \langle \boldsymbol{X}, \boldsymbol{D}, \boldsymbol{C}, \boldsymbol{O} \rangle \quad (6.3.1)$$

式中：$\boldsymbol{X}$ 为设计变量；$\boldsymbol{D}$ 为变量值域；$\boldsymbol{C}$ 为约束条件；$\boldsymbol{O}$ 为规划目标。

1. 设计变量

在轨任务规划需要对每个活动的执行时间进行规划调度，因此将任务中每

个活动的开始执行时间作为在轨任务规划的基本设计变量,即

$$X = \{x_1, x_2, \cdots, x_i, \cdots, x_{AN}\} \qquad (6.3.2)$$

式中:AN 为规划问题中所有活动的个数。

2. 变量值域

变量值域指设计变量所有的可能取值集合(定义域),根据约束满足模型中的设计变量的具体含义。

$$x_i \in D_i = [\text{EarlyStartdate}_{k(i)}, \text{LateEnddate}_{k(i)}] \qquad (6.3.3)$$

式中:$\text{EarlyStartdate}_{k(i)}$ 和 $\text{LateEnddate}_{k(i)}$ 分别为与活动 i 对应的任务 k 的最早开始时间和最晚结束时间。

3. 约束条件

对一般的规划调度问题来说,可以把约束划分为硬约束和软约束。硬约束指在规划过程中必须满足的硬性约束条件;而软约束则可以通过某种松弛方法把对约束满足的偏好反映到目标函数中[18-19]。本节建立的约束满足模型本质目标是规划方案满足所有的硬性约束条件,对软约束的处理则是依据一定的规则在不违反硬约束的前提下,满足任务设计者的特定需求目标。

根据 6.1.2 小节在轨任务规划问题的基本约束分析,结合工程实际需求,本节约束满足模型主要考虑了以下约束。

1)规划周期约束

规划周期约束对任务的可执行时间区间进行限定,其约束模型为

$$\begin{cases} \text{EarlyStartdate}_k \geqslant \text{PlanStardate} \\ \text{LateEnddate}_k \leqslant \text{PlanEnddate} \end{cases} \qquad (6.3.4)$$

式中:PlanStartdate 和 PlanEnddate 分别为规划周期的开始日期和结束日期;EarlyStartdate_k 和 LateEnddate_k 分别为任务 k 的最早开始日期和最晚结束日期。

2)执行时效性约束

必须在任务的可执行时间区间内完成任务包含的所有活动,如果其中一个活动无法执行,则该任务判定为无法执行,其约束模型为

$$\begin{cases} \text{StartTime}_{k(i)} \geqslant \text{EarlyStartdate}_k \\ \text{StartTime}_{k(i)} + \text{Dur}_{k(i)} \leqslant \text{LateEnddate}_k \end{cases} \qquad (6.3.5)$$

式中:$\text{StartTime}_{k(i)}$ 为任务 k 中的第 i 个活动的开始时间;$\text{Dur}_{k(i)}$ 为活动 i 的执行时长。

3)任务所含活动间的时序关系约束

在规划预处理阶段,将具有时序关系约束的任务组成一个任务组,并将这些任务看成任务组所包含的活动,即构成一个多活动任务进行规划,该任务在执行

时需要满足图 6.1.3 描述的活动间时序关系约束。为了更好地描述任务规划过程,本节结合工程需求对时序关系约束进行简化处理。

多活动任务所含活动采用的是串行执行方式,即当任务中一个活动执行完成后再开展其他后续活动,不考虑活动并行执行的情况。基于此,提出先验活动和时间节点的概念,在此基础上,建立活动间的时序关系约束模型,即

$$\text{Activity } A \xrightarrow[\text{TimeRaleType}]{\text{TimeNode}} \text{Activity } B$$
$$\text{TimeRaleType} = \{equal, before, after\}$$
(6.3.6)

式中:Activity A 为 Activity B 的先验活动,表明 Activity B 必须在 Activity A 结束之后执行;TimeNode 为时间节点,是后续活动开始执行的一个时间基准;TimeRaleType 为活动间的时序关系类型。时序关系描述如图 6.3.1 所示。

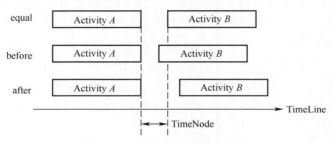

图 6.3.1 活动间时序关系约束

目前,在轨任务规划主要考虑了活动间的 3 种时序关系约束,分别是"等于(equal)""早于(before)"和"延后(after)"。例如,当时序关系类型为"早于",TimeNode = 1h 时,其表示 Activity B 在 Activity A 结束后的 1h 之内必须发生。其他时序关系以此类推。

4)电能约束

电能约束指每一时刻用于执行任务的总功率不得超过空间站的额定功率,这里不考虑特殊情况下的空间站功率再分配问题。空间站上的电能主要通过设备使用消耗,其约束模型为

$$\sum_{n=1}^{N_t} \sum_{g=1}^{G_n} \text{Activity}_{t,n}. \text{Device}_g. \text{Power} \leqslant W$$
(6.3.7)

式中:t 为当前时刻;N_t 为当前时刻执行活动的个数;G_n 为活动 Activity$_n$ 在当前时刻执行所需要使用的设备个数;Power 为设备 Device$_g$ 运行时需要消耗的功率;W 为空间站的额定功率。

5)通信带宽约束

通信带宽约束指每一时刻用于执行任务的总需求带宽不得超过空间站的额

定带宽,这里同样不考虑特殊情况下的空间站带宽再分配问题。其约束模型为

$$\sum_{n=1}^{N_t} \text{Activity}_{t,n} \text{Bandwidth} \leqslant \text{BD} \tag{6.3.8}$$

式中:Bandwidth 为活动执行所需通信带宽;BD 为空间站的额定通信带宽。

6)设备负载能力约束

考虑到站上设备资源的有限性,一个设备在同一时刻支持的活动数不能超过该设备的额定负载能力,以保证设备的正常使用寿命。其约束模型为

$$\sum_{l=1}^{L_m} \text{Activity}_{t,l}. \text{Device}_m \leqslant \text{Device}_m. \text{ActNum} \tag{6.3.9}$$

式中:L_m 为当前时刻使用设备 Device_m 的活动总个数;ActNum 为设备 Device_m 的额定负载能力。

7)航天员工作安全性约束

航天员工作安全性约束指受空间站特殊工作环境的制约,为保证任务完成质量和航天员工作安全,在同一时刻航天员最多只参与一项活动的执行,不考虑并行执行活动的情况。其约束模型为

$$\begin{cases} \text{Astronaut}_j. \text{work} = 1 & \text{working} \\ \text{Astronaut}_j. \text{work} = 0 & \text{unwork} \end{cases} \tag{6.3.10}$$

式中:$\text{Astronatu}_j. \text{work}$ 为当前时刻航天员 j 的工作情况;1 为航天员 j 正在工作;0 为航天员 j 处于待工状态,航天员优先执行重要性较高的任务,其他任务则需根据重要程度排队等候。

8)航天员工作时间约束

为保证航天员健康及便于地面站进行运营管理,空间站上航天员建立了天地同步的作息制度。在任务规划时需尽可能避免占用休息时间来执行有人参与任务。其约束模型为

$$\begin{cases} \text{Astronau}_j. \text{Time} = \sum_{i=1}^{N_d} \text{Activity}_{i(j)}. \text{Dur} \\ \text{Astronaut}_j. \text{Time} \leqslant \text{DailyWorkTime} \\ \text{Activity}_{(i,j)}. \text{StartTime} \geqslant \text{AstWorkTime}_{\text{Start}} \\ \text{Activity}_{i(j)}. \text{EndTime} \leqslant \text{AstWorkTime}_{\text{End}} \end{cases} \tag{6.3.11}$$

式中:$\text{Astronaut}_j. \text{Time}$ 为航天员 j 的工作时间;N_d 为航天员 j 在一天参与执行的活动总个数;$\text{Activity}_{i(j)}$ 为由航天员 j 参与执行的活动 i;DailyWorkTime 为航天员每天可用工作人时;$\text{AstWorkTime}_{\text{Start}}$ 和 $\text{AstWorkTime}_{\text{End}}$ 分别为航天员每天工作开始时间和结束时间。

综上构建了约束满足模型的约束条件集合,其中规划周期约束、执行时效性约束、活动间时序关系约束、电能约束、带宽约束和航天员工作安全性约束均为硬约束,在规划时必须满足;航天员工作时间约束是软约束,在规划时根据需求对约束的松弛程度进行限定。

4. 规划目标

约束满足模型是从初始方案出发,获得满足各项硬约束的可行解,所以规划目标定义为没有违反硬约束冲突,即

$$O = \{\text{Conflictsx}\} = \varnothing \{\text{SearchStrategy}\} \tag{6.3.12}$$

6.3.2 评价指标模型

问题求解完成后需要设计合理、切合工程实际的评价指标模型,对任务执行方案进行综合评价,便于规划者全面掌握规划周期内任务的执行情况,顺利开展后续的任务调整和资源分配等工作。

综合考虑空间站运营需求,本节主要从运营安全性、需求满足性和应用效益性3个方面对规划结果方案进行分析,建立空间站运营在轨任务规划评价指标模型。

1. 运营安全性指标

在轨任务规划的基本目标是确保航天员安全驻留和平台稳定运行,这是开展在轨任务规划的基本前提,因此必须确保与之相关的任务被安排进规划方案,这里提出了安全类任务完成度指标。

安全类任务完成度定义为空间站安全类任务的执行数量与安全类任务的总数量之比。其指标模型为

$$f_{\text{ExcuteScurity}(s)} = \left[\text{Excute}(\text{Mission}_{\text{security}(s)} ? \ 1 : 0 \right] \tag{6.3.13}$$

$$F_{\text{security}} = \frac{\sum_{s=1}^{N_s} f_{\text{ExcuteScurity}(s)}}{N_s} \times 100\% \tag{6.3.14}$$

式中:F_{security} 为安全类任务完成度指标;$f_{\text{ExcuteScurity}(s)}$ 为安全类任务 s 的执行状态;1 表示任务执行,0 表示任务未被执行;N_s 为安全类任务的总个数,该指标值越大,表明空间站运营越安全。

2. 需求满足性指标

需求满足性指标主要用来衡量规划周期内全部任务或某一类任务的完成度,这里主要针对工程各系统需求提出满足性指标。

1)总体任务完成度

总体任务完成度定义为任务执行数量与总规划任务数之比。其指标模型为

$$f_{\text{total}(i)} = \left[\text{Excute}(\text{Mission}_i)?\ 1 : 0 \right] \qquad (6.3.15)$$

$$F_{\text{completion}} = \frac{\sum\limits_{i=1}^{N_M} f_{\text{total}(i)}}{N_M} \times 100\% \qquad (6.3.16)$$

式中：$F_{\text{completion}}$ 为总体任务完成度指标；N_M 为规划任务的总个数，这是衡量总体任务完成情况的重要指标，该指标值越大，表明总体任务的完成情况越好。

2）航天员系统任务完成度

航天员系统任务完成度定义为执行的航天员系统任务与航天员系统提交的总规划任务数之比。其指标模型为

$$f_{\text{Astronaut}(a)} = \left[\text{Excute}(\text{Mission}_{\text{Astronaut}(a)}?\ 1 : 0 \right] \qquad (6.3.17)$$

$$F_{\text{completion }A} = \frac{\sum\limits_{a=1}^{N_A} f_{\text{Astronaut}(a)}}{N_A} \times 100\% \qquad (6.3.18)$$

式中：$F_{\text{completion }A}$ 为航天员系统任务完成度指标；N_A 为航天员系统提交的规划任务总个数，这是衡量航天员系统任务完成情况的重要指标，该指标值越大，表明航天员系统的任务完成情况越好。

3）空间应用系统任务完成度

空间应用系统任务完成度定义为执行的空间应用系统任务与空间应用系统提交的总规划任务数之比。其指标模型为

$$f_{\text{Utility}(u)} = \left[\text{Excute}(\text{Mission}_{\text{Utility}(u)})?\ 1 : 0 \right] \qquad (6.3.19)$$

$$F_{\text{completion }U} = \frac{\sum\limits_{u=1}^{N_U} f_{\text{Utility}(u)}}{N_U} \times 100\% \qquad (6.3.20)$$

式中：$F_{\text{completion }U}$ 为空间应用系统任务完成度指标；N_U 为空间应用系统提交的规划任务总个数。这是衡量空间应用系统任务完成情况的重要指标，该指标值越大，表明空间应用系统的任务完成情况越好。

4）空间站平台系统任务完成度

空间站平台系统任务完成度定义为执行的空间站平台系统任务与空间站平台系统提交的总规划任务数之比。其指标模型为

$$f_{\text{Platform}(p)} = \left[\text{Excute}(\text{Mission}_{\text{Platform}(p)})?\ 1 : 0 \right] \qquad (6.3.21)$$

$$F_{\text{completion\_}P} = \frac{\sum\limits_{p=1}^{N_P} f_{\text{Platform}(p)}}{N_P} \times 100\% \qquad (6.3.22)$$

式中:$F_{\text{completion}\_P}$为空间站平台系统任务完成度指标;N_P为空间站平台系统提交的规划任务总个数,这是衡量空间站平台系统任务完成情况的重要指标,该指标值越大,表明空间站平台系统的任务完成情况越好。

3. 应用效益性指标

应用效益性指标是衡量空间站运营收益性及经济性的重要指标,这里主要提出应用收益性和应用人时利用率两类指标。

1) 应用收益率

应用收益率定义为任务执行方案中所有空间应用类任务的收益值之和与全部空间应用类任务的总收益值之比,空间应用类任务由各系统的空间应用试验任务组成。其指标模型为

$$f_{\text{Application}(u)} = \left[\, \text{Excute}\left(\text{Mission}_{\text{Application}(u)} ? \ 1 : 0\right)\right] \tag{6.3.23}$$

$$F_{\text{profitablity}} = \frac{\displaystyle\sum_{u=1}^{N_{\text{AP}}}\left[f_{\text{Application}(u)} \cdot \text{Benefit}(u)\right]}{\text{TotalValue}} \times 100\% \tag{6.3.24}$$

式中:$F_{\text{profitablity}}$为应用收益性指标;N_{AP}为空间应用类任务的总个数;$\text{Benefit}(u)$为空间应用类任务 u 的收益值;TotatlValue 为所有空间应用类任务的总收益值,该指标值越大,表明空间站运营的收益性越高。

2) 应用人时利用率

应用人时利用率定义为执行方案中航天员用于执行空间应用类任务的工作时间与规划周期中航天员可用工作人时之比。其指标模型为

$$F_{\text{humanhour}} = \frac{\displaystyle\sum_{u=1}^{N_{\text{AP}}}\left[f_{\text{Application}(u)} \cdot \left(\text{Activity}_{\text{Application}(u,i)} \cdot \text{Dur}_i \cdot \text{AstNum}\right)\right]}{\text{PlanDay} \cdot \text{DailyWorkTime}} \times 100\%$$

$$\tag{6.3.25}$$

式中:$F_{\text{humanhour}}$为应用人时利用率指标;$\text{Activity}_{\text{Application}(u,i)}$为空间应用类任务 u 所含的第 i 个活动;Dur_i 为活动 i 的执行时长;AstNum 为执行参与该活动的航天员人数;PlanDay 为规划周期所含天数;DailyWorkTime 为航天员每天的工作人时,该指标值越大,表明航天员在轨工作的效益性越大。

6.4　启发式规划策略与算法

▲6.4.1　规划策略

考虑空间站运营"安全第一"的总体设计原则,首先将任务进行分层处理,

在确保空间站运营安全性的前提下,制定每一层任务的启发调度规则,在上一层规划方案的基础上,结合基于局部搜索的任务动态插入算法,开展本层任务规划,最终获得问题的可行解(满意解)。

1. 分层规划策略

分层规划策略的核心是任务分层准则和规划算法,其中准则主要依据任务特性和规划需求确定,如可以根据任务所属不同工程系统或任务优先级进行分层。本章提出的分层规划策略主要从满足空间站运营安全性和效益性需求和任务重要程度出发对任务进行分层,具体的任务分层准则如下。

(1)第一层:为保证航天员在轨安全驻留及平台安全运行必须完成的任务,如不能按时进行将引起航天员紧急撤离或平台紧急重大故障,甚至直接威胁航天员生命安全的任务及临时指令性任务。

(2)第二层:为保证在轨航天员安全驻留及平台正常运行而需要完成的任务及具有重大影响力且必须完成的空间应用类任务,如为保障航天员正常工作生活的乘员设备和航天服定期更换、平台设备计划性维护维修任务及航天员出舱任务等。

(3)第三层:空间站在轨设备视情或计划性维护维修以及较为重要的空间应用类任务,如科普教育在轨实施、舱外载荷试验以及有特定条件要求时对应用任务成败有影响的任务等。

(4)第四层:其他一般性空间应用类事件及为保障空间应用类事件正常运行而需要完成的任务,如空间科学技术实验、空间应用技术试验事件、试验设备计划性维护及更换事件等。

由此将全部规划任务分解为 4 个层次,每个层次采取不同的规划策略进行规划,主要规划流程如图 6.4.1 所示。

2. 规划预处理策略

空间站运营在轨任务规划的基本输入是上一级任务规划所得的执行任务列表和当前工程规划需求,在开展规划前,需要对输入的初始规划信息进行预处理操作,主要包括任务分解、活动信息匹配及任务分层,以获得在轨任务规划所需的完整规划信息。

1)任务分解

根据任务的发生频次,可将任务划分为周期执行任务、单次执行任务、多次执行任务和随机执行任务四类,规划前需要根据需求对周期任务和多次任务进行分解操作。

(1)周期执行任务分解策略。按照周期执行任务的发生间隔时间,以任务第一次执行的时间区间为基准,将周期执行任务在规划时间内分解成多个单次

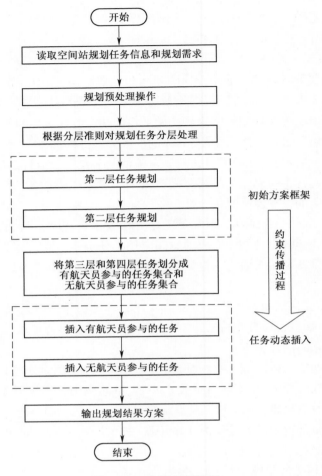

图 6.4.1　主要规划流程

执行任务。

$$
\begin{cases}
\text{Mission}_{\text{cycle}(k,i)} \cdot \text{EarlyStartdate} = \text{Mission}_{\text{Cycle}(k,1)} \cdot \text{EarlyStartdate} + \text{InterTime} \cdot i \\
\text{Mission}_{\text{cycle}(k,i)} \cdot \text{LateEnddate} = \text{Mission}_{\text{cycle}(k,1)} \cdot \text{LateEnddate} + \text{InterTime} \cdot i \\
i = \{2,3,\cdots,N_c\}
\end{cases}
$$

$$(6.4.1)$$

式中：$\text{Mission}_{\text{cycle}(k,i)}$ 为第 i 次执行的周期执行任务 k；$\text{Mission}_{\text{cycle}(k,1)}$ 为第一次执行的周期执行任务 k；InterTime 为周期执行任务 k 的执行间隔时间；N_c 为周期执行任务 k 的执行总次数。

（2）多次执行任务分解策略。多次执行任务指在某个时间段内执行一次以上的任务,但其没有明确的时间间隔要求,考虑将多次执行任务根据其发生次数在规划时间内均匀排布,将其分解成多个单次执行任务。

$$
\begin{cases}
\text{AveInterval} = \dfrac{\text{Mission}_{multi(k,0)} \cdot \text{LateEnddate} - \text{Mission}_{multi(k,0)} - \text{EarlyStartDate}}{\text{Mission}_{multi(k,0)} \cdot \text{ExcuteNum}} \\
\text{Mission}_{multi(k,j)} \cdot \text{EarlyStarDate} = \text{Mission}_{multi(k,0)} \cdot \text{EarlyStarDate} + \text{AveInterval} \cdot j \\
\text{Mission}_{multi(k,j)} \cdot \text{LateEnddate} = \text{Mission}_{multi(k,j)} \cdot \text{EarlyStartDate} + \text{AveInterval} \\
j = \{1, 2, \cdots, \text{Mission}_{multi(k,0)} \cdot \text{ExcuteNum}\}
\end{cases}
$$

$$(6.4.2)$$

式中:$\text{Mission}_{muliti(k,0)} \cdot \text{ExcuteNum}$ 为多次执行任务 k 的执行总次数;AveInterval 为分解成单次执行任务后每个任务的可执行时间区间长度;$\text{Mission}_{multi(k,j)}$ 为多次执行任务 k 分解后获得的第 j 个单次执行任务。

2)活动信息匹配

上一级规划并不关注每个任务的具体执行需求,因此其提供的执行任务列表信息未包含有任务执行涉及的相关活动执行信息,而在轨任务规划需要确定规划周期内每个活动的具体执行情况,因此在对任务进行分解处理后,需要进行相关活动信息的匹配操作,组成相对应的单活动任务和多活动任务,最终得到在轨任务规划所需的任务活动规划信息。

3)任务分层

任务优先级是衡量任务重要程度的一个关键指标,本章设定空间站任务优先级划分为 6 级,随着评级数值的增大,其重要程度依次降低。在规划前,需要确定任务优先级与本章构建的不同在轨任务层次的对应关系。根据 6.4.1 小节前面提出的任务分层准则和工程优先级综合评定标准,第一、二层任务分别对应优先级 1级和 2 级的任务,第三、四层任务分别对应优先级 3 级和 4/5/6 级任务。

3. 初始方案构造策略

初始方案构造主要是按照一定的规则,搭建保证航天员安全驻留及平台稳定运行相关任务(第一层和第二层任务)的基本执行框架,其他任务在此框架约束下进行调度安排。

在初始方案的生成过程中,主要需要解决以下几点问题。

(1)任务的选择规则和触发条件,即按照什么规则在多个任务中选择一个任务优先调度和在什么时间执行任务。

(2)任务安排的可行性判断,即如何判断当前时刻对安排的任务是否可行。

(3)约束传播影响,即安排一个任务后,如何更新后续其他任务的约束条件。

针对上述问题,下面给出初始方案的主要构造方法。

1）第一层任务规划

（1）任务选择规划。设 $M = \{M_1, M_2, \cdots, M_i, M_{UN}\}$ 为所有待规划的任务集合，M_i 表示集合中第 i 个待规划任务，UN 表示待规划任务的总个数。由于第一层任务的优先级相同，因此在任务选择时主要考虑任务的执行时间需求，即在集合 M 中选择具有最早可开始时间的任务，如果有多个任务具有相同的最早开始时间，则根据任务执行宽松度进行选择，选择执行宽松度最小的任务，下面给出任务执行宽松度的基本定义。

下面将任务执行宽松度定义为任务的可调整执行时间区间的长度，其公式为

$$\text{ExcRela}(M_i) = M_i.\text{LasStartdate} - M_i.\text{EarlyStartdate} \quad (6.4.3)$$

式中：$\text{ExcRela}(M_i)$ 为任务 i 的执行宽松度；LastStartdate 为任务的最晚开始执行时间。

综上，第一层任务的选择指标为

$$f_{I-1} = M_i.\text{EarlyStartTime} \quad (6.4.4)$$

$$f_{I-2} = \text{ExcRela}(M_i) \quad (6.4.5)$$

首先根据指标 f_{I-1} 找出具有最早开始时间的任务，若任务不唯一，则再在具有相同最早开始时间的任务集合中通过指标 f_{I-2} 进行选择。

（2）任务触发条件。由于规划任务均具有一定的执行时间裕度，即具有柔性起始时间，因此任务触发规则主要根据规划需求确定。对于选择的任务 M_i 来说，其触发条件为

$$\text{TriggerCondition}(M_i) = M_i.\text{EarlyStartTime} + \text{DelayTime}(M_i) \quad (6.4.6)$$

$$\text{DelayTime}(M_i) = \alpha \cdot (M_i.\text{LastStartTime} - M_i.\text{EarlyStartTime})$$

$$(6.4.7)$$

式中：$\text{DelayTime}(M_i)$ 为任务 i 的发生延迟时间；$\alpha \in [0,1]$ 为任务发生延迟系数。

考虑到第一层任务均为优先级 1 级的重要任务，任务设计者一般希望该类任务尽可能在最早的时间安排，以便预留更多的时间满足任务的调整需求。因此，取发生延迟系数 $\alpha = 0$，第一层任务的触发条件为

$$\text{TriggerCondition}(M_i) = M_i.\text{EarlyStartTime} \quad (6.4.8)$$

（3）任务安排的可行性判断和约束传播影响分析。在选择任务并给定任务开始时间后，通过检测任务在其执行时间内是否满足 6.3.1 小节"3. 约束条件"中的所有约束来判断该任务是否可行。如果当前时刻任务执行存在约束冲突，则判定为不可执行，此时通过迭代，延迟冲突任务的开始时间，重复进行可行性判断，直到满足约束为止。

在该任务完成后,其对后续任务的执行状态影响,主要通过从下一个任务的起始时间开始往后迭代检测约束满足情况,来更新任务的开始执行时间。

（4）基本规划流程。为了更加清晰地描述任务规划过程,首先建立任务规划相关的任务执行状态集合。设 M_t 为待规划的任务集合,指在当前时刻 F_t 还未被规划的所有任务;t 为已经完成的任务集合,指在当前时刻 t 已经执行完成的任务;U 为不可执行的任务集合。第一层任务规划的基本流程如图 6.4.2 所示。

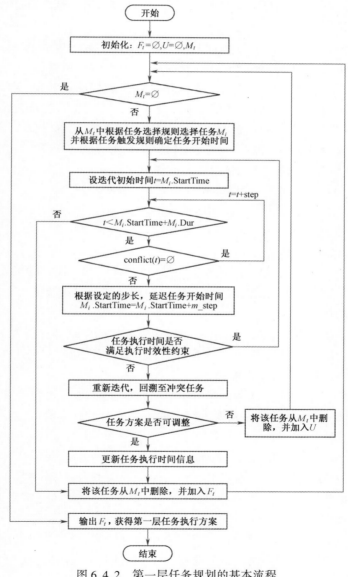

图 6.4.2　第一层任务规划的基本流程

167

主要规划步骤如下。

步骤1：初始化规划任务状态集合 M_t、F_t 和 U。

步骤2：判断 M_t 是否为空，如果为空，则转到步骤8。

步骤3：在 M_t 中根据任务选择规则，选择下一个需要规划的任务，并根据任务触发条件确定该任务的起始时间。

步骤4：在该任务执行时间区间内展开迭代，设定初始迭代时间为任务的起始时间，迭代终止时间为任务结束时间，判断当前时刻是否迭代终止，若满足终止条件则转到步骤7。

步骤5：判断当前时刻任务执行的约束满足情况，若约束不满足，则延后任务的起始时间，转到步骤6；若约束满足，则返回步骤4继续迭代。

步骤6：判断更新后的任务执行时间是否满足规划周期约束，若满足，则返回步骤4继续迭代；若不满足，则首先通过迭代回溯找到与该任务执行冲突的任务，重新搜索冲突任务的可执行时间区间，调整任务执行方案，若方案无法调整，则将该任务从 M_t 中删除并放入 d 中，转到步骤2；若方案可调整，即当前任务可以执行，则更新任务执行时间信息，转到步骤7。

步骤7：将该任务从 M_t 中删除并放入 F_t 中，转到步骤2。

步骤8：输出 F_t，获得第一层任务规划方案。

步骤9：规划结束。

2）第二层任务规划

根据任务分层准则，第二层任务主要是空间站设备计划性维护维修及更换，这类任务均需航天员参与完成，因此在第二层任务规划时主要考虑了航天员每天工作人时的均衡性。

（1）任务选择规则。采用与第一层任务规划相同的任务选择规划，即在待规划任务集合中找出具有最早开始时间的任务，若任务不唯一，则选择执行需求最紧迫的任务（任务执行宽松度最小）。

（2）任务触发条件。设 $WH_i = \{ wh_{i(1)}, wh_{i(2)}, \cdots, wh_{i(d)} \}$ 表示第一层规划方案在任务 M_i 可执行区间内航天员每天的工作人时统计集合，d 表示 M_i 的可选执行天数，即

$$d = M_i. \text{LateEnddate} - M_i. \text{EarlyStartdate} \tag{6.4.9}$$

在 WH_i 中找出具有最小航天员工作人时的一天，放入该任务。例如，设 M_i 的可执行区间为2023年1月1日到2023年1月4日，完成该任务需要2人时，根据准则，从任务最早开始日期向后搜索，搜索深度为 $d=3$（3天），统计当前方案在搜索日期内航天员每天的工作人时情况，得到集合 $WH_i\{4,6,2\}$，其中 $wh_{i(3)} = \min WH_i = 2$，则将该任务安排到1月3日执行，更新任务执行方案，得到

新集合 $WH'_i = \{4, 6, 4\}$，尽量使航天员每天工作人时均衡。

调度完成后，找到与该任务不相容(占用相同资源,不可同时执行)的任务集合,设定该任务的触发条件为不相容任务集合中任务的最晚结束时间。

$$
\begin{cases}
\text{InCompatible}(M_i) = \{M_1\text{EndTime}, M_2. \text{EndTime}, \cdots, M_{\text{IC}}. \text{EndTime}\} \\
\text{TriggerCondition}(M_i) = \max\text{InCompatible}(M_i)
\end{cases}
$$

$$(6.4.10)$$

式中:EndTime 为任务的结束时间;InCompatible(M_i)为与任务 M_i 不相容任务的结束时间的集合。

(3) 任务安排的可行性判断和约束传播影响分析。通过检测任务在其执行时间内是否满足 6.3.1 小节"3. 约束条件"中的所有约束来判断该任务是否可执行,若判定为不可执行,则重新对任务进行分配,检测约束满足情况。需要注意的是,第二层任务是在第一层任务规划方案的基础上开展的规划调度,受第一层方案的约束影响,但不对第一层方案进行调整。

(4) 基本规划流程。第二层任务规划的基本流程如图 6.4.3 所示,其规划步骤如下。

步骤 1:读取第一层任务规划方案 F_1 和第二层待规划任务集合 M_t。

步骤 2:判断 M_t 是否为空,如果为空,则转到步骤 7。

步骤 3:在 M_t 中根据任务选择规则,选择下一个需要规划的任务 M_i。

步骤 4:设 M_i 的可执行日期集合为 ExcDay_i,判断 ExcDay_i 是否为空,若为空则将该任务从 M_t 中删除并放入 U 中,转到步骤 2;否则,计算并统计当前方案在集合 ExcDay_i 中每个日期对应的航天员工作人时,得到 WH_i,将任务安排在具有最少工作人时的日期执行,并根据触发条件确定任务的起始时间。

步骤 5:检测任务执行时间内的约束满足情况,若约束不满足,则延后任务的起始时间,转到步骤6;若约束满足,则将该任务从 M_t 中删除并放入 F_t 中,转到步骤 2。

步骤 6:判断任务新执行时间是否满足航天员工作时间约束,如不满足,则在 ExcDay_i 中删除当前任务执行所在日期,转到步骤 4;如果满足,则转到步骤 5。

步骤 7:输出 F_t,得到初始方案执行框架。

步骤 8:规划结束。

当 $U \neq \varnothing$,即有第一层或第二层任务没有得到执行时,将未执行任务信息反馈给工程总体,对任务执行需求进行调整。由此,得到分层规划的初始方案执行框架,下面将介绍基于此框架的第三层和第四层任务的动态插入算法。

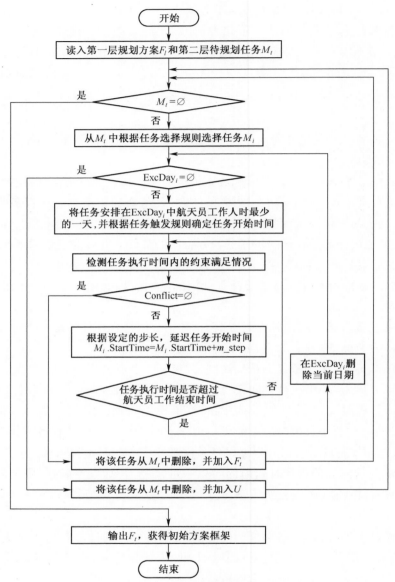

图 6.4.3　第二层任务规划的基本流程

6.4.2　规划算法

在满足空间站运营安全性的基础上,任务设计者一般期望实现空间应用收益及人时利用率的最大化。本章结合启发式局部搜索算法,首先对第三层和第四层任务中需航天员参与完成的任务进行直接插入处理,在此基础上,根据启发规则,对空间站其他任务进行动态插入处理。

1. 局部搜索算法

局部搜索算法的基本思想:从一个初始解出发,以迭代的方式反复尝试在当前解的某种邻域内,寻找一个更好的解并替代当前解[20]。算法的性能与初始解生成、搜索停止规则、邻域结构设计以及候选解搜索策略密切相关,下面介绍本章采用的启发式局部搜索算法。

1)初始解生成

初始解一般通过既定的启发式规则来构造,本章以初始任务执行方案作为算法的初始解。

2)搜索停止规则

以最大迭代次数作为算法的搜索停止规则。

3)邻域结构设计

将新任务插入到原有方案中,一般有 3 种情况:一是任务的插入位置满足所有约束,则该任务可直接插入;二是任务的插入位置与其他任务存在冲突,但可以通过迭代调整原有方案使任务满足插入条件;三是任务的插入位置与其他任务存在冲突,但通过调整方案无法满足任务插入条件,此时则进行替换操作,以优先级高的任务替换优先级低的任务。

针对上述情况,本章设计了以下 3 种邻域结构。

(1)直接插入邻域。该邻域指在不改变原有任务执行方案的前提下,把新任务插入到约束满足的可行时间区间内,得到新任务方案。直接插入邻域如图 6.4.4 所示,图中 est_i 和 let_i 分别表示任务 M_i 的最早开始时间和最晚结束时间。其相关算法在下一小节中介绍。

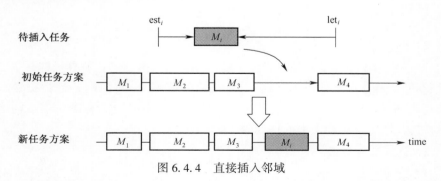

图 6.4.4　直接插入邻域

(2)迭代插入邻域。该邻域是指当新任务无法直接插入到原有任务执行方案时,考虑对原方案任务进行调整,在不违反约束的条件下,通过迭代的方式移动原方案中的某个任务,实现新任务的插入,同时移动的任务也可以执行。迭代插入邻域如图6.4.5所示。其相关算法将在下面介绍。

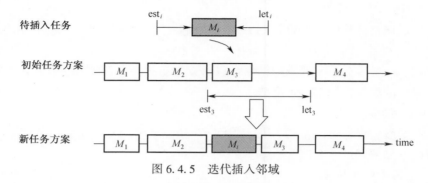

图6.4.5　迭代插入邻域

（3）替换插入邻域。该邻域是指当上述两种任务插入方法都无法实现新任务插入,而新任务又具有较高的优先级时,考虑将原任务执行方案中优先级较低的任务删除,以实现新任务插入。替换插入邻域如图6.4.6所示。其相关算法将在下面介绍。

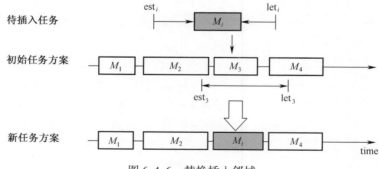

图6.4.6　替换插入邻域

4）候选解搜索策略

本章采用贪婪算法的基本思想是对候选解进行搜索。贪婪算法的基本思想是根据问题特性及规划需求,按照既定的启发式规划,对候选解进行贪婪选择（根据当前状态做出在当前看来是最好的选择,即局部最优选择）,逐步构造可行解,最终获得某种意义上的局部最优解[21]。

2. 直接插入算法

1）基本思想

在不改变当前任务执行状态的前提下,按照某种规则对待插入任务进行排序,依次判断待插入任务是否能在满足各项约束的条件下,直接插入到当前任务的执行序列中。表 6.4.1 给出了几种典型的任务排序策略。

表 6.4.1 典型的任务排序策略

排序规则	任务 M_i 的排序指标
优先级优先	$f_i = M_i.\text{Priority}$
宽松度优先	$f_i = \text{ExcRela}(M_i)$
自由度优先	$f_i = \sum_{j=1}^{J} M_i.\text{IntervalTime}_j$
可选度优先	$f_i = J$
长执行时长优先	$f_i = \text{Mission}_i.\text{Dur}$
短执行时长优先	$f_i = \dfrac{1}{\text{Mission}_i.\text{Dur}}$
最早开始时间优先	$f_i = M_i.\text{EarlyStartTime}$
随机排序	$f_i = \text{Random}[1,n]$

在表 6.4.1 中,IntervalTime_j 表示任务 M_i 的满足插入条件的时间区间的长度;J 表示任务 M_i 的满足插入条件的时间区间的个数;n 表示待插入任务的总个数。

本章主要采用优先级优先的排序规则选择待插入任务,在选择满足插入条件的可行时间区间时,考虑到区间的需求程度,即如果有多个任务可占用该区间实现插入,则该区间的需求度较高,尽可能避开与其他待插入任务冲突的时间区间,以使更多的任务得到执行。

(1) 待插入任务 M_i 的选择规划。

① $\max(P + M_i.\text{Priority})$,其中 P 表示当前任务方案的任务优先级之和。

② M_i 至少具有一个满足插入条件的时间区间。

(2) 插入区间选择规则。

选择任务可插入时间区间冲突度最小的区间安排任务,这里给出任务 M_i 的可插入时间区间冲突度的定义,即

$$\text{Conflict}(\text{tl}_{i(k)}) = \text{TLNum}_{i(k)} \tag{6.4.11}$$

式中:$\text{tl}_{i(k)}$ 为任务 M_i 的第 k 个满足插入条件的时间区间;$\text{TLNum}_{i(k)}$ 为可占用该区间实现插入的待插入任务的数量。

2) 任务直接插入过程

任务直接插入过程如图 6.4.7 所示。

主要规划步骤如下。

步骤 1:给定当前任务执行状态和待插入任务集合。

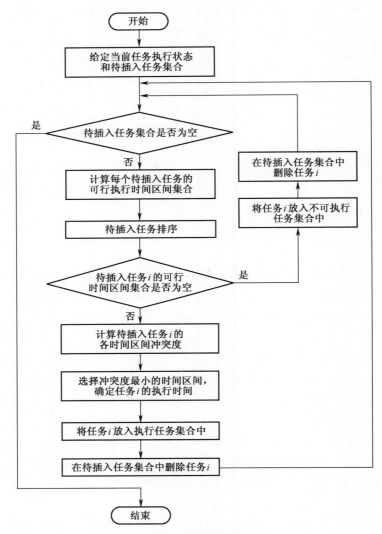

图 6.4.7　任务直接插入过程

步骤 2：判断待插入任务集合是否为空，若为空，则转到步骤 6。

步骤 3：计算每个待插入任务的满足插入条件的时间区间，得到可行时间区间集合 $TL = \{tl_1, tl_2, \cdots, tl_J\}$，判断集合是否为空，若为空，则将该任务从待插入任务集合中删除，放入不能执行任务集合中，转到步骤 2。

步骤 4：计算该任务的每个可插入时间区间的冲突度，将其安排在具有最小冲突度的时间区间内，并确定任务的起始时间。

步骤 5：将该任务从待插入任务集合中删除，放入已执行任务集合，更新当前任务执行方案,转到步骤 2。

步骤 6:任务插入结束。

3. 迭代搜索算法

1) 基本思想

当待插入任务无法直接插入到当前任务执行方案中,即不存在满足直接插入条件的时间区间时,在不删除当前已调度任务的前提下,暂时生成一个不可行的任务方案,采用迭代的方式,通过任务的移位操作,对不可行方案进行约束冲突修复,最后获得满足约束的可行方案,实现新任务的插入。

迭代插入主要需要确定移位任务选择规则和迭代终止条件。

(1) 移位任务选择规则。在与待插入任务有约束冲突的冲突任务集合中,选择优先级最小的一个作为移位任务,当优先级相同时,优先选择无航天员参与的任务作为移位任务。

(2) 迭代终止条件。迭代以待插入任务的开始时间为起点,到冲突任务的最晚结束时间为止,冲突任务可以进行向前或向后移位操作,但考虑到约束传播的影响,这里主要采用延后冲突任务开始时间(向后移位)的策略进行冲突修复。

2) 任务迭代插入过程

任务迭代插入过程如图 6.4.8 所示,步骤如下。

步骤 1:给定当前任务执行状态和待插入任务集合。

步骤 2:判断待插入任务集合是否为空,若为空,则转到步骤 6。

步骤 3:对待插入任务进行排序选择,并确定任务的开始时间。

步骤 4:检测迭代终止条件是否满足,若满足则将该任务从待插入任务集合中删除,放入不能执行任务集合中,转到步骤 2;否则,选择移位操作任务,进行约束冲突修复。

步骤 5:判断约束满足情况,若约束满足则将该任务从待插入任务集合中删除,放入已执行任务集合,更新当前任务执行方案,转到步骤 2;若不满足,则转到步骤 4。

步骤 6:任务插入结束。

4. 替换搜索算法

1) 基本思想

在某些情况下,上述两种任务插入算法无法实现新任务的插入。如果该任务具有较高的优先级,则需在当前任务执行序列中删除某些低优先级的任务,以保证高优先级任务的插入,从而使整体方案更优。

在任务替换算法中需要明确任务的替换规则。考虑将新任务 M_i 的最早开

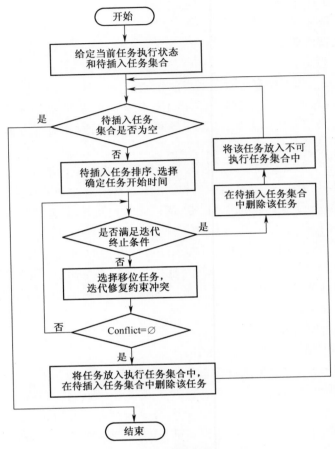

图 6.4.8 任务迭代插入过程

始时间到最晚结束时间作为搜索空间,以既定的步长,搜索当前任务执行序列在给定时间段(新任务执行时长)内执行的任务集合,汇总得到一系列任务集合 $ET = \{ET_1, ET_2, \cdots, ET_m\}$,统计每个子任务集合的优先级之和,替换规则为

$$\begin{cases} \text{Replace} & M_i.\text{Priority} > \min \text{Priotity}(ET) \\ \text{UnReplace} & M_i.\text{Priority} < \min \text{Priotity}(ET) \end{cases} \quad (6.4.12)$$

式中:$\min \text{Priotity}(ET)$ 为集合 ET 中最小的子任务集优先级之和,若待插入任务优先级高于最小的子任务集优先级之和,则替换该子任务集合,否则任务不替换。

本章考虑在满足高优先级任务执行的情况下,对替换的任务再进行直接插入处理,以安排更多的任务。

176

2）任务替换插入过程

任务替换插入过程如图 6.4.9 所示。

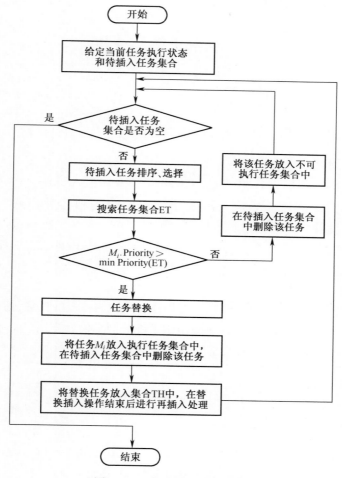

图 6.4.9　任务替换插入过程

主要规划步骤如下。

步骤 1：给定当前任务执行状态和待插入任务集合。

步骤 2：判断待插入任务集合是否为空，若为空，则转到步骤 5。

步骤 3：对待插入任务进行排序选择，在 $[\,\text{est}_i,\text{let}_i\,]$ 搜索待插入任务 M_i 的执行任务集合 ET，判断 M_i 的优先级是否大于集合 ET 中最小的子任务集优先级之和，若大于则 M_i 替换具有最小优先级之和的子任务集中的所有任务，将替换的任务放到集合 TH 中；否则，将该任务从待插入任务集合中删除，放入不能执行

177

任务集合中,转到步骤2。

步骤4:若 TH 不为空,则对集合 TH 中的任务进行直接插入操作。

步骤5:任务插入结束。

6.5 算例求解与分析

本节通过一个在轨任务规划的算例来说明上述启发式规划方法的有效性。

6.5.1 算例配置

1. 规划周期

设 2022 年 12 月 31 日第 N_{crew} 批乘组共 3 人随载人飞船 Z 号发射,并于 2023 年 1 月 1 日与空间站交会对接;3 月 30 日第 N_{crew}+1 批乘组共 3 人随载人飞船 Z+1 号发射,31 日与空间站交会对接,4 月 1 日第 N_{crew} 批乘组返回。载人飞船 Z 号往返期间(2023 年 1 月 1 日至 2023 年 4 月 1 日)即为在轨任务的规划周期。

2. 规划信息列表

表 6.5.1 至表 6.5.4 分别给出了规划任务周期内涉及的任务、活动、设备和航天员信息,由于数据量较大,表中只给出了部分规划信息样例。

表 6.5.1 任务信息列表

航天员系统在轨任务								
编 号	名 称	优先级	频次	最早开始时间	最晚结束时间	执行次数	执行周期	发生频次
2301010001	医监医保	2	周期	2023 年 1 月 2 日	2023 年 1 月 3 日	13	7	—
2301020003	航天员听力研究	5	多次	2023 年 1 月 1 日	2023 年 4 月 1 日	23	—	4
2301030004	航天员出舱活动	1	单次	2023 年 3 月 6 日	2023 年 3 月 7 日	—	—	—
......								
空间应用系统在轨任务								
2302010001	科普教育 1	2	单次	2023 年 1 月 23 日	2023 年 1 月 27 日	—	—	—
2302010005	流体物理类试验	4	多次	2023 年 1 月 1 日	2023 年 4 月 1 日	15	—	6
2302030001	舱内试验柜维修 1	3	单次	2023 年 1 月 30 日	2023 年 2 月 1 日	—	—	—
......								
空间站平台系统在轨任务								
2303010002	密封舱氮气补给	1	周期	2023 年 1 月 5 日	2023 年 1 月 6 日	—	7	—

（续）

空间站平台系统在轨任务								
2303020001	机械臂操作试验	3	多次	2023 年 1 月 10 日	2023 年 2 月 15 日	6	—	6
2303040001	推进剂补加 1	1	单次	2023 年 1 月 23 日	2023 年 1 月 26 日	—	—	—
......								

注：表中的执行周期（间隔天数）和发生频次（天/次）分别给出了周期执行任务和多次执行任务的执行信息。

表 6.5.2 活动信息列表

航天员系统在轨活动								
编 号	名 称	时长 /h	带宽 /(Mb/s)	航天员	设备	时序关系活动名称	时序类型	时间节点 /h
230101000101	医监医保	1	20	A、B、C	WZ001	—	—	—
230102000301	在轨噪声对航天员听力影响研究	1	0	A、B、C	WZ002	—	—	—
230103000401	出舱准备	1.5	240	A、B、C	WZ003	—	—	—
230103000402	出舱活动	4	500	A、B、C	WZ004	出舱准备	延后	0
......								
空间应用系统在轨活动								
230201000101	教育准备 1	1	100	B、C	WZ002	—	—	—
230201000102	教育演示 1	1.5	300	A	WZ005	教育准备 1	延后	0.3
230201000501	流体物理类试验	2	23	A	WZ006	—	—	—
230203000101	舱内试验柜计划性维护维修	3	150	A、B、C	WZ007	—	—	—
......								
空间站平台系统在轨活动								
230301000201	密封舱氮气维持补给	1	80	A	WZ008	—	—	—
230302000101	机械臂操作终端技术试验	2	60	B、C	WZ004	—	—	—
230304000101	推进剂补加 1	10			WZ009	—	—	—
......								

表 6.5.3　设备信息列表

编　号	名　　称	负载能力	功率/W
WZ001	医监医保设备	1	320
WZ002	笔记本	3	120
WZ003	综合性检测设备	1	500
WZ004	机械臂/设备	1	3000
WZ005	教育演示设备	1	1200
WZ006	试验机柜 1	1	200
WZ007	维护设备	1	2000
WZ008	氮气补漏装置	1	1000
WZ009	推进剂补加设备	1	1800
……			

表 6.5.4　航天员信息列表

编　号	名　　称	技　能
3001	航天员 A	指令长
3002	航天员 B	飞行员
3003	航天员 C	载荷专家

3. 规划预处理

采用 6.4.1 小节"2. 规划预处理策略"中对上述规划信息进行处理,包括任务分解、活动信息匹配和分层。图 6.5.1 展示了一个完整的规划任务信息。

```
<Mission>
    <ID>23010100011</ID>
    <sName>医监医保</sName>
    <Type>航天员日常生活</Type>
    <Priority>2</Priority>
    <EarlyStartdate>2023-1-2</EarlyStartdate>
    <EndLatTime>2023-1-3</EndLatTime>
    <ActVec nAct = "1">
        <Activity>
            <ID>23010010001011</ID>
            <sName>医监医保</sName>
            <Dur>1</Dur>
            <Bandwidth>50</Bandwidth>
```

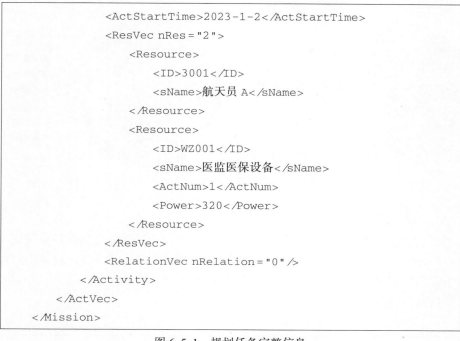

```
                    <ActStartTime>2023-1-2</ActStartTime>
                    <ResVec nRes="2">
                        <Resource>
                            <ID>3001</ID>
                            <sName>航天员 A</sName>
                        </Resource>
                        <Resource>
                            <ID>WZ001</ID>
                            <sName>医监医保设备</sName>
                            <ActNum>1</ActNum>
                            <Power>320</Power>
                        </Resource>
                    </ResVec>
                    <RelationVec nRelation="0"/>
                </Activity>
            </ActVec>
        </Mission>
```

图 6.5.1　规划任务完整信息

　　本算例在整个规划任务周期内的规划任务数为 774 个,表 6.5.5 和表 6.5.6 分别给出了不同系统和不同优先级任务的统计信息,图 6.5.2 和图 6.5.3 展示了对应任务的分布情况。

表 6.5.5　不同系统任务数量统计信息

工程系统	任务数量	占总任务量的比例/%
航天员系统	327	42.25
空间应用系统	370	47.80
空间站平台系统	77	9.96

表 6.5.6　不同优先级任务数量统计信息

优先级	任务数量	占总任务量的比例/%
1	42	5.43
2	75	9.69
3	187	24.16
4	154	19.90
5	150	19.38
6	166	21.45

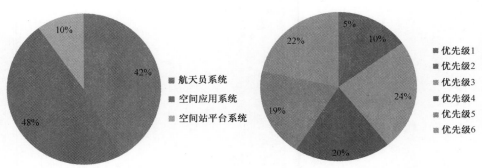

图 6.5.2　不同系统任务分布　　　　图 6.5.3　不同优先级任务分布

4. 在轨资源分配

目前,在轨任务规划中主要涉及到航天员工作人时、功耗及测控通信带宽等在轨资源的分配。表 6.5.7 给出了空间站运营的在轨资源分配情况,其中空间站额定功率和带宽是开展任务规划的硬约束条件,必须满足,而航天员工作时长可根据具体任务进行调整,是软约束条件。

表 6.5.7　空间站在轨资源分配情况

	额定功率/W	额定带宽/(Mb/s)	航天员额定工作时长/h
资源分配值	4000	500	8

同时,为了便于空间站运营管理,在轨航天员建立了天地同步的作息制度,在本算例中对航天员的作息制度设计为:周一到周五采用每天 8h 工作制,工作时间段为 8:00—12:00 和 14:00—18:00,主要完成空间载荷应用、平台维护维修以及航天员医学监测等任务;周六、周日尽量不安排空间应用类任务,航天员主要进行站务管理、天地视频通信、综合性体能训练等任务,但鉴于航天员工作人时的珍贵性,设定优先级高于 4 级的需要航天员参与的重要空间应用类任务可以占用周末时间执行,其他自动执行的空间应用类任务不受航天员作息制度的约束。

6.5.2　结果方案分析

1. 任务执行方案

在轨任务规划的结果方案是以月为单位的在轨操作概要,在轨操作概要仅给出任务的发生日期,并不精确到具体时刻。利用启发式分层规划算法对算例进行求解,在任务周期内共执行了 602 项任务。表 6.5.8 展示了 2023 年 1 月—2023 年 3 月的部分任务执行方案。

表 6.5.8　启发式规划结果任务执行方案

2023 年 1 月任务执行列表
2023 年 1 月 1 日	空间信号监测、空地量子密钥分配试验、生物技术试验 3、燃烧科学试验
2023 年 1 月 2 日	对地观测、医监医保、航天员身体机能测试 3、航天员身体机能测试 2、垃圾处理、失重心血管功能研究、生物技术试验 2、太空跑台定期维护维修、无容器材料试验
2023 年 1 月 3 日	空间冷原子干涉仪试验、远程医疗诊式验证、航天员身体机能测试 1、对地观测、流体物理类试验、垃圾处理、舱外载荷试验 3、垃圾处理、材料科学试验
……
2023 年 2 月任务执行列表
2023 年 2 月 1 日	燃烧科学实验、对地观测、锻炼装置定期维护维修、垃圾处理、舱外航天服维护、机械臂技术试验
2023 年 2 月 2 日	舱压维持 2、无容器材料试验、医学设备定期维护维修、失重心血管功能研究、高温材料科学试验
2023 年 2 月 3 日	空间信号监测、空地量子密钥分配试验、对地观测、舱压维持 1、液桥热毛细对流试验、航天员身体机能测试 3
……
2023 年 3 月任务执行列表
2023 年 3 月 1 日	对地观测、舱内独立载荷计划性更换、生物技术试验 2、锻炼装置定期维护维修、航天员身体机能测试 1
2023 年 3 月 2 日	空间信号监测、空地量子密钥分配试验、对地观测、舱压维持 2、生物技术试验 3、材料科学试验、流体物理类试验、垃圾处理
2023 年 3 月 3 日	对地观测、舱压维持 1、两相系统试验、医学设备定期维护维修、无容器材料试验、航天员身体机能测试 3
……

2. 方案可行性分析

　　通过检测规划结果方案的在轨资源约束满足情况,对其可行性进行分析,图 6.5.4 和图 6.5.5 分别展示了规划结果方案的功率和带宽的使用情况。从图中可以明显看出,规划结果方案满足空间站的额定功率及通信带宽约束。

　　图 6.5.6 至图 6.5.8 展示了 3 名航天员在规划任务周期内每月的工作时间统计情况。受航天员作息制度的限制(航天员每天工作开始时间为早上 8∶00,工作结束时间为 18∶00,其中 12∶00—14∶00 为午休时段),所有需航天员参与执行的任务必须在当天的[8∶00,18∶00]时间段内完成,同时较重要的任务

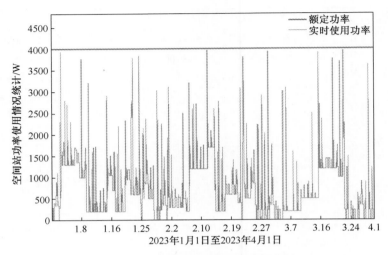

图 6.5.4　启发式规划结果方案功率使用情况

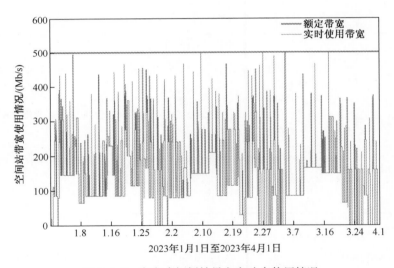

图 6.5.5　启发式规划结果方案功率使用情况

可以占用航天员的休息时间。因此，每名航天员的每天可用的最大工作时长为
10h，从图中分析可知，规划结果方案满足航天员的人时资源约束。针对航天员
工作时长大于 8h 的情况，在将规划结果方案提交工程部门后，其任务设计者可
以根据任务需求对方案进行调整，以使航天员工作强度更加均衡。

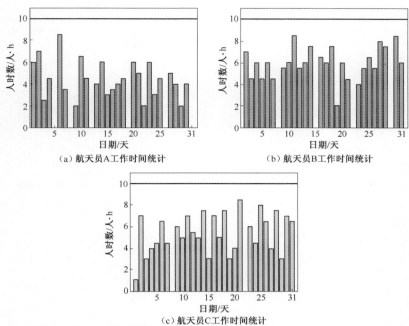

图 6.5.6　启发式规划结果方案 2023 年 1 月航天员工作时间统计

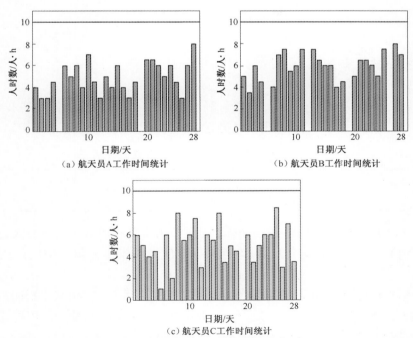

图 6.5.7　启发式规划结果方案 2023 年 2 月航天员工作时间统计

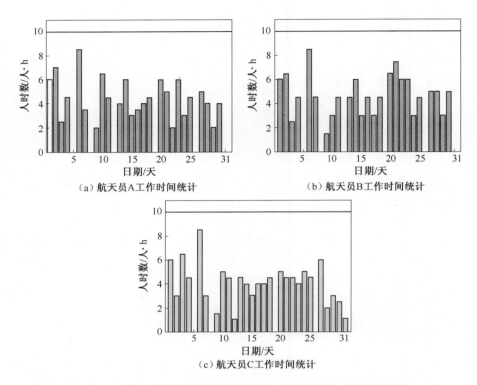

图 6.5.8　启发式规划结果方案 2023 年 3 月航天员工作时间统计

3. 计算性能分析

1）方案指标分析

基于 6.3.2 小节建立的评价指标模型,对结果方案的规划性能展开分析,表 6.5.9 至表 6.5.11 分别给出了结果方案的主要性能评价指标值。

表 6.5.9　启发式规划结果方案运营安全性指标

指标名称	评价值/%
安全类任务完成度	100

由表 6.5.9 可知,结果方案的安全类任务完成度达到 100%,说明该方案完全满足空间站运营的安全性需求,可以保证航天员安全驻留和空间站的正常运行。

由表 6.5.10 可知,该方案的总体方案完成度达到 77.78%,其中空间站平台系统任务全部得到执行,而航天员系统和空间站应用系统的部分应用类任务由于空间站在轨资源约束的限制,部分任务未能满足执行条件。

表 6.5.10　启发式规划结果方案需求满足性指标

指标名称	规划任务数	执行任务数	评价值/%
总体任务完成度	774	602	77.78
航天员系统任务完成度	327	250	76.45
空间应用系统任务完成度	370	275	74.32
空间站平台系统任务完成度	77	77	100.00

计算应用效益性指标前,需要明确各任务的具体收益值,本章主要参照任务的优先级对空间应用类任务的收益性进行赋值,即任务优先级越高,收益性越大。赋值模型为

$$\text{Benefit}(u) = \text{Weight} - \text{Mission}_{\text{Application}(u)} \cdot \text{Priority} \qquad (6.5.1)$$

式中:Weight 为权重参数,这里取 Weight = 7,即空间应用类任务 1~6 级优先级对应的收益值为 6~1,其数值越大表征该任务收益性越大,见表 6.5.11。

通过式(6.5.1)可求得空间站应用类任务的总收益值为 1348,由表 6.5.11 可知,规划结果方案的应用收益值为 1106,达到总任务收益值的 82.05%,说明结果方案的收益率较高。结果方案的应用人时为 716.5 人·h,规划周期的总可用人时为 2160 人·h,其应用人时利用率达 33.17%,规划者可根据该指标对航天员在轨操作任务进行调整,以提高应用人时利用率,获得较高的空间站运营收益。

表 6.5.11　启发式规划结果方案应用效益性指标

指标名称	评价值/%
应用收益率	82.05
应用人时利用率	33.17

2) 算法性能分析

启发式规划算法没有绝对的优劣,不同的算法对具体问题有着不同的适应度。因此,本章对启发式算法性能的主要评价标准是能否在保证空间站运营安全性的基础上,实现更大的空间应用效益,以满足在轨任务规划需求。

时间迭代启发式规划算法是求解任务规划问题常用的一种简单算法[22],其基本思想是从一个基于某种规则构造的全任务初始执行方案出发,根据时间的不可逆性,以规划周期开始时间为起点,对初始方案进行迭代,通过一定的算法对方案中不满足约束的情况进行处理,最终获得规划问题的可行解。Bu 等[23]利用该算法成功求解了空间站运营短期任务规划问题,其主要考虑了空间站运营过程中可能出现任务延迟或突发情况,将所有任务安排在最早的开始

时间执行,由此构造出初始方案,在迭代过程中,通过推迟优先级最低的任务使方案满足约束,最终获得无冲突的任务执行方案。

本章采用相同策略的时间迭代算法对在轨任务规划问题进行求解,表 6.5.12 给出了两种不同启发式规划算法的具体规划问题求解性能评价指标和计算时间统计,图 6.5.9 展示了两种算法的问题求解性能比较。

表 6.5.12　不同启发式规划算法的计算性能统计

序号	指标名称	启发式分层规划算法	时间迭代算法
1	安全类任务完成度/%	100	100
2	总体任务完成度/%	77.78	65.12
3	航天员系统任务完成度/%	76.45	68.50
4	空间应用系统任务完成度/%	74.32	58.37
5	空间站平台系统任务完成度/%	100	83.12
6	应用收益率/%	82.05	65.28
7	应用人时利用率/%	33.17	22.43
8	计算时间/min	4.27	0.03

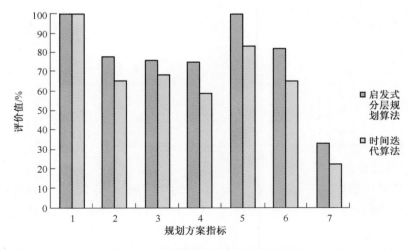

图 6.5.9　不同启发式规划算法的问题求解性能比较

通过上述图表分析可知,虽然时间迭代算法求解时间较短,但其综合计算性能指标较差,而启发式分层规划算法可以在工程可接受的时间范围内快速求得更优的规划方案,说明本章提出的算法及启发规则对在轨任务规划问题的适应度更好,可以有效地快速求解在轨任务规划问题。

参考文献

[1] 邱冬阳. 空间站运营任务层规划技术研究 [D]. 长沙:国防科技大学, 2016.

[2] Ernst M, Reinbold B. 空间站系统和应用[M]. 周建平,等译. 北京:中国宇航出版社, 2013.

[3] 林鲲鹏. 空间站运营总体任务规划技术研究[D]. 长沙:国防科技大学, 2010.

[4] Javier B, Grailing J, Steve S. Peer-to-Peer Planning for Space Mission Conctrol [C].2009 IEEE Aerospace Conference,New York,2009.

[5] 朱毅麟. 空间站应用的发展及存在问题[J]. 航天器工程, 2009, 18(1): 13-20.

[6] Neches R F, Finin R, Gruber T, et al. Enabling Technology for Knowledge Sharing [J]. AI Magazine, 1991, 12(3): 36-56.

[7] Gruber T R. A Translation Approach to Portable Ontologies [J]. Knowledge Acquisition, 1993, 5(2): 199-220.

[8] Guarino N, Giarretta P. Ontology and Knowledge Bases: Towards a Termainological Clarification [C]. Proceedings of 2nd International Conference on Building and Sharing Very Large - Scale Knowledge Bases. Netherlands:ISO Press, 1995.

[9] Guarino N. Formal Ontology and Information Systems [C]. Proceedings of 1st International Conference on Formal Ontology in Information System, Trento, 1998.

[10] Zuniga G L. Ontology: Its Transformation from Pholosophy to Imformation Systems [C]. Proceedings of 2nd International Conference on Formal Ontology in Information Systems, Ogunquit, 2001.

[11] Wieder P, Ziegler W. Bringing Knowledge to Middleware-Grid Scheduling Ontology [C]. Proceedings of the Workshop on Future Generation Grids, Dagstuhl,2004: 47-59.

[12] Smith S F,Cortellessa G, Hildum D W. Using a Scheduling Domain Ontology to Compute User-Oriented Explanations [M].Nethe rlands: IOS Press, 2005.

[13] Smith S F, Becker M A. An Ontology for Constructing Scheduling Systems [C]. in Working Notes of AAAI-97, Spring Symposium on Ontological Engineering,Stanford,1997.

[14] Frankovic B, Budinska I, Tung D T. Cremion of Ontology for Planning and Scheduling [C]. in 3rd International Symposium of Hungarian Researchers on Computatuinal Intelligence, Budapest,2002.

[15] 凌晓冬. 多星测控调度问题建模及算法研究[D].长沙:国防科技大学, 2009.

[16] 卜慧蛟, 张进, 罗亚中,等. 基于本体理论的空间站短期任务规划领域建模研究[J]. 载人航天, 2016, 22(2): 191-201.

[17] 张居阳, 礼欣, 孙吉贵. 基于约束的调度研究和实现[J]. 计算机工程与应用, 2004, 40(33): 46-46.

[18] 李菊芳. 航天侦察多星多地面站任务规划问题研究[D].长沙:国防科技大学, 2004.

[19] 于海. 对地观测卫星成像调度与约束修正方法研究[D].长沙:国防科技大学, 2007.

[20] 白保存. 考虑任务合成的成像卫星调度模型与优化算法研究[D].长沙:国防科技大学, 2008.

[21] 贺仁杰, 高鹏, 白保存, 等. 成像卫星任务规划模型、算法及其应用[J]. 系统工程理论与实践, 2011, 31(3): 411-422.

［22］Bu H J, Zhang J, Luo Y Z. Space station short-term mission planning using ontology modelling and time iteration ［J］. Journal of Systems Engineering and Electronics, 2016, 27(2): 407-421.

［23］Bu H J, Zhang J, Luo Y Z. Constraint Satisfaction and Optimization for Space Station Short-Term Mission Planning based on Iterative Conflict-Repair Method ［J］. Engineering Optimization, 2016, 48(10):1-21.

第7章
空间站运营在轨任务并行规划

第6章介绍的启发式规划方法只能依据任务设计者的目标期望和经验,基于既定的启发式规则,给出规划问题在某种意义上的一个满意解,即局部近优解。为了满足任务规划的目标优化需求,在可接受的计算代价内获得更优的任务编排方案,需要采用优化算法求解在轨任务规划问题。本章结合智能优化算法和并行计算技术,介绍空间站在轨任务规划问题的并行优化方法[1]。

本章的主要内容安排如下:7.1节首先介绍了本章采用的并行计算环境、并行算法设计方法和并行性能评价方法;7.2节构建了空间站运营在轨任务规划问题的优化模型;7.3节介绍了用于优化求解在轨任务规划问题的改进遗传算法并给出了并行求解策略;7.4节基于问题特性介绍了在轨任务规划问题并行求解方法和并行程序设计方法,并通过一个算例对问题并行求解进行了验证;7.5节构造了主从式并行遗传算法并给出了相应的并行程序设计方法,也通过一个算例对算法并行求解进行了验证。

7.1 并行计算概述

空间站运营在轨任务并行规划需要并行计算技术作为支撑。并行计算技术是计算机领域一项节省计算时间、提高计算效率的通用技术。并行计算涵盖的内容较为广泛,可以分为并行机体系结构、并行计算环境、并行算法设计、并行程序设计和并行计算性能评价等5个方面。本节主要介绍在轨任务并行规划所涉及的并行计算环境、并行算法设计和并行性能评价。

7.1.1 并行计算环境

当前比较流行的并行计算环境主要可分为3类,即消息传递、共享式存储和数据并行。其中,消息传递(Message Passing Interface,MPI)是一种基于分布式存储的消息传递编程模型,是目前国际上最流行、可移植性和可扩展性很好的并行程序设计平台,并被当前流行的所有高性能并行机所支持[2]。经过几十年的发展,MPI已经成为消息传递并行编程模式的标准,在科学和工程计算领域得到广泛应用。考虑MPI较其他两类并行计算环境而言综合性能更优,本章选用了消息传递并行计算环境开展并行程序设计。

MPI是一个函数库而不是一门语言,因此在使用MPI进行程序编译时必须与特定的语言相结合,然后通过调用MPI函数来进行进程调度以及任务间的通信[3]。目前,MPI和4种语言进行了绑定,包括科学与工程计算领域的编程语言FORTRAN 77和FORTRAN 90以及目前使用广泛的系统和应用程序开发语言C和C++。

MPI包含大量的调用函数接口,如在MPI-2中就达到200多个。虽然MPI的体系结构比较庞大,但在基于MPI搭建一个并行计算环境时,从理论上讲,只需调用6个基本函数,即可实现所有的消息传递并行计算的功能。这6个函数分别是:实现MPI环境的初始化和同步结束的MPI_Init和MPI_Finalize函数;获得进程信息的MPI_Comm_Size和MPI_Comm_rank函数以及用于消息传递的MPI_Send和MPI_Recv函数。一个基本的MPI程序流程图如图7.1.1所示。

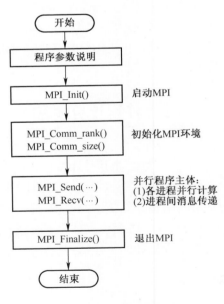

图 7.1.1　MPI 程序流程

7.1.2　并行算法设计

1. 并行计算目标

并行计算的主要目标就是为了加快计算速度。从计算复杂性来看,一个算法的复杂性可以表示为空间复杂性和时间复杂性两个方面。并行算法的目标就是尽可能地减少时间复杂性;通常这是通过增加空间复杂性(如增加空间的维数、增加处理器的个数)而得到的。从算法树的结构来看,通常的串行算法树是"深而窄"。递推和迭代是串行算法的常用工具,大型计算依靠增加算法树的深度来实现,这是因为传统的串行算法本质上是为一维问题设计的。为了达到把时间复杂性转化为空间复杂性的目的,并行算法树通常采用"浅而宽"的结构,使得每个时刻可容纳的计算量增加,整个算法的步数减少,即通过增加每个时刻的算法复杂性来减少整体的时间复杂性。事实证明,这是一种实际、有效的办法。

2. 算法设计思路

为解决某个问题而设计一个并行算法,主要存在两种设计方法,即在现有串行算法的基础上作并行化和直接从数学物理问题出发,面向并行系统研制高效率的并行算法。

在串行算法的基础上作并行化,主要是对原有的算法进行改造、移植,开发其固有的并行性,使之成为一个有效的并行算法。但是这种转换有时并不可行,有些很有效的串行算法却是无法转换成并行算法的;这时就必须考虑直接并行的方法,要在算法的设计上有新思路、新思想。

设计并行算法时有两种最基本的思路,即划分(Partitioning)和分治(Divid and Conquar)。这两者是紧密相关的。划分就是将问题分为独立的部分,而且每部分都独立计算。分治技术则以递归的方式应用划分,在将问题分为几个部分后,并不急于解决这些问题和结果合并,而是连续地将问题分为更小的部分。

7.1.3　计算性能评价

加速比(Speedup, $S(p)$)是衡量算法并行性能的重要指标,其定义为完成计算的串行算法所需的时间与完成相同任务的并行算法所需的时间之比。本书采用加速比对规划算法的并行性能进行评价。

$$S(p) = \frac{T_s}{T_p} \tag{7.1.1}$$

式中：T_s 为串行算法的执行时间；T_p 为多个处理器（p 个）上并行算法的执行时间。

对于 p 个处理器来说，当计算任务可被分成相等执行时间的进程，且每一个进程都映射到一个处理器上时，若此时没有其他额外开销就可获得最大加速比 P，也称为线性加速比。但受算法并行结构设计、进程间消息传递时间开销及处理器之间的性能差异等限制，实际计算时可获得的加速比要小于线性加速比。

7.2　在轨任务编排方案优化模型

第 6 章针对在轨任务规划问题的约束满足特性，建立了在轨任务规划的约束满足模型。本节针对在轨任务规划问题的目标优化特性，建立在轨任务规划的优化模型。

在求解空间站运营在轨任务规划问题的过程中，首先必须要满足所有的约束，在此基础上，研究问题的优化解才具有意义。空间站运营在轨任务规划的优化问题，本质上是一个约束满足优化问题，即需要获得一个满足约束的优化解。其优化模型（Constraint Satisfaction and Optimization Model，CSOM）可用一个 4 元组来表示，即

$$CSOM = \langle X, D, C, F \rangle \qquad (7.2.1)$$

式中：X 为决策变量；D 为变量的值域；C 为约束条件；F 为目标函数。

◢ 7.2.1　决策变量

考虑到实际工程规划涉及的任务数量规模较大，且一些任务包含有多个活动，活动之间受时序关系约束，如果同 6.3.1 小节中将每个活动的开始执行时间作为决策变量，则在使用智能优化算法进行随机搜索时，极易出现活动时序关系约束不满足的情况，导致求解模型复杂，而对初值的选择也会影响算法的收敛效果。

为了简化模型，提高算法优化效率，以每个任务中首个活动的开始时间作为决策变量，多活动任务的其他活动开始时间根据活动时序关系约束进行赋值，使该约束首先得到满足，由此得到决策变量集合为

$$X = \{x_1, x_2, \cdots, x_i, \cdots, x_{N_M}\} \qquad (7.2.2)$$

式中：N_M 为规划任务的总个数。

多活动任务 M_k 的非首个活动 $Activity_j$ 开始时间的赋值规则如下。

（1）时序关系约束为"早于（before）"。

$Activity_j. StarTime = Activity_{rale}. EndTime + TimeNode_j - T_{para}$

$Activity_j. StartTime \in [Activity_{rale}. EndTime, Activity_{rale}. EndTime + TimeNode_j]$

$$(7.2.3)$$

式中：$Activity_{rale}$ 为活动 $Activity_j$ 的先验活动；StartTime 和 EndTime 分别为活动的开始时间和结束时间；$TimeNode_j$ 为活动 $Activity_j$ 的发生时间节点；T_{para} 为一个相对时间参数。

时序关系约束为"早于"表示活动 $Activity_j$ 要在 $Activity_{rate}$ 结束后的 $TimeNode_j$ 之前发生。

（2）时序关系约束为"等于（equal）"。

$$Activity_j. StartTime = Activity_{rale}. EndTime + TimeNode_j \qquad (7.2.4)$$

时序关系约束为"等于"表示活动 $Activity_j$ 要在 $Activity_{rale}$ 结束后的 $TimeNode_j$ 时刻处发生。

（3）时序关系约束为"延后（after）"。

$Activity_j. StartTime = Activity_{rale}. EndTime + TimeNode_j + T_{para}$

$Activity_j. StartTime \in (Activity_{rale}. EndTime + TimeNode_j, M_i. LateEnddate -$

$$\sum_{m=k+1}^{K} Activity_m. Dur) \qquad (7.2.5)$$

式中：Dur 为活动的执行时长；K 为任务 M_k 包含的活动的个数。

时序关系约束为"延后"表示活动 $Activity_j$ 要在距 $Activity_{rale}$ 结束后的 TimeNode$_j$ 之后发生。

7.2.2　变量值域

$$x_i \in D_i = [EarlyStartdate_{k(i)}, LateStartdate_{k(i)}] \qquad (7.2.6)$$

式中：$EarlyStartDate_{k(i)}$ 和 $LateStartdate_{k(i)}$ 分别为与活动 i 相对应的任务 M_k 的最早开始日期和最晚开始日期。

7.2.3　约束条件

优化模型中考虑的约束条件与 6.3.1 小节"3. 约束条件"中相同。

7.2.4　目标函数

空间站运营在轨任务规划问题是一个具有综合性规划需求的任务规划问题，任务设计者希望在保证空间站运营安全性的前提下，充分利用空间站有限资源,实现空间站运营收益的最大化。根据6.3.2小节提出的方案评价指标模型,单独将空间站运营安全性指标或收益性指标作为单目标优化的目标函数都无法满足总体规划需求。因此,如何处理和兼顾不同的规划需求是确立在轨任务规划优化目标的关键。

任务优先级是评价任务重要性的一个关键指标,其可以综合衡量不同类型任务的重要程度。通过优先级评定,可以将对空间站运营的不同规划需求转化为在空间站运营过程中重要任务能够尽可能多地得到执行的目标期望。由于工程上对任务优先级采取了分级评定方式,即根据任务重要程度将任务优先级分为 $1 \sim N$ 级,其中 1 级任务重要程度最高,依次逐级降低。为了适应优化求解需求,首先对每一级优先级取其相应权重,设计目标函数为规划方案中任务优先级权重之和最大,即

$$\max f = \sum_{e=1}^{E} \text{Weight}(\text{Mission}_e.\text{Priority}) \qquad (7.2.7)$$

式中: E 为满足约束的规划方案中执行任务的总数;Weight 为不同优先级对应的权重。由于任务优先级数值上区分度不高,为了避免出现多个低优先级的空间应用类任务权重之和超过某个高优先级的安全性任务,而导致安全性任务无法执行的情况,在取相应权重值时根据规划需求预留一定的"替换裕度"。本书优先级的相应权重按式(7.2.8)取值。以一个 4 级优先级为例,规划时 10 个以上优先级为 4 级的任务可以取代一个优先级为 3 级的任务,即 3 级任务的替换裕度为 10。

$$\begin{cases} \text{Weight} = 10^6 & \text{Mission}_e.\text{Priority} = 1 \\ \text{Weight} = 10^3 & \text{Mission}_e.\text{Priority} = 2 \\ \text{Weight} = 10^2 & \text{Mission}_e.\text{Priority} = 3 \\ \text{Weight} = 10^1 & \text{Mission}_e.\text{Priority} = 4 \end{cases} \qquad (7.2.8)$$

7.3 在轨任务编排方案优化方法

遗传算法是智能优化算法中应用最为广泛也是最成功的算法,它提供了一种求解复杂系统优化问题的通用框架,不依赖于问题的具体领域,适合用于求解在轨任务规划这类组合优化问题[4]。结合问题特性,遗传算法可以被改进成多种不同形式。本章根据空间站运营在轨任务规划问题的特性对经典遗传算法进

行了改进,提出基于约束修正策略的遗传算法。

7.3.1 遗传算法

遗传算法(Genetic Algorithm, GA)是模拟生物在自然环境中的遗传和进化过程而形成的一种高度并行、随机和自适应的全局优化搜索算法。它最早由美国的 Holland 教授及其学生于 20 世纪 70 年代提出[5],经过一系列研究和发展,到 20 世纪 80 年代由 Goldberg 进行归纳总结,形成了遗传算法的基本框架[6]。

遗传算法将问题的求解表示成染色体的"适者生存"过程,即从一组初始解(每个解对应一个染色体(个体))构成的种群出发,通过种群的一代代不断繁殖进化,包括选择、交叉及变异等遗传操作,最终收敛到"最适应环境"的个体,作为问题的最优解或满意解。

7.3.2 基于约束修正策略的遗传算法

通过优化算法构造的初始解,其本质代表了一种任务执行方案,即给出了所有规划任务的一个执行序列。由于遗传算法的随机性,一般获得的初始解均为不可行解,即任务执行方案不满足约束条件。考虑到在轨任务规划涉及大量复杂的非线性约束,传统的罚函数方法无法对其进行有效处理,本章提出一种约束修正策略,从不可行的初始解出发,通过迭代的方式进行约束冲突检测,并对不满足约束的情况进行修正,最后获得可行解。下面针对不同的约束给出相应的约束修正策略。

1. 航天员工作安全性约束

(1)约束检测。同一时间是否给同一名航天员安排了多项任务。

(2)约束修正。对当前需要该航天员参与完成的任务进行排序,其排序指标为

$$
\begin{cases}
f_1 = M_i.\,\mathrm{Priority} \\[2mm]
f_2 = \dfrac{1}{M_i.\,\mathrm{Dur}} \\[2mm]
f_3 = \mathrm{Random}[\,1, n_\mathrm{f}\,]
\end{cases}
\qquad (7.3.1)
$$

即当存在航天员工作安全性约束冲突时,优先执行优先级最高的任务,当有多个任务优先级相同时,优先执行占用时间较短的任务,以便执行更多的任务,如果有多个任务优先级相同,则随机选择一个执行,将其他冲突任务从当前任务执行列表中删除,式(7.2.9)中 n_f 表示某种指标相同的任务个数。

2. 航天员工作时间约束

（1）约束检测。需航天员参与执行的任务是否发生在航天员的工作时间内。

（2）约束修正。

① 任务占用航天员工作日的非工作时间

$$\text{remove}(M_i) \qquad M_i.\text{StartTime} < \text{Ast.WorkStartTime}_{am} \text{ 或}$$
$$M_i.\text{StartTime} > \text{Ast.WorkEndTime}_{pm} \qquad (7.3.2)$$

式中：$\text{Ast.WorkStartTime}_{am}$ 和 $\text{Ast.WorkEndTime}_{pm}$ 分别为航天员的上午工作开始时间和下午工作结束时间。当该约束项存在冲突时，将违反约束的任务从当前任务执行列表中删除。

$$\begin{cases} \text{remove}(M_i) & \text{若 } M_i.\text{Priotity} \leqslant \text{AstRest.Priotity} \\ \text{maintain}(M_i) & \text{若 } M_i.\text{Priotity} > \text{AstRest.Priotity} \end{cases} \qquad (7.3.3)$$

式中：AstRest.Priotity 为航天员午休的优先级，其根据具体的规划需求给出。如果任务重要程度高于航天员午休，则优先执行该任务；否则，航天员优先进行休息，在当前任务执行列表中将其删除。

② 任务占用航天员非工作日

$$\text{remove}(M_i) \qquad \text{若 } M_i.\text{StartTime} \in \text{NoWorkingDay} \qquad (7.3.4)$$

航天员非工作日主要指航天员不执行空间应用类任务，而安全性任务可以照常执行。

3. 电能、通信带宽和设备负载能力约束

（1）约束检测。当前时刻执行任务所需的总电能、通信带宽是否超过空间站额定值以及设备的占用量是否超过其额定负载能力。

（2）约束修正。采用与航天员工作安全性约束相同的修正策略，首先对冲突任务进行排序，按照既定规则选择优先执行的任务，并在当前任务执行列表中将冲突任务删除。

4. 规划周期约束、执行时效性约束和任务所含活动间的时序关系约束

这几项约束通过决策变量的值域限制已完全满足，无需再进行处理。

图 7.2.1 给出了基于约束修正策略的 GA 的基本流程。

其主要步骤如下。

步骤 1：根据初始任务规划方案，设定迭代开始时间 $t = t_0$，t_0 为任务规划的开始时间，按设定的时间步长步骤对任务执行方案仿真推进。

步骤 2：判断所有任务在当前时刻 t 的执行情况，根据任务执行状态（未执行、正在执行和执行结束），调度相关资源，获得当前时刻的执行任务集合和资

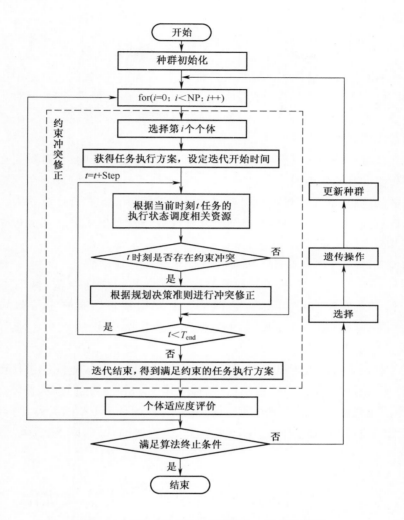

图 7.3.1 基于约束修正策略的 GA 的基本流程

源使用集合。

步骤 3:根据空间站约束条件,检测当前时刻任务执行方案的约束满足情况。

步骤 4:如果方案存在约束冲突,则在执行任务集合中,根据规划决策准则和相应约束修正策略对任务进行处理,将抛弃的任务放入不可执行任务集合中,同时在资源集合中释放该任务占用的资源;反之则执行步骤 5。

步骤 5:判断当前时刻 t 是否小于任务规划的结束时间 T_{end},若小于则执行步骤 2;反之迭代终止。

7.3.3 并行求解策略

虽然 GA 在求解组合优化问题上具有优势,但大量应用表明,对于中小规模的应用问题,GA 一般能够在可接受的计算时间代价内获得满意解;但对于大规模的多变量求解任务,由于存在着巨大的搜索空间,算法收敛缓慢,无法在允许的时间范围内获得有效解[7-8]。

在轨任务规划问题具有变量规模大、约束复杂、搜索空间大等特性,在使用上小节提出的基于约束修正策略的串行 GA 进行优化求解时,也存在着算法难以收敛的问题,只能在计算时间和规划效果上进行折衷。并行计算是求解大规模复杂计算问题的有效工具,本章结合并行计算技术提出了在轨任务规划问题的两种并行求解策略。

(1)问题并行规划策略。采用"分而治之"的基本思想,即将一个大规模的在轨任务规划问题分解成若干个规模较小的子规划问题,将子规划问题分配给多个处理单元,在相应处理单元上调用基于约束修正策略的串行 GA 对问题并行规划。其本质是通过减小问题求解规模,实现快速求解问题的目的。

(2)算法并行求解策略。在利用串行 GA 对在轨任务规划问题进行优化求解时,算法本身由于采用了约束修正策略,使其在计算适应度时会耗费较多的时间,导致问题整体的优化求解时间过长。由此,本章基于 GA 的天然并行性,通过将算法的适应度评价分配给多个处理单元进行协同计算,以提高算法的计算效率。

7.4 基于问题并行的在轨任务编排方案优化

7.4.1 问题并行策略

目前,有两种广泛采用的问题并行求解模型,即任务并行和数据并行。任务并行指将待解决问题所需执行的任务分解成若干个不同功能的子任务,各个子任务进行并行计算操作;而数据并行指将待解决问题所需处理的数据分解成若干个子数据集,各子数据集并行执行大致相同的操作[8]。本章结合上述两种并行求解模型的基本思想,提出在轨任务规划问题的任务并行规划策略。图 7.4.1 展示了问题并行求解的一般过程。

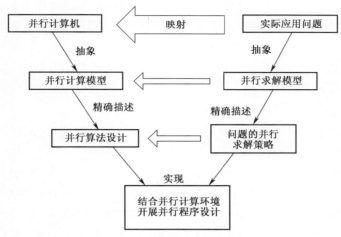

图 7.4.1 问题并行求解过程

任务是在轨任务规划问题所需处理的主要数据,在轨任务规划需要考虑任务内部活动间的时序关系约束,其各任务的执行具有相互独立性。因此,可以按照一定的规则对需要规划的任务集进行分解,将一个大规模的任务规划问题,分解成多个小规模的子任务集的规划问题。

考虑到在轨任务规划的规划任务周期跨度较大,可将整个规划任务周期,根据设计者的规划需求,以特定的时间步长,划分成若干个子任务周期,即

$$N_{\text{sub}} = (\text{PlanEndTime} - \text{PlanStartTime}/\text{Interval}) \qquad (7.4.1)$$

式中:Interval 为子任务周期的划分时间步长;PlanEndTime 和 PlanStartTime 分别为规划任务周期的结束时间和开始时间;N_{sub} 为划分的子任务周期个数。

由此,将全任务周期划分成 N_{sub} 个子任务周期,其中第 i 个子任务周期的规划时间区间为

$$[\text{PlanStartTime} + (i - 1) \cdot \text{Interval}, \text{PlanStartTime} + i \cdot \text{Interval}]$$

$$(7.4.2)$$

根据各子任务周期的规划时间区间,搜索在该区间执行的在轨任务,构成各子任务周期的规划任务集合,将其分配给多个处理单元进行并行规划,从而达到缩小算法迭代搜索空间、减小求解问题规模的目的。

7.4.2 并行程序设计

1. MPI 并行程序设计

由 7.4.1 小节的问题并行规划策略可知,在轨任务规划问题是一个近似的完全并行计算问题。完全并行计算指一个计算任务可以明显地分成若干个完全

独立的部分,每一部分由一个独立的处理单元来执行,其各处理单元之间没有通信或极少通信,即每个处理单元在完成它的任务时不需要与其他处理单元进行交互[9]。

MPI 以进程作为其基本的并行处理单元,结合上述分析,本书基于 MPI 的程序并行化设计思路如下。

(1)主进程把计算数据分给各个从进程。

(2)各从进程采用完全并行计算方式完成局部的计算任务,同时主进程也承担一部分数据的计算任务。

(3)主进程收集各从进程的计算结果,综合给出整个计算任务的最终结果。

图 7.4.2 展示了任务并行规划的基本流程。首先根据任务规划需求,启动与子任务周期数相同个数的进程,其中主进程对规划任务信息进行处理,包括读取任务信息及规划配置信息、规划预处理操作、任务集分解操作,然后通过消息传递将规划子任务集和相应子任务周期的规划信息分发给各从进程,同时主进程本身也承担一部分规划计算工作;从进程接收主进程发送的消息,调用 7.3.2 小节的基于约束修正策略的串行 GA 对子任务规划问题进行优化求解,求解完成后将规划结果发送给主进程;主进程接收各从进程发送的结果信息,根据要求输出规定格式的规划结果。图 7.4.2 中 rank 是各进程的标识号,N_{sub} 个进程的标识号为 $0 \sim N_{sub} - 1$。

2. 加速比分析

1)串行计算时间

在轨任务规划问题的串行计算指在全任务周期下利用串行 GA 开展的任务规划,其计算时间主要由规划预处理操作时间和任务规划时间构成,即

$$T_s = t_{comp} = t_{pretreatment} + t_{missionplan} \tag{7.4.3}$$

式中:t_{comp} 为计算时间;$t_{pretreatment}$ 为规划任务信息读取、任务分解及优先级处理等规划预处理操作的时间开销;$t_{missionplan}$ 为开展任务规划的时间开销。

任务规划时间主要取决于优化算法的计算性能,设 G_{max} 为遗传算法的最大进化代数,NP 为种群规模,C_i 为第 i 个个体完成一次迭代计算的时间,$\overline{C}$ 为个体完成一次迭代计算的平均时间,即

$$t_{missionplan} = \sum_{g=l}^{G_{max}} \left(\sum_{i=1}^{NP} C_i \right) \approx G_{max} \cdot NP \cdot \overline{C} \tag{7.4.4}$$

式中,个体的迭代计算时间主要与算法所采用的约束修正策略的迭代搜索时间相关,当约束修正策略中的时间搜索步长一定时,其搜索时间与搜索区间和规划任务数成正比。

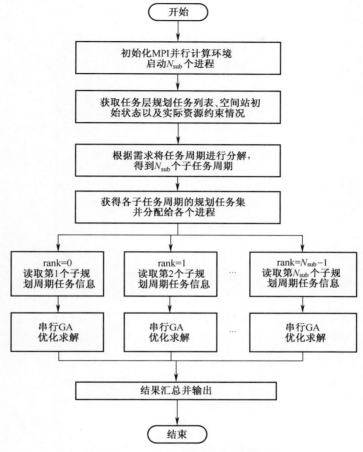

图 7.4.2　任务并行规划的基本流程框图

由此,在轨任务规划问题的串行计算时间为

$$T_s = t_{comp} = t_{pretreatment} + t_{missionplan} \approx t_{pretreatment} + G_{max} \cdot NP \cdot \overline{C} \quad (7.4.5)$$

2) 并行计算时间

基于 MPI 的在轨任务规划问题并行计算时间主要由通信时间和计算时间构成,即

$$T_p = t_{comm} + t_{comp} + t_{comm} + t_{pretreatment} + t_{missionplan} \quad (7.4.6)$$

式中:r_{comm} 为通信时间开销。

根据上一小节的并行程序设计,当调用 N_{sub} 个进程对问题进行求解,即将问题划分成 N_{sub} 个子任务周期时,其每个子任务周期的迭代搜索区间为全任务周期的 $1/N_{sub}$,在理想情况下子规划任务集也为全规划任务集的 $1/N_{sub}$,由此,并

行任务规划的计算时间为

$$t_{\text{missionplan}} \approx G_{\text{max}} \cdot \text{NP} \cdot \frac{\overline{C}}{N_{\text{sub}}^2} \qquad (7.4.7)$$

由此,在轨任务规划问题的并行计算时间为

$$T_{\text{p}} \approx t_{\text{comm}} + t_{\text{pretreatment}} + G_{\text{max}} \cdot \text{NP} \cdot \frac{\overline{C}}{N_{\text{sub}}^2} \qquad (7.4.8)$$

3)加速比

$$S = \frac{T_{\text{s}}}{T_{\text{p}}} \approx \frac{t_{\text{pretreatment}} + G_{\text{max}} \cdot \text{NP} \cdot \overline{C}}{t_{\text{comm}} + t_{\text{pretreatment}} + G_{\text{max}} \cdot \text{NP} \cdot \dfrac{\overline{C}}{N_{\text{sub}}^2}} \qquad (7.4.9)$$

当 $t_{\text{missionplan}} \gg t_{\text{pretreatment}} + t_{\text{comm}}$,即任务规划时间远大于规划预处理时间和通信时间时,其最大(理想)加速比可达到并行子任务周期数的平方,即 $S_{\text{max}} \approx N_{\text{sub}}^2$。

▲7.4.3 算例测试与分析

基于6.5.1小节的算例配置,利用任务并行规划方法对算例进行求解。考虑到总规划任务周期为3个月以及规划结果需要的是以月为单位的在轨操作概要,因此,本节采取按月分解的策略,即将总任务周期按规划月份分解进行并行规划。在规划前,对任务优先级对应的权重做以下赋值处理,即

$$\begin{cases} \text{Weight} = 1000000 & \text{Priority} = 1 \\ \text{Weight} = 10000\text{L} & \text{Priority} = 2 \\ \text{Weight} = 200 & \text{Priority} = 3 \\ \text{Weight} = 16 & \text{Priority} = 4 \\ \text{Weight} = 2 & \text{Priority} = 5 \\ \text{Weight} = 0.5 & \text{Priority} = 6 \end{cases} \qquad (7.4.10)$$

1. 计算性能分析

本章采用的计算平台为一台具有4核(CPU)的个人台式计算机,其CPU主频为3.10GHz,内存为4GB,并行程序采用C++语言进行编程实现。在初始化MPI并行计算环境时,启动3个核开展任务规划计算,进程号 rank=0~2,分别调用串行的改进GA对2023年1—3月的任务进行规划。

表7.4.1给出了本书采用的改进GA的参数配置。图7.4.3至图7.4.5给出了优化算法的收敛曲线图,从图中可以看出,问题的求解过程收敛情况较为稳定,说明改进GA的进化过程是有效的。

表 7.4.1　改进 GX 参数配置

算法参数	配置值
种群规模	1000
遗传总代数	600
交叉概率	0.8
变异概率	0.4
迭代步长/h	0.5

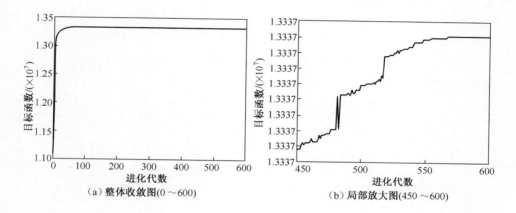

（a）整体收敛图(0~600)　　　　（b）局部放大图(450~600)

图 7.4.3　问题并行优化结果 2023 年 1 月任务规划收敛图

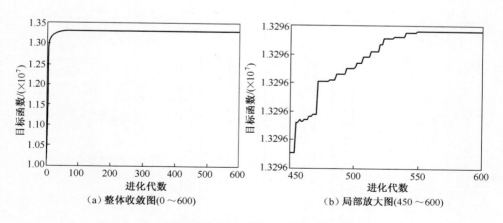

（a）整体收敛图(0~600)　　　　（b）局部放大图(450~600)

图 7.4.4　问题并行优化结果 2023 年 2 月任务规划收敛图

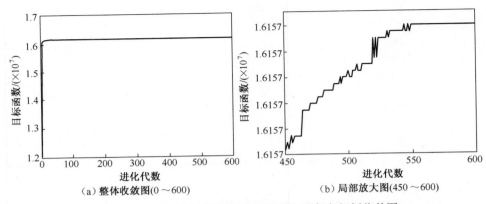

图 7.4.5　问题并行优化结果 2023 年 3 月任务规划收敛图

表 7.4.2 给出了问题并行规划算法与第 6 章启发式分层规划算法的求解性能和计算时间统计,图 7.4.6 展示了两种算法的问题求解性能比较。

表 7.4.2　问题并行规划算法和启发式分层规划算法计算性能统计

序号	指标名称	问题并行规划算法	启发式分层规划算法
1	安全类任务完成度/%	100	100
2	总体任务完成度/%	91.09	77.78
3	航天员系统任务完成度/%	93.83	76.45
4	空间应用系统任务完成度/%	86.76	74.32
5	空间站平台系统任务完成度/%	100	100
6	应用收益率/%	90.65	82.05
7	应用人时利用率/%	36.67	33.17
8	计算时间/h	2.67	0.071

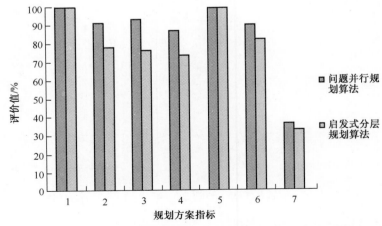

图 7.4.6　问题并行规划算法和启发式分层规划算法的求解性能比较

由上述图表分析可知,两种规划算法均满足空间站运营安全性需求,而在任务完成度和空间站应用效益率方面,问题并行规划算法获得了明显优于启发式规划算法的结果方案,证明本书提出的基于约束修正策略的串行 GA 可以有效优化求解在轨任务规划问题。

表 7.4.3 给出了在相同参数配置下的串行算法和问题并行规划算法的计算时间统计(计算 10 次的均值)。

表 7.4.3　不同规划算法计算时间统计

方法	串行算法	问题并行规划算法
平均计算时间/h	21.43	2.67

通过表 7.4.3 可得出任务并行规划算法的实际加速比为

$$S = \frac{T_s}{T_p} = \frac{21.43}{2.67} \approx 8.03$$

根据 7.4.2 小节"2 加速比分析"可知,将问题划分成 3 个子任务周期时,算法的理想加速比为 9,但在实际计算过程中,由于进程间的通信时间开销以及负载均衡性问题(1~3 月的规划任务分别集中包含了 286 个、272 个及 216 个任务)。所以实际获得的加速比要低于理想加速比,但仍显示出并行规划算法的良好加速性能。

2. 结果方案分析

1) 任务执行方案

根据规划结果方案,在任务周期内共执行了 705 项任务。表 7.4.4 展示了 2023 年 1 月至 2023 年 3 月的部分任务执行方案。

表 7.4.4　并行规划结果任务执行方案

2023 年 1 月任务执行列表	
日期	执 行 任 务
2023 年 1 月 1 日	垃圾处理
2023 年 1 月 2 日	对地观测、空地量子密钥分配试验、航天员身体机能测试1、两相系统试验、太空跑台定期维护维修、航天员身体机能测试2、空间信号监测、医监医保
2023 年 1 月 3 日	对地观测、失重心血管功能研究、生物技术试验1、航天员身体机能测试3、生物技术试验3、生物技术试验2、高温材料科学试验、燃烧科学试验、垃圾处理
……	
2023 年 2 月任务执行列表	
2023 年 2 月 1 日	对地观测、两相系统试验、舱外航天服定期维护、垃圾处理、乘员设备定期更换1、无容器材料试验、空地量子密钥分配试验

（续）

2023 年 2 月任务执行列表	
2023 年 2 月 2 日	空间信号监测、航天员身体机能测试 3、液桥热毛细对流试验、锻炼装置定期维护维修、垃圾处理、生物技术试验 3、生物技术试验 1、舱压维持 2
2023 年 2 月 3 日	对地观测、航天员身体机能测试 2、流体物理类试验、医学设备定期维护维修、生物技术试验 2、舱压维持 1、平台技术验证 1
……	
2023 年 3 月任务执行列表	
2023 年 3 月 1 日	对地观测、垃圾处理、锻炼装置定期维护维修
2023 年 3 月 2 日	航天员身体机能测试 2、高温材料科学试验、舱压维持 2、医学设备定期维护维修、舱内独立载荷计划性更换、航天员身体机能测试 2、航天员身体机能测试 3
2023 年 3 月 3 日	空间信号监测、航天员身体机能测试 1、对地观测、航天员身体机能测试 2、航天员身体机能测试 3、舱压维持 1、两相系统试验、流体物理类试验、生物技术试验 3
……	

2）方案可行性分析

图 7.4.7 和图 7.4.8 分别展示了规划结果方案的功率和带宽的使用情况。从图中可以明显看出，规划结果方案满足空间站的额定功率及通信带宽约束。

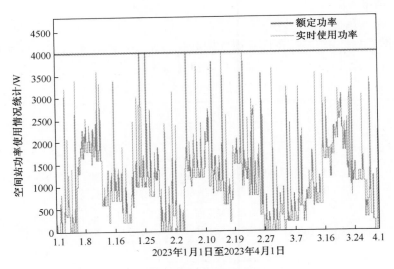

图 7.4.7　问题并行规划算法结果方案功率使用情况

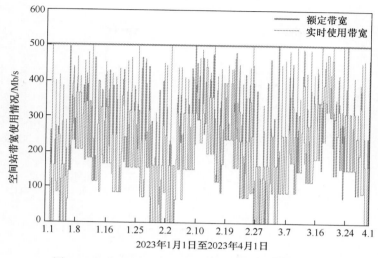

图 7.4.8　问题并行规划算法结果方案带宽使用情况

　　图 7.4.9 至图 7.4.11 展示了 3 名航天员在规划任务周期内每月的工作时间统计情况。从图中可知,规划结果方案满足航天员人时资源约束。

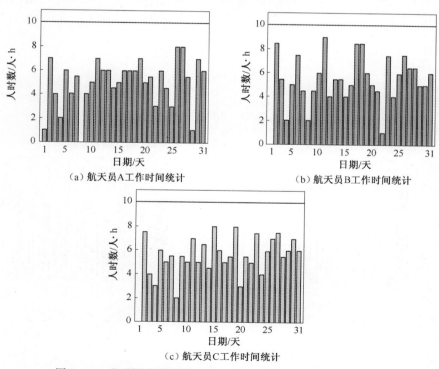

（a）航天员 A 工作时间统计

（b）航天员 B 工作时间统计

（c）航天员 C 工作时间统计

图 7.4.9　问题并行规划算法 2013 年 1 月航天员工作时间统计

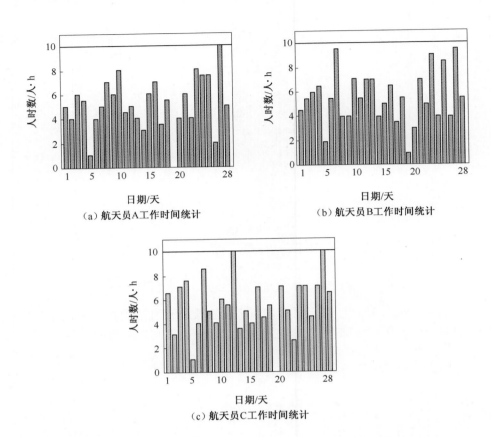

图 7.4.10　问题并行规划算法 2013 年 2 月航天员工作时间统计

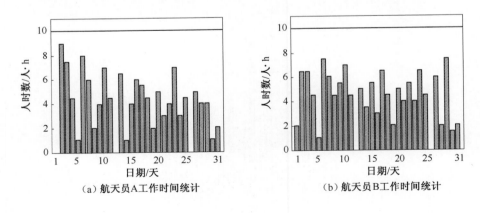

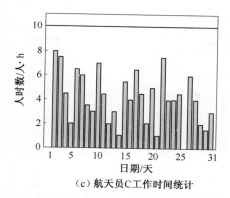

（c）航天员C工作时间统计

图 7.4.11　问题并行规划算法 2013 年 3 月航天员工作时间统计

7.5　基于遗传算法并行的在轨任务编排方案优化

问题并行规划通过缩小问题求解规模,实现提高规划效率的目的。虽然算法可以获得较高的加速比,但其应用很大程度上受限于具体的任务规划需求,如无法对一些执行时长较长的任务进行有效规划。同时,由于算法在规划前需要根据既定的任务周期分解策略对任务的执行区间进行了重新限定,不同的分解策略及任务划分标准都会对规划结果产生影响,且其无法在全局范围内寻优。考虑到 GA 的天然并行性和并行计算机的高速并行性,本节对优化算法本身的并行计算性能进行研究,提出了适合求解在轨任务规划问题的并行遗传算法来加快算法的计算速度[9],以在更短的时间内获得问题的最优解或近最优解,满足工程应用需求。

▲7.5.1　主从式并行遗传算法

串行 GA 的群体搜索机制,使算法本身具有了良好的并行处理特性,其中并行特性最显著的是个体的适应度评价。在 GA 中,个体的适应度评价与种群中的其他个体无关,因此每个个体的适应度评价可独立进行,且彼此之间无需通信,具有很高的并行效率。

主从式并行遗传算法(Master-Slave PGA,MSPGA)保留了原有串行 GA 的搜索行为,即种群中的每个个体可以同其他任意个体进行遗传进化操作,只是将个体的适应度评价进行并行化处理。其结构简单、易于实现,是串行 GA 的直接并行化,在通常情况下可以获得较高的并行计算性能[10]。

MSPGA 的通信主要体现在两个方面：一方面，主处理器需要将个体指派给从处理器；另一方面，从处理器需要把适应度评价结果发送给主处理器。因此，该类模型主要适用于适应度评价很费时且远远超过通信时间的情况，否则会由于通信时间超过计算时间而降低并行效果。

本书结合主从式并行模型的基本思想，基于 MPI 并行计算环境对 7.3.2 小节中提出的基于约束修正策略的 GA 进行并行化改造。

7.5.2 并行程序设计

1. MPI 并行程序设计

考虑到 MPI 的通信时间代价，本书不对 GA 中计算量相对较小的选择、交叉及变异操作进行并行处理。程序并行化的设计思路：主进程首先对初始种群进行交叉和变异操作，然后将个体的适应度计算分配给各从进程并行执行，同时主进程也承担一部分个体的适应度计算工作；各从进程计算完成后，将适应度计算结果发送回主进程，主进程对个体进行选择操作，并由此产生新一代种群。图 7.5.1 展示了 MSPGA 的基本流程。

任务分配是并行程序设计的核心，如何将任务合理地分配给各个进程，使进程负载尽量均衡，是影响程序并行性能的关键[11]。由此，对于 MSPGA 而言，合理的种群分配策略对算法性能尤为重要。

设算法的种群规模为 NP，决策变量个数为 N_M，启动的进程个数为 RankNum。由于种群规模在算法进化过程中保持恒定，因此本书采用了块分配策略对种群进行分配，即根据需求将整个种群连续地分成若干个任务（个体）块，每个进程负责一个任务（个体）块的计算工作。

首先计算每个进程可获得的平均个体数目，即

$$\text{AveIndNum} = \left[\frac{\text{NP}}{\text{RankNum}} \right] \quad (7.5.1)$$

如果种群数目不能被进程数所整除，则剩余的个体数目为

$$\text{nIndResidue} = \text{mod}(\text{NP}, \text{RankNum}) \quad (7.5.2)$$

考虑进程负载的均衡性，将剩余个体平均分给标识号为 $0 \sim \text{nIndResidue} - 1$ 的进程。设每个进程获得的个体数为 nRIndNum，由此，种群分配的策略为

$$\text{RankNum} = \begin{cases} \text{AveIndNum} + 1 & \text{rank} < \text{nIndResidue} \\ \text{AveIndNum} & \text{rank} \geq \text{nIndResidue} \end{cases} \quad (7.5.3)$$

基于 MPI 的消息传递包括主进程将 $\text{NP} \times N_M$ 的二维数组传递给从进程，然后接收各从进程发送的长度为 NP 的一位数组。算法的并行程序设计伪代码如图 7.5.2 所示。

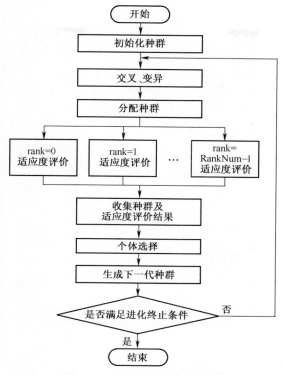

图 7.5.1 MSPGA 基本流程图

2. 加速比分析

基本的 GA 算法可用一个 5 元组来表示,即 $GA = \langle NP, f, P_s, P_c, P_m \rangle$,其中的各个元素分别表示算法的种群规模、适应度评价函数、选择概率、交叉概率及变异概率。同时记 t_f、t_s、t_c 和 t_m 分别为种群中个体的 4 种遗传操作的平均计算时间开销,则串行 GA 的计算时间为

$$T_s = NP \cdot t_f + NP \cdot P_s \cdot t_c \cdot t_s + (NP/2) \cdot P_c \cdot t_c + NP \cdot P_m \cdot t_m$$
$$= NP \cdot (t_f + P_s \cdot t_s + P_c \cdot t_c/2 + P_m \cdot t_m) \tag{7.5.4}$$

设 MSPGA 的并行进程数为 n(理想情况下可同时调用 n 个处理单元进行并行计算),则并行计算时间为

$$T_p = t_{comm} + t_{comp}$$
$$= t_{comm} + \left(\frac{NP}{n}\right) \cdot t_f + NP \cdot P_s \cdot t_s + \left(\frac{NP}{2}\right) \cdot P_c \cdot t_c + NP \cdot P_m \cdot t_m$$
$$= t_{comm} + NP \cdot \left(\frac{t_f}{n} + P_s \cdot t_s + \frac{P_c \cdot t_c}{2} + P_m \cdot t_m\right) \tag{7.5.5}$$

由此,可得 MSPGA 的加速比为

```
int main() {
    MPI_Init();
    MPI_Comm_rank();
    MPI_Comm_size();
    //Population evolution
    if(rank=0) {                    //Master
      Initialize(population);
      Cross(population);
      Mutation(population);
      Allocation(population);
      for(all Slave) {
        MPI_Send(population[nRankNum*nOptiVarNum]);
      }
      Fithess Evaluation(population[nRankNum*nOptiVarNum]);
      for(all Slave) {
        MPI_Recv(Fitness Evaluation Result[uRankNum]);
      }
      Select(population);
     Retain the beast Individuls;
    }
    else{                           //Slave
     MPI_Recv(population[nRankNum*nOptiVarNum]);
     Fitness Evaluation(population[nRankNum*nOptiVarNum]);
     MPI_Send(Fitness Evaluation Result[nRankNum]);
    }
}
```

图 7.5.2　MSPGA 伪代码

$$S = \frac{T_\mathrm{s}}{T_\mathrm{p}} = \frac{\mathrm{NP} \cdot \left(t_\mathrm{f} + P_\mathrm{s} \cdot t_\mathrm{s} + \dfrac{P_\mathrm{c} \cdot t_\mathrm{c}}{2} + P_\mathrm{m} \cdot t_\mathrm{m} \right)}{t_\mathrm{comm} + \mathrm{NP} \cdot \left(\dfrac{t_\mathrm{f}}{n} + P_\mathrm{s} \cdot t_\mathrm{s} + \dfrac{P_\mathrm{c} \cdot t_\mathrm{c}}{2} + P_\mathrm{m} \cdot t_\mathrm{m} \right)} \tag{7.5.6}$$

根据面的分析,当算法的适应度评价时间开销远大于通信时间开销时,其理想加速比约等于并行进程数,即 $S_\mathrm{max} \approx n$。

7.5.3　算例测试与分析

基于 6.5.1 小节的算例配置,采用 MSPGA 对算例进行求解。在规划前,对任务优先级的处理同 7.4.3 小节"1. 计算性能分析"。

本章利用实验室现有计算机硬件资源,将 4 台个人计算机通过局域网进行连接,构建了一个简单的基于 MPI 的分布式并行机群,表 7.5.1 和表 7.5.2 分别给出了并行计算机群的软件和硬件环境配置情况。在机群环境下,通过调用不同的计算核数,检验 MSPGA 算法的并行加速性能。

表 7.5.1　并行计算机群软件环境配置

操作系统	并行环境
Windows XP	Mpich2-1.4.1 for Windows

表 7.5.2　并行计算机群硬件环境配置

处理器性能	内存/GB	逻辑核数	网络
Intel(R) Core(TM) i5-2400 CPU 3.10GHz	2.99	4	
Intel(R) Core(TM) i5-2400 CPU 3.10GHz	2.99	4	100M TP-LINK Fast
Intel(R) Core(TM) i5-750 CPU 2.67GHz	2.93	4	Ethemet Switch
Intel(R) Core(TM) i5-750 CPU 2.67GHz	2.93	4	

1. 计算性能分析

表 7.5.3 给出了 MSPGA 的参数配置。图 7.5.3 给出了 MSPGA 的收敛曲线,从图中可以看出,问题的求解过程收敛情况较为稳定,说明 MSPGA 的进化过程是有效的。

表 7.5.3　MSPGA 参数配置

算法参数	配置值
种群规模	1000
遗传总代数	2500
交叉概率	0.8
变异概率	0.4
迭代步长/h	0.5

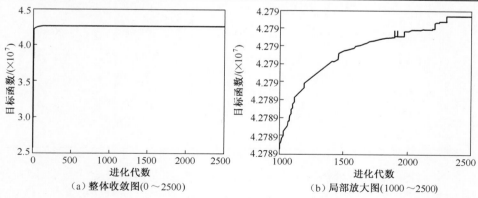

（a）整体收敛图(0～2500)　　　（b）局部放大图(1000～2500)

图 7.5.3　MSPGA 优化收敛图

基于表 7.5.3 的算法参数配置值,表 7.5.4 给出了调用不同核数的 MSPGA 计算时间(计算 10 次的均值)和加速比统计。

表 7.5.4 调用不同核数的 MSPGA 计算性能统计

计算核数	1(串行)	4	8	12	16
平均计算时间/h	86.73	23.68	12.06	8.08	6.08
加速比	—	3.66	7.20	10.73	14.27

由表 7.5.4 可知,MSPGA 可以提高原串行算法的计算效率,具有良好的并行加速性能。但 MSPGA 的加速比并不完全与核数成线性关系,其主要原因是,MSPGA 内部采用了同步并行机制,即主进程必须等待所有从进程的适应度计算工作完成后再进行全局的遗传进化操作,由于处理器的计算性能具有差异以及进程间负载不均衡的现象,导致某些进程可能处于空闲等待状态。同时,随着调用核数的增多,其进程间的通信需求也随之增多,在整个并行计算时间中通信时间开销占的比例也增大。因此,在实际计算中,需要根据问题适应度函数的计算复杂程度,平衡通信和并行计算的时间开销。

表 7.5.5 给出了 MSPGA、问题并行规划算法和第 6 章启发式分层规划算法的问题求解性能和计算时间统计。图 7.5.4 展示了 3 种规划算法的问题求解性能比较。

表 7.5.5 不同算法规划结果方案指标对比

序号	指标名称	MSPGA	问题并行规划算法	启发式分层规划算法
1	安全类任务完成度/%	100	100	100
2	总体任务完成度/%	94.19	91.09	77.78
3	航天员系统任务完成度/%	95.71	93.83	76.45
4	空间应用系统任务完成度/%	91.62	86.76	74.32
5	空间站平台系统任务完成度/%	100	100	100
6	应用收益率/%	93.18	90.65	82.05
7	应用人时利用率/%	38.7	36.67	33.17

由上述图表分析可知,3 种规划算法均满足空间站运营安全性需求,而在任务完成度和空间站应用效益率方面,MSPGA 可以获得更优的结果方案,由此证明本章提出的 MSPGA 的有效性。

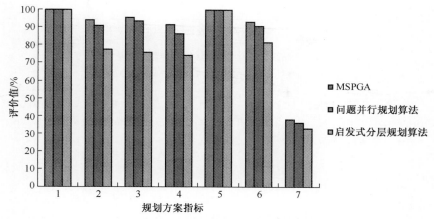

图 7.5.4　不同规划算法的问题求解性能比较

2. 结果方案分析

1）任务执行方案

根据规划结果方案，在任务周期内共执行了 729 项任务。表 7.5.6 展示了 2023 年 1 月—2023 年 3 月的部分任务执行方案。

表 7.5.6　MSPGA 规划结果任务执行方案

2023 年 1 月任务执行列表	
日 期	执 行 任 务
2023 年 1 月 1 日	空间信号监测、垃圾处理、燃烧科学试验
2023 年 1 月 2 日	对地观测、航天员身体机能测试1、航天员身体机能测试2、航天员身体机能测试3、医监医保、垃圾处理、空地量子密钥分配试验、航天员身体机能测试4、航天员身体机能测试5、失重心血管功能研究、综合材料试验
2023 年 1 月 3 日	两相系统试验、太空跑台定期维护维修、液桥热毛细对流试验、生物技术试验3、对地观测、垃圾处理、生物技术试验1、高温材料科学试验、无容器材料试验
……	
2023 年 2 月任务执行列表	
2023 年 2 月 1 日	空地量子密钥分配试验、对地观测、燃烧科学试验、航天员身体机能测试、垃圾处理、舱外航天服定期维护、液桥热毛细对流试验、空间信号监测、锻炼装置定期维护维修、乘员设备定期更换
2023 年 2 月 2 日	对地观测、流体物理类试验、垃圾处理、生物技术试验2、航天员身体机能测试2、两相系统试验、高温材料科学试验、舱压维持2、医学设备定期维护维修、生物技术试验1、生物技术试验3
2023 年 2 月 3 日	对地观测、超冷原子物理试验、无容器材料试验、液桥热毛细对流试验、垃圾处理、舱压维持1、航天员身体机能测试1、航天员身体机能测试2、航天员身体机能测试3
……	

（续）

2023 年 3 月任务执行列表	
2023 年 3 月 1 日	对地观测、两相系统试验、航天员身体机能测试 4、生物技术试验 2、垃圾处理、流体物理类试验、液桥热毛细对流试验、锻炼装置定期维护维修
2023 年 3 月 2 日	航天员身体机能测试 2、对地观测、航天员身体机能测试 3、航天员身体机能测试 4、舱压维持 2、垃圾处理、舱内独立载荷计划性更换、高温材料科学试验、医学设备定期维护维修、燃烧科学试验
2023 年 3 月 3 日	对地观测、空地量子密钥分配试验、航天员身体机能测试 5、舱压维持 1、两相系统试验、流体物理类试验、液桥热毛细对流试验、航天员身体机能测试 1
......	

2）方案可行性分析

图 7.5.5 和图 7.5.6 分别展示了规划结果方案的功率和带宽的使用情况。从图中可以明显看出，规划结果方案满足空间站的额定功率及通信带宽约束。

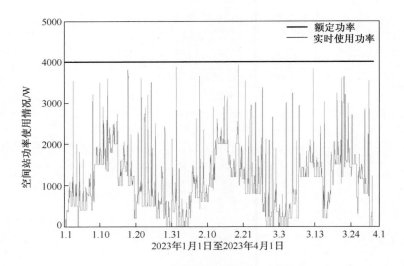

图 7.5.5　MSPGA 规划结果方案功率使用情况

图 7.5.7 至图 7.5.9 展示了 3 名航天员在规划任务周期内每月的工作时间统计情况。从图中可知，规划结果方案满足航天员人时资源约束。

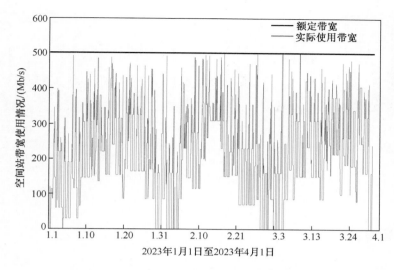

图 7.5.6　MSPGA 规划结果方案带宽使用情况

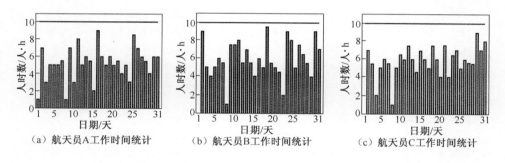

图 7.5.7　MSPGA 规划结果 2013 年 1 月航天员工作时间统计

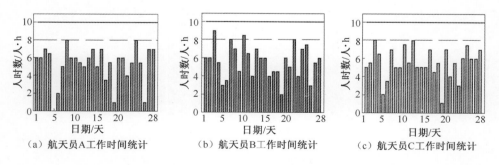

图 7.5.8　MSPGA 规划结果 2013 年 2 月航天员工作时间统计

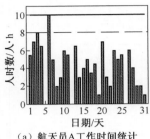
（a）航天员A工作时间统计

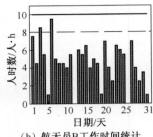
（b）航天员B工作时间统计

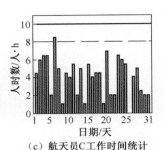
（c）航天员C工作时间统计

图 7.5.9　MSPGA 规划结果 2013 年 3 月航天员工作时间统计

参考文献

［1］邱冬阳. 空间站运营在轨任务规划技术研究 ［D］. 长沙：国防科技大学,2016.

［2］都志辉. 高性能计算并行编程技术——MPI 并行程序设计[M]. 北京：清华大学出版社,2001.

［3］莫则尧,袁国兴. 消息传递并行编程环境 MPI[M]. 北京：科学出版社,2001.

［4］邢立宁,杨振宇,王沛,等. 智能优化理论、方法及其应用[M]. 长沙：国防科技大学出版社,2014.

［5］Holland J H. Adaptation in Natural and Artificial Systems：An introductory analysis with applications to biology,and artificial intelligence ［M］.Michigan：The University of Michigan Press,1975.

［6］Goldberg D E. Genetic Algorithms in Search,Optimization and Machine Learning ［M］. Reading：Addison Wesley Longman,1989.

［7］Harik G,Paz E C,Miller B. The Gambler's Ruin Problem,Genetic Algorithms,and the Sizing of Population ［C］. Proc of the 5th Intel Conference on Evolution Computation. New York：IEEE Press,1997.

［8］曾国荪,丁春玲. 并行遗传算法分析[J]. 计算机工程,2001,27(9):53-55.

［9］Pacheco P S. 并行程序设计导论[M]. 邓倩妮,等译. 北京：机械工业出版社,2012.

［10］王小良,李强.并行遗传算法研究及其应用[J].微计算机信息,2007,23(3):205-206.

［11］安竹林. 基于 MPI 的并行遗传算法研究[D]. 合肥：合肥工业大学,2006.

第8章
空间站运营短期任务鲁棒规划与重规划

执行层规划主要面向空间站短期任务(如一周以内),一方面,任务执行过程中,由于不确定性扰动、需求变化(如突发任务)对任务的影响,需要对任务层规划结果"任务执行概要"进行适应性调整或修改,称为短期任务重规划;另一方面,需要进一步细化任务计划,明确各系统、设备具体操作步骤的时间与控制指令,称为飞行程序编排。

方案的实际可执行程度是工程关注的重点。在实际工程中,并不是所有空间站的在轨操作都能完全按照给定方案执行,会有不确定扰动影响任务实际的执行效果,并对方案中其他任务的执行产生影响,导致空间站运营存在不稳定性。因此,需要对在轨任务执行的扰动情况进行分析建模,然后在标称规划的基础上,开展鲁棒规划研究,获得具有一定鲁棒性的方案,以在一定程度上应对工程中的不确定扰动。而重规划方法对任务层标称规划结果进行适应性调整、修改甚至切换至全新的方案,更新事件时序与在轨资源分配。作者所在团队针对短期任务的扰动分析、鲁棒规划与重规划开展了深入研究[1-2],相关研究成果将在本章阐述,而飞行程序编排将在第9章阐述。

本章内容安排如下:8.1节分析了空间站短期在轨任务规划领域内方案扰动情况及其执行鲁棒特性;8.2节建立了任务延迟模型,并对鲁棒规划问题进行求解;8.3节分析了延迟约束传播的影响,并对延迟约束传播鲁棒规划问题进行求解;8.4节介绍了面向突发任务的重规划方法。

8.1 方案扰动与鲁棒性分析

针对"和平号"空间站与国际空间站,已有关于不确定性扰动的研究。Brian[3]、Bachman 和 Kline[4]研究了空间站上维护维修备件的故障损耗模型和在轨维修策略等；Russell 和 Klaus[5-6]研究了国际空间站上日常维护维修时间利用情况，并分析了与航天员生命保障系统的相互影响作用关系；Nechaev[7]基于"和平号"运营数据，对航天员在轨操作失误管理进行了分析研究。开展针对不确定性扰动影响的空间站在轨任务鲁棒规划问题研究，首先需对不确定扰动因素进行分析，明确主要的扰动因素。同时对方案执行的鲁棒性开展研究，分析不同方案面临的不确定扰动影响情况，为问题的鲁棒规划奠定基础。

8.1.1 不确定扰动分析

1. 扰动类型

影响空间站在轨任务执行情况的因素有很多，如地面临时指令、设备故障延迟、航天员操作失误或身体不适等，这些扰动因素对方案执行的影响效果不同。根据影响效果分为终止型扰动和延迟型扰动，表示为

$$Perturbation = \{Termination, Delay\} \tag{8.1.1}$$

式中：Perturbation 为空间站运营时影响在轨任务执行的不确定扰动；Termination 为终止型扰动；Delay 为延迟型扰动。

2. 扰动影响

终止型扰动表示空间站终止原有的执行方案，根据新的指令和新的方案处理扰动带来的影响，同时也意味着原有方案不能适应该类扰动。例如，空间碎片扰动，当有空间碎片威胁空间站运营时，空间站上航天员需放弃方案中的工作计划，执行应对空间碎片的安全模式。当遇到终止类型扰动时，不考虑方案鲁棒性如何，其执行必须停止。由此可见，在事先进行方案规划时，不需要考虑终止类型扰动。延迟型扰动表示这类扰动会引起任务延迟，由于扰动延迟，任务的执行比计划用时要长，但仍然在有效的时间范围内，有一定的概率执行完毕，使得空间站可以按照原有方案继续运营，这就意味着在进行在轨任务规划时有必要考虑任务延迟情况。

任务的执行主要由设备和航天员完成，而资源对设备使用起支撑作用，如果资源出现扰动，同样会引起设备的使用问题，所以可以将资源的不确定扰动归为设备使用的故障情况。同时航天员在轨执行任务操作时，有可能出现操作失误，引起任务执行的延迟，所以引起任务延迟的主要因素为设备故障不确定扰动和航天员操作失误不确定扰动。

在研究任务延迟规划问题时，有以下两个假设。

（1）即处理假设。一旦设备发生故障或航天员操作失误，引起任务执行中断，立刻对设备故障进行排除，或纠正航天员操作失误，然后继续执行任务将其完成，并不考虑任务中断，重新安排时间去排除设备故障和航天员操作失误的情况。

（2）修复完成假设。当设备发生故障或航天员操作失误时，只要未来时间足够长，一定能够排除设备故障和纠正航天员操作失误。

设备故障和航天员操作失误对任务的延迟影响如图 8.1.1 所示，任务执行过程中产生的延迟时间主要包括任务的重新开始和故障排除时间。

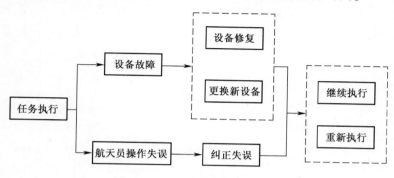

图 8.1.1　任务延迟影响示意图

由于设备故障和航天员操作失误产生的效果是一样的，所以在本书中统一将其考虑为扰动延迟。

8.1.2　方案鲁棒特性分析

稳定性目标函数的作用是利用空余时间应对不确定扰动，保证方案中的任务尽可能按照方案排布的时间执行，所以在空间站在轨任务规划领域用规划方案执行的偏差程度来表征规划方案执行的鲁棒性。但在工程实际中，并不是只要拥有空余时间，方案执行的鲁棒性就一定较优，如图 8.1.2 至图 8.1.4 所示。图 8.1.2(a) 表示任务 A 与任务 B 在时间上不存在冲突，但在时间上很接近。当任务 A 延迟时，则会出现图 8.1.2(b) 的情况，任务 A 与任务 B 产生冲突，这说

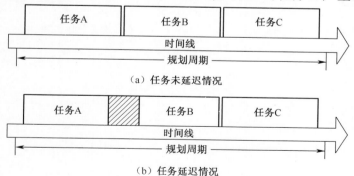

图 8.1.2　多任务延迟影响示意图

223

明任务 A 的延迟影响了任务 B 的执行,进一步任务 B 的执行可能会影响任务 C 及其他后续任务的执行。

图 8.1.3 给出了单任务延迟的一种情况示意。在图 8.1.3(a)中,方案明显具有较多的空余时间,且方案满足约束可行,但大部分空余时间都在任务 A 执行之前,当任务 A 发生延迟,如图 8.1.3(b)所示,会导致任务 A 的结束时间超出了其所规定的最晚结束时间,违反了约束,使得任务方案变为不可行方案。

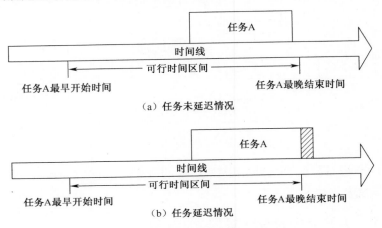

图 8.1.3 单任务延迟影响示意情况 1

图 8.1.4 给出了单任务延迟的另一种情况示意。在图 8.1.4(a)中,方案同样具有较多的空余时间,且方案满足约束可行,但大部分空余时间都在任务 A 执行之后,当任务 A 发生延迟,如图 8.1.4(b)所示,整个方案仍然是可行的。

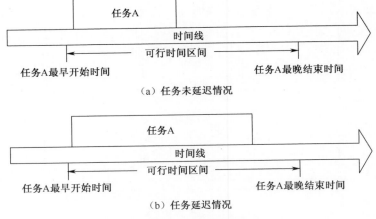

图 8.1.4 单任务延迟影响示意情况 2

通过分析可知,当一个任务活动结束后有比较多的空余时间,或者任务后续时间没有相互冲突的任务,在遇到不确定性扰动时,方案执行的鲁棒性较好。

8.2 在轨任务鲁棒规划方法

8.1.1 小节明确了在轨任务的主要扰动为延迟扰动,所以为了解决鲁棒规划问题,首先需建立任务延迟模型,然后在此基础上定义鲁棒指标,并建立鲁棒规划模型对问题进行求解。

◢ 8.2.1 在轨任务延迟模型

任务执行的延迟情况分两部分进行考虑:一是考虑任务延迟的产生,即扰动延迟发生情况;二是考虑任务延迟时间情况,即延迟修复时间模型。分析这两种情况的前提是空间站的运行处于稳定状态,所以可以利用一系列稳定的参数模型来描述空间站运行状态。

1. 延迟扰动发生模型

在 8.1.1 小节中,分析了影响任务的不确定扰动因素,可知不确定扰动的发生具有一定的随机性,同时在任务的执行过程中,任何时候都可能产生设备故障或航天员的操作失误,同时考虑到"即处理"假设,所以任务执行过程中延迟扰动的发生过程是一个到达发生过程模型[1-2]。

对空间站在轨任务执行延迟过程采用以下假设。

(1)延迟扰动零等待。当产生一个延误扰动时,便即刻处理该扰动,在处理过程中,不会产生新的延误扰动,即任务的正常执行过程中每个时刻只发生一个延迟扰动。

(2)扰动发生独立。在空间站在轨任务执行过程中,随机发生的延迟扰动之间具有独立性,相互之间并不存在影响。

(3)扰动发生增量稳定。延迟扰动发生数量只与任务执行的时间区间长度有关,与任务执行的具体开始时间和结束时间无关。

根据已有研究,可以利用以下的泊松过程来描述延迟扰动到达发生模型[1-2],即

$$P_d(x) = \frac{e^{-\mu t}}{x!}(\mu t)^x \qquad x = 1, 2, 3, \cdots \qquad (8.2.1)$$

式中:P_d 为发生延迟扰动的概率;x 为在该任务正常执行期间发生延迟扰动的个数;t 为任务活动正常执行时长;μ 为扰动率,表示单位时间内发生延迟扰动的

概率。

在实际工程中,空间站上工作生活的航天员在地面是经过严格训练的,设备都经过严格测试,每个设备都具有备份系统,因此将设备和其备份系统看做一个整体,设备发生故障指设备和其备份都发生故障不能执行任务,因此,航天员和设备产生失误和故障的概率较小。

假设一个设备的 μ 参数为 0.01,其所属的任务周期为 1h,根据式(8.2.1),其产生一次故障的概率为 0.0038,产生两次故障的概率为 0.00000018,产生三次故障的概率为 6.13×10^{-10},可以看出,设备发生故障个数大于 1 个(不包含 1 个)的概率为小概率事件,对任务的执行影响非常小。

从简化计算的角度出发,本章将设备故障概率近似等于设备的一次故障概率。

2. 延迟修复时间模型

当延迟扰动发生后,便立即进入延迟修复过程,对问题进行处理。进一步分析延迟修复过程,可作以下假设。

(1)延迟单列排队。对于一个任务,每次只有一个设备故障或航天员操作失误需处理,同时需要特定应对措施处理,而且进一步假定:任务延误的处理由该任务的设备、航天员和资源完成。

(2)修复过程稳定。空间站在日常运营过程中,设备的故障和航天员操作失误的处理处于一个稳态过程,即修复时间消耗符合一定的概率密度分布。

(3)修复方式明确。由于空间站运行是一个组织严密的管理过程,所以空间站运营出现设备故障或者航天员失误时,都有预先制订的相应流程进行处理。

根据以上特点,结合当前装备故障维修性研究成果[3],可以利用指数分布来描述延迟修复时间模型,即

$$P_M(t) = \lambda e^{-\lambda t} \qquad t \geq 0 \qquad (8.2.2)$$

式中:P_M 为修复概率;λ 为设备故障处理的修复率,表示在单位时间范围内,设备故障或航天员失误被修复的概率,是空间站设备和航天员的固有属性;t 为任务结束后的一段时间,称为延迟可用时间,有

$$t = 活动 B 开始时间 - 活动 A 开始时间 - 活动 A 持续时间 \qquad (8.2.3)$$

其中,活动 B 与活动 A 同时执行会违反先验关系约束,而活动 B 为活动 A 结束后第一个执行的活动,彼此在时间上没有交集。

基于式(8.2.2),对活动可用延迟时间进行积分,能够得到该活动在该可用延迟时间的完成概率。

△8.2.2 鲁棒规划模型

针对空间站在轨任务鲁棒规划问题,定义完全执行概率指标(Complete Execution Probability Index),在完全执行概率指标的基础上,结合问题优先级指标,建立考虑两目标优化的鲁棒规划模型,最后利用基于回溯与 NSGA-Ⅱ 的多目标优化方法求解[1]。

1. 方案可靠性指标

在 8.2.1 小节中给出了延迟扰动发生模型和延迟修复时间模型,通过模型中设备和航天员发生延迟扰动概率,可以得到相应活动发生延迟扰动的概率,根据活动延迟扰动概率,可进一步获得该活动的完成概率,最终根据方案中各个活动的完成概率,获得整个方案的完成概率,即得到方案的完全执行概率指标,如图 8.2.1 所示。

图 8.2.1 任务方案完全执行概率计算流程

1) 活动延迟扰动概率

由于设备和航天员之间是相互独立的,同时在实际工程中,一个活动中多个设备或航天员多次发生延迟扰动为小概率事件,所以假定每个设备或航天员在执行的过程中只发生一次延迟扰动。在任务执行过程中,不同设备或航天员同时产生故障或延迟扰动为小概率事件,为了便于解决空间站在轨任务延迟规划问题,假设在活动执行过程中,活动不会发生两个或两个以上的延迟扰动,所以活动延迟扰动概率可定义为

$$P_A = \sum_{d=1}^{D} \left[P_d \cdot \prod_{n=1}^{D} (1 - P_n) \right] \qquad n \neq d \qquad (8.2.4)$$

式中:P_A 为活动延迟扰动概率;P_d 和 P_n 分别为设备或航天员 d 和 n 在活动执行时间内发生一次延迟扰动的概率,由式(8.2.1)得到;D 为该活动执行所需的设备和航天员个数。该式的意义为活动中出现设备或航天员发生一次延迟扰动,但其他设备和航天员不发生延迟扰动这类情况的概率。

2) 活动完成概率

在活动延迟扰动概率的基础上,对活动的完成概率进行计算,考虑设备、航天员之间的相互独立性以及活动最多一次延迟扰动假设,并且设备的延迟扰动概率相互独立,则活动完成概率为

$$P_C = (1 - P_A) + \sum_{n=1}^{D} \frac{P_n \cdot P_n(t)}{P_A} \qquad (8.2.5)$$

式中:P_C 为活动的完成概率;$P_n(t)$ 为活动中设备或航天员 n 发生延迟扰动后的修复概率。

3)方案完全执行概率指标

完全执行概率指标定义为任务方案在延迟扰动的情况下,各个活动按照方案开始时间,顺利执行的概率,方案的完全执行概率指标定义为

$$P_F = \prod_{k=1}^{N} P_{Ck} \qquad (8.2.6)$$

式中:P_F 为方案的完成概率;P_{Ck} 为活动在当前方案中有延迟情况下完成的概率;N 为方案中总的活动个数。将式(8.2.4)和式(8.2.5)分别代入式(8.2.6),获得方案完全执行概率指标。方案完全执行概率意义为方案中所有活动都可以完成的概率。

2. 规划模型

1)设计变量

解决空间站在轨任务鲁棒规划问题,仍以所有任务需求中每个任务的活动开始时间为设计变量,如式(6.3.2)所示。

2)值域

每个设计变量的取值范围以相对应任务的最早开始时间和最晚结束时间范围内为基础,如式(6.3.3)所示。根据活动的先验关系,对设计变量的值域作进一步细致划分[1]。

3)约束条件

求解问题中面临的约束条件仍然为空间站在任务规划领域的约束条件,分别为功率约束(ConsPower)、散热约束(ConsHeat)、设备负载约束(ConsDevice)、航天员作息约束(ConsAstro)和先验关系约束(ConsPreRelShip)。这里明确一点,在本节任务延迟规划过程中,约束条件不受延迟扰动的影响,不产生约束传播影响。

4)目标函数

空间站在轨任务鲁棒规划问题为多目标优化问题,目标函数包括优先级指标和完全执行概率指标,分别如式(7.2.7)和式(8.2.6)所示。

3. 优化算法

本书采用第二代非支配排序遗传算法(Non-Dominated Sorting Genetic Algorithm Ⅱ,NSGA-Ⅱ)对在轨任务鲁棒规划问题进行求解。NSGA-Ⅱ 是 Deb 等[10]在第一代算法非支配排序遗传算法(Non-Dominated Sorting Genetic Algorithm,NSGA)的基础上改进得到的一种多目标遗传算法,其最突出的特点是采用了快速非支配排序和排挤机制,前者驱使搜索过程收敛到 Pareto 最优前沿,后者保证了 Pareto 最优解的多样性。支配排序将解集分解为一系列的非支配层,假设某多目标优化问题有 m 个优化目标,种群有 N 个体,若采用常规的支配排序方法,算法的计算复杂度为 $O(mN^3)$;采用快速非支配排序之后,算法的计算复杂度可降为 $O(mN^2)$。NSGA - II 算法中包括快速非支配排序、排挤距离计算、排挤策略比较和精英策略选择等一些重要步骤,算法详细实现流程可参考文献[10]。

在约束的处理上,本章同样采用了回溯方法保证获得可行解[1],回溯方法与 NSGA - II 的结合方式与本书 7.3.2 小节约束修正策略与遗传算法的结合方式类似,这里不再赘述。

◢ 8.2.3　算例分析

考虑空间站在轨运行一个星期的情况:周一至周六为工作日,周日休息。一个星期的时长为 $24 \times 7 = 168h$,时间推进步长 Step = 0.5h。空间站共驻留 3 名航天员,额定功率为 8000W,额定散热量为 5000W,算例中的时间单位为小时。任务的配置细节如表 8.2.1 所列,共给出了 35 个任务的属性,包括任务的编号、名称、类型、优先级、收益值、最早开始时间和最晚结束时间。

表 8.2.1　鲁棒规划算例任务列表

编号	名称	类型	优先级	收益值	最早开始时间	最晚结束时间
M1	舱外维护	平台	70	35	周四 8:00	周四 22:00
M2	舱内设备更换	平台	50	15	周二 8:00	周二 22:00
M3	轨道机动	站体	100	25	周六 8:00	周六 11:00
M4	物资补给	转移	80	30	周一 8:00	周一 22:00
M5	生物试验	载荷	16	90	周二 8:00	周二 22:00
M6	医学试验	载荷	17	95	周三 8:00	周三 22:00
M7	生命科学试验	载荷	19	100	周三 8:00	周三 22:00
M8	材料科学试验	载荷	21	75	周五 8:00	周五 22:00
M9	技术发展试验	载荷	23	98	周五 8:00	周五 22:00
M10	地球观测	载荷	25	60	周六 8:00	周六 22:00
M11	微重力试验	载荷	17	88	周一 8:00	周一 22:00
M12	激光测试	载荷	20	77	周五 8:00	周五 22:00
M13	健康检查	平台	45	45	周四 8:00	周四 22:00

（续）

编号	名称	类型	优先级	收益值	最早开始时间	最晚结束时间
M14	激光测试	载荷	15	92	周二 8：00	周二 22：00
M15	姿态调整	站体	90	33	周一 8：00	周一 22：00
M16	生物试验-Ⅱ	载荷	15	89	周四 8：00	周四 22：00
M17	大气观测	载荷	14	80	周三 8：00	周三 22：00
M18	技术发展试验-Ⅱ	载荷	20	94	周六 8：00	周六 22：00
M19	空间站服务	平台	95	10	周六 8：00	周六 22：00
M20	生命科学试验-Ⅱ	载荷	19	99	周二 8：00	周二 22：00
M21	材料科学试验-Ⅱ	载荷	16	87	周一 8：00	周一 22：00
M22	舱内设备更换-Ⅱ	平台	80	12	周五 8：00	周五 22：00
M23	激光测试-Ⅱ	载荷	10	65	周四 8：00	周四 22：00
M24	激光测试-Ⅱ	载荷	12	87	周三 8：00	周三 22：00
M25	地球观测-Ⅱ	载荷	19	81	周二 8：00	周二 22：00
M26	空间站服务-Ⅱ	平台	93	5	周三 8：00	周三 22：00
M27	舱外维护-Ⅱ	平台	63	37	周六 8：00	周六 22：00
M28	姿态控制	平台	72	44	周四 8：00	周四 22：00
M29	通信试验	载荷	34	86	周一 8：00	周一 22：00
M30	流体试验	载荷	17	79	周五 8：00	周五 22：00
M31	模块维护	平台	63	26	周二 8：00	周二 22：00
M32	舱外设备安装	平台	92	17	周一 8：00	周一 22：00
M33	系统自查	平台	100	5	周六 8：00	周六 22：00
M34	环境监测	平台	89	50	周二 8：00	周二 22：00
M35	设备测试	平台	100	5	周三 8：00	周三 22：00

表8.2.2 给出了算例中规划周期内所需的设备信息,包括航天员在内,共有18种设备,每种设备给出了设备的编号、名称、类型、活动数、使用功率和散热量。针对这个问题,航天员的日常散热为系统散热,所以航天员的任务散热量为0。

表8.2.3 给出了航天员作息时间信息,每天中午和晚上各有一次休息机会,航天员休息任务的类型看作日常维护维修类型。

表 8.2.2　鲁棒规划算例设备列表

编号	名称	类型	活动数	使用功率/W	散热量/W
D1	航天员_A	未知	1	0	0
D2	航天员_B	未知	1	0	0
D3	航天员_C	未知	1	0	0
D4	机械臂	系统	1	5000	2000
D5	生物机柜	载荷	2	1500	1000
D6	生命科学设备	载荷	2	1000	500
D7	材料科学机柜	载荷	2	4500	3000
D8	技术发展设备	载荷	2	4000	2500
D9	相机	载荷	1	500	300
D10	微重力设备	载荷	1	3000	1500
D11	药品设备	载荷	1	800	400
D12	健康检查设备	系统	3	500	300
D13	激光设备	载荷	1	7000	4500
D14	望远镜	载荷	1	1000	500
D15	通信设备	载荷	1	2500	1000
D16	流体实验室	载荷	1	3000	1500
D17	计算机	系统	1	1000	500
D18	监测设备	系统	1	1500	800

表 8.2.3　鲁棒规划航天员作息时间信息

任务编号	名称	优先级	类型	最早开始时间	最晚结束时间
R-A	午休	15	平台	11：00	14：00
R-B	晚休	15	平台	18：00	22：00

　　表 8.2.4 给出了算例任务活动信息,主要包括任务编号、任务包含活动编号、名称、所用设备编号、周期和先验关系信息。

表 8.2.4　周规划算例任务活动列表

任务编号	活动编号	活动名称	设备	周期	先验关系		
					需完成活动编号	时间节点	类型
M1	M1A1	舱外维护	D1,D2,D3,D4	6	—	—	—
M2	M2 A1	更换	D2,D3	1	—	—	—
M3	M3A1	轨道准备	D1,D2,D3	1	—	—	—
	M3A2	机动	D1,D2,D3	0.5	M3A1	1	之前
M4	M4A1	交会对接	D1,D2,D3	1	—	—	—
	M4A2	物资转移	D1,D2,D3	2	M4A1	1	之前
M5	M5A1	试验	D1,D5	2	—	—	—
M6	M6A1	试验	D2	2	—	—	—
M7	M7A1	试验	D3,D6	2	—	—	—
M8	M8A1	试验	D2,D7	2	—	—	—
M9	M9A1	试验	D1,D8	2	—	—	—
M10	M10A1	试验	D3,D9	2	—	—	—
M11	M11A1	微重力准备	D2,D10	1	—	—	—
	M11A2	试验	D2,D10	1	M11A1	1	之前
M12	M12A1	试验	D3,D11	2	—	—	—
M13	M13A1	检查	D1,D2,D3,D12	2	—	—	—
M14	M14A1	测试	D1,D2,D3,D13	1	—	—	—
	M14A2	维护	D1,D13	1	M14A1	1	之后
M15	M15A1	调整准备	D1,D2,D3	1	—	—	—
	M15A2	调整	D1,D2,D3	0.5	M15A1	1	之前
M16	M16A1	试验	D1,D5	2	—	—	—
M17	M17A1	试验	D2,D14	2	—	—	—
M18	M18A1	试验	D1,D8	2	—	—	—
M19	M19A1	服务	D1,D2,D3	2	—	—	—
M20	M20A1	试验	D3,D6	2	—	—	—
M21	M21A1	试验	D2,D7	2	—	—	—
M22	M22A1	更换	D1,D3	1	—	—	—
M23	M23A1	测试	D1,D2,D3,D13	1	—	—	—
	M23A2	维护	D1,D13	1	M23A1	1	之后

（续）

任务编号	活动编号	活动名称	设备	周期	先验关系		
					需完成活动编号	时间节点	类型
M24	M24A1	试验	D3,D11	2	—	—	—
M25	M25A1	试验	D3,D9	2	—	—	—
M26	M26A1	服务	D1,D2,D3	2	—	—	—
M27	M27A1	舱外维护	D1,D2,D3,D4	3	—	—	—
M28	M28A1	姿态控制	D2,D3	0.5	—	—	—
M29	M29A1	试验	D1,D15	2	—	—	—
M30	M30A1	试验	D1,D16	2	—	—	—
M31	M31A1	维护	D1,D2	2	—	—	—
M32	M32A1	安装	D1,D2,D3,D4	3	—	—	—
M33	M33A1	检查	D17	1	—	—	—
M34	M34A1	监测	D2,D17,D18	2	—	—	—
M35	M35A1	调试测试	D1,D2,D3,D4,D9,D14,D17	2	—	—	—
R-A	MRAA1	休息	D1,D2,D3	2	—	—	—
R-B	MRBA1	休息	D1,D2,D3	2	—	—	—

表 8.2.5 给出了设备的修复率和故障率参数。根据给定参数，可以获得满足任务延迟需求的方案。

表 8.2.5　设备属性参数列表

编号	名称	类型	活动数	使用功率/W	散热量/W	修复率 μ	故障率 λ
D1	航天员_A	未知	1	0	0	0.004	3
D2	航天员_B	未知	1	0	0	0.004	3
D3	航天员_C	未知	1	0	0	0.004	3
D4	机械臂	系统	1	5000	2000	0.002	1
D5	生物机柜	载荷	2	1500	1000	0.001	1
D6	生命科学设备	载荷	2	1000	500	0.001	1
D7	材料科学机柜	载荷	2	4500	3000	0.001	1
D8	技术发展设备	载荷	2	4000	2500	0.002	1
D9	相机	载荷	1	500	300	0.001	1

（续）

编号	名称	类型	活动数	使用功率/W	散热量/W	修复率 μ	故障率 λ
D10	微重力设备	载荷	1	3000	1500	0.001	1
D11	药品设备	载荷	1	800	400	0.001	1
D12	健康检查设备	系统	3	500	300	0.001	1
D13	激光设备	载荷	1	7000	4500	0.002	0.5
D14	望远镜	载荷	1	1000	500	0.001	1
D15	通信设备	载荷	1	2500	1000	0.001	2
D16	流体实验室	载荷	1	3000	1500	0.001	1
D17	计算机	系统	1	1000	500	0.003	3
D18	监测设备	系统	1	1500	800	0.002	1

1. 结果方案分析

图 8.2.2 给出了两目标优化的任务延迟规划结果 Pareto 前沿,并选择了一个可行结果作为规划方案。根据 Pareto 前沿可以看出,空间站在轨任务鲁棒规划中优先级指标与完全执行概率指标之间有明显的相互作用关系,彼此之间存在一定的相互制约关系,规划周期内的时间资源有限,如果方案的完全执行概率指标越高,则每个任务后的延迟时间越多,会影响方案中的任务个数,任务个数越少,则优先级指标越低,所以完全执行概率指标与优先级指标会相互制约。

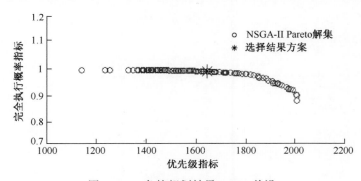

图 8.2.2　鲁棒规划结果 Pareto 前沿

基于图 8.2.2,表 8.2.6 给出了选定的规划任务方案。在该方案中,共有 19 项任务需求得到了排布,16 项任务没有安排在该方案,这是由于考虑任务延迟,会导致一些任务执行时间的增加,以保证方案执行的完全执行概率。规划周期中的时间资源是有限的,方案完全执行概率的提升势必会导致时间资源的紧张,从而影响一些任务在规划周期中的安排。

表 8.2.6　鲁棒规划结果任务方案

任务编号	任务名称	活动编号	活动名称	周期	开始时间
M2	舱内设备更换	M2A1	更换	1	周四 11：49
M3	轨道机动	M3A1	轨道准备	1	周六 8：00
		M3A2	机动	0.5	周六 9：26
M5	生物试验	M5A1	试验	2	周二 8：03
M8	材料科学试验	M8A1	试验	2	周五 14：01
M12	药品试验	M12A1	试验	2	周五 8：01
M13	健康检查	M13A1	检查	2	周四 13：57
M15	姿态调整	M15A1	调整准备	1	周一 8：00
		M15A2	调整	0.5	周一 9：30
M19	空间站服务	M19A1	服务	2	周六 14：11
M20	生命科学试验-Ⅱ	M20A1	试验	2	周二 8：00
M22	舱内设备更换-Ⅱ	M22A1	更换	1	周五 13：00
M25	地球观测-Ⅱ	M25A1	试验	2	周二 13：40
M26	空间站服务-Ⅱ	M26A1	服务	2	周三 8：00
M28	姿态控制	M28A1	姿态控制	0.5	周四 8：03
M30	流体试验	M30A1	试验	2	周五 8：00
M31	模块维护	M31A1	维护	2	周二 13：40
M32	舱外设备安装	M32A1	安装	3	周一 11：34
M33	系统自查	M33A1	检查	2	周六 8：07
M34	环境监测	M34A1	监测	2	周二 8：00
M35	设备系统测试	M35A1	调试测试	2	周三 11：42

　　图 8.2.3 给出了鲁棒规划获得的航天员在轨操作计划。由该操作计划中可以看出,包括航天员休息在内,每个任务的计划执行时间后,有一段空余时间,用于满足任务延迟需求,利用任务后空余时间来实现延迟扰动的修复过程,以提高任务执行的可靠率。

　　图 8.2.4 给出了鲁棒规划结果的设备调度甘特图。从该甘特图中可以看出,该方案具有一定时间冗余特性,任务在需求的时间范围内,比较早地得到了安排。这是由于任务的延迟修复时间只能安排在任务计划时间之后,所以在利用优化算法求解的过程中,经过进化操作,最终得到了具有时间冗余特性的方案。

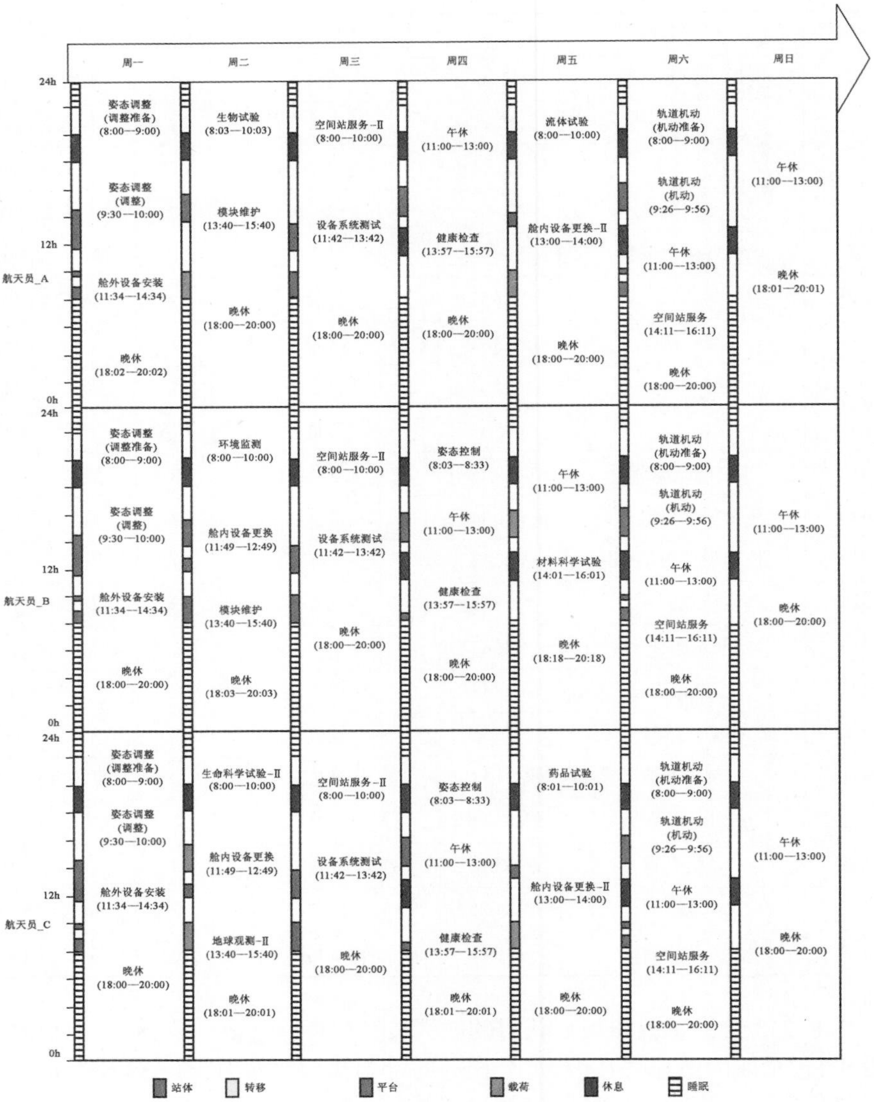

图 8.2.3 航天员在轨操作计划(鲁棒规划)

图 8.2.5 给出了功率和散热量曲线,可以看出方案满足功率和散热约束条件。结合表 8.2.2、图 8.2.3 和图 8.2.4,可知鲁棒规划可以获得满足约束条件的结果方案。

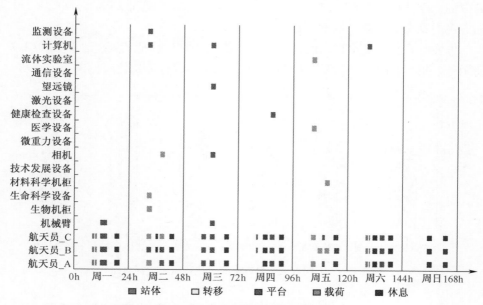

图 8.2.4　设备调度甘特图(鲁棒规划)

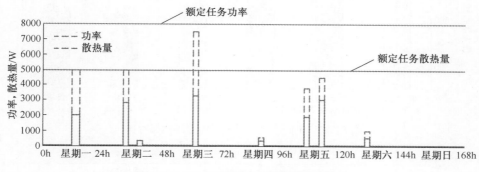

图 8.2.5　功率和散热量曲线(鲁棒规划)

2. 可靠性对比分析

分别采用时间线启发规划方法和全局优化方法进行求解,获得了不同的方案,对其完全执行概率指标进行比较分析。如图 8.2.6 所示,时间迭代解冲突方法和贪婪算法获得的方案完全执行概率指标较差,这是由于在规划过程中,由于迭代冲突化解策略的任务延后或时间冗余策略的影响,导致任务活动之间没有空余时间,大部分活动的执行紧密相连,从而导致方案完全执行概率较低。而在进化算法求解过程中,种群的赋值存在随机性,导致任务活动之间存在空余时间,从而满足了任务的延误时间需求,进而方案的完全执行概率较高。多目标研究中的稳定性指标能够反映方案中的空余时间,稳定性越好,空余时间越多,进而方案的完全执行概率也就越好。

方案完全执行概率提高的代价为方案优先级指标性能的降低。如图 8.2.7 所示,多目标优化方法和鲁棒规划方案的优先级指标性能都比较低。

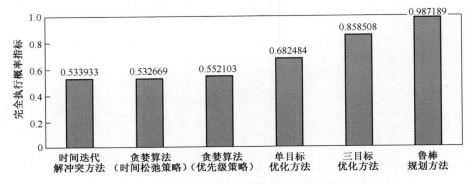

图 8.2.6 不同方法结果方案完全执行概率指标对比

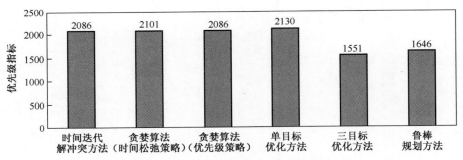

图 8.2.7 不同方法结果方案优先级指标对比

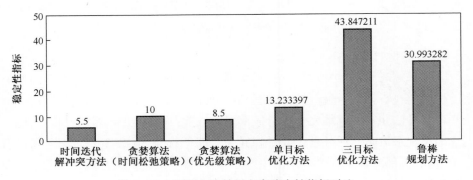

图 8.2.8 不同方法结果方案稳定性指标对比

图 8.2.8 给出了不同方法规划方案的稳定性指标对比情况。可以看出完全执行概率指标和稳定性指标有一定的关系,但也不尽相同。虽然多目标优化方法的规划方案空余时间更多,但方案的完全执行概率并没有鲁棒规划方案的好。

图 8.2.9 和图 8.2.10 对比说明了稳定性指标和完全执行概率指标的差异。在图 8.2.9 中,情景 1 的空余时间为 $t_{f1}+t_{d1}$,延迟可用时间为 t_{d1};在图 8.2.10 中,情景 2 的空余时间为 $t_{f2}+t_{d2}$,延迟可用时间 t_{d2}。设定 $t_{f1}+t_{d1}=t_{f2}+t_{d2}$,$t_{d2}>t_{d1}$。明显地,情景 1 的稳定性指标等于情景 2 的稳定性指标,但情景 2 的完全执行概率指标优于情景 1 的完全执行概率指标,因为任务执行前空余时间 t_{f1} 和 t_{f2} 对任务的执行完全执行概率没有作用。

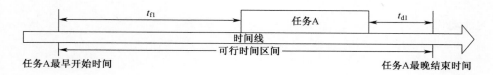

图 8.2.9 稳定性指标与完全执行概率指标分析(情景 1)

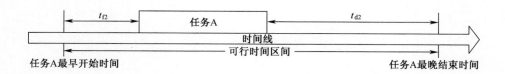

图 8.2.10 稳定性指标与完全执行概率指标分析(情景 2)

在实际工程中,不能简单地认为稳定性指标和完全执行概率指标哪个指标更好,两个指标的定义不同,稳定性指标在某些时刻可更好地面对工程中新增任务的应急插入需求;完全执行概率则可提高方案的鲁棒性。

8.3　延迟约束传播鲁棒规划方法

8.2 节研究了空间站在轨任务鲁棒规划问题,得到的方案在没有扰动的情况下是满足约束的,但是并没有考虑延迟扰动引起约束条件变化的影响。本节从延迟的约束传播影响角度出发,对空间站在轨任务鲁棒规划问题进行研究。

8.3.1 延迟约束传播分析

8.2 节中的鲁棒规划问题,每个活动可用的延迟时间为该活动结束后的空余时间,任务中活动的延迟会改变规划环境的约束条件,本节对延迟约束传播进行研究分析。

根据对约束特点的分析,约束条件主要有时间约束、边界约束和逻辑约束[1],时间约束和边界约束只涉及方案在某一时刻是否违反约束条件,而逻辑约束不仅会涉及某一时刻的影响,而且会影响方案中任务和活动的逻辑关系。在空间站在轨任务规划领域中的约束条件中,活动的先验关系为逻辑关系,用于描述活动的相对时间顺序,活动之间彼此相互影响关联。本节从具有先验关系的活动和不具有先验关系的活动入手,分析延迟约束传播特性。

1. 非先验关系类型

在 8.2 节模型中,任务活动延迟的可用时间为活动结束后紧接着的空余时间,在计划方案的这段时间内,没有任务的活动在执行,所以当任务中活动占用其可用延迟时间时,对功率、散热、设备负载和航天员作息的约束条件没有影响。

在实际情况下,任务中活动延迟的可用时间不仅仅只有其后的空余时间,其后的非空余时间可能具备延迟占用的条件,如图 8.3.1 所示。

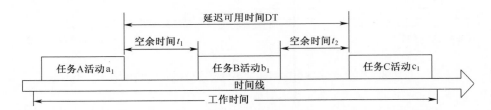

图 8.3.1　延迟非先验关系类型约束传播示意图

在图 8.3.1 中,任务 A 活动 a_1,任务 B 活动 b_1 和任务 C 活动 c_1 均为单活动任务;空闲时间 t_1 为任务 A 活动 a_1 在 8.2 节模型中的延迟可用时间;空闲时间 t_2 为任务 B 活动 b_1 在 8.2 节模型中的延迟可用时间;DT 为约束传播分析后某种情况下任务 A 活动 a_1 的延迟可用时间。分两种情况进行讨论。

情况 1:延迟可用时间为空余时间情况

设定任务 A 活动 a_1 和任务 B 活动 b_1 同时发生违反约束条件,同时任务 C 活动 c_1 与任务 B 活动 b_1 同时发生违反约束条件,任务 A 活动 a_1 的延误可用时间为空余时间 t_1。

情况 2:延误可用时间不仅为空余时间情况

设定任务 A 活动 a_1 和任务 B 活动 b_1 同时发生不违反约束条件,在任务 C 活动 c_1 与任务 A 活动 a_1 同时发生违反约束条件的前提下,任务 A 活动 a_1 的延误可用时间为

$$DT = t_1 + M(B)A(b_1).Dur + t_2 \qquad (8.3.1)$$

式中:$M(B)A(b_1).Dur$ 为任务 B 活动 b_1 的时长。

结合这两种情况,同时基于式(8.2.2),可以看出在方案中可能会不仅仅只有情况 1,还可能会出现情况 2,而且在情况 2 中计算的完全执行概率指标会优于情况 1 的计算结果。同时,在完全执行概率指标相同的前提下,情况 2 相比情况 1 能够安排更多的任务。所以在解决空间站在轨任务鲁棒规划问题时,应当在情况 2 的基础上解决问题。所以在式(8.2.2)中,t 的取值属于情况 2。

2. 先验关系类型

在考虑先验关系约束时,延迟扰动的发生可能会产生不满足约束条件的情况,即便延迟可用时间为空余时间情况下,延迟扰动在一定情况下会影响任务内活动之间的约束关系。在 6.3.1 小节"3. 约束条件"中给出的约束模型中,活动间的先验关系可以分为 3 类,以下针对不同关系类型,对延迟扰动的影响进行分析。

1)等于(Equal)关系

在等于关系的条件下,当一个活动的先验活动遇到延迟扰动,产生修复时间时,如果该活动的开始时间不变,则违反了等于关系约束条件。当该活动的开始时间也相应的延后,与其先验活动的结束时间仍保持的需求间隔时间,则仍可能满足等于关系约束条件。如图 8.3.2 所示。

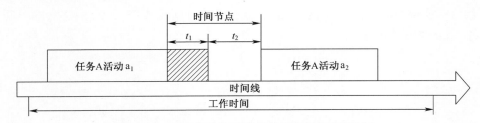

图 8.3.2　延迟先验关系等于类型约束影响示意图

在图 8.3.2 中,时间节点为规划方案内同一任务两个活动的等于先验关系时间间隔;t_1 为任务 A 活动 a_1 的延迟修复时间;t_2 为任务 A 活动 a_1 延迟后与任务 A 活动 a_2 的时间间隔;明显地 t_2 小于时间节点,所以一旦任务 A 活动 a_1 延迟后,将破坏先验关系约束。为了继续满足等于先验关系,活动任务 A 活动 a_2 的开始时间应当延后 t_1 时长,才可以满足约束,如图 8.3.3 所示。

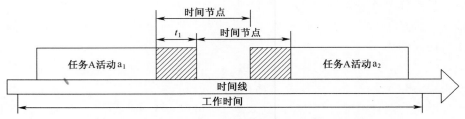

图 8.3.3 延迟先验关系等于类型约束传播示意图

2）之后（After）关系

在之后关系的条件下，当一个活动的先验活动遇到延迟扰动，产生修复时间时，如果该活动的开始时间不变，在一定条件下可能会违反之后关系约束条件。如果违反了先验关系约束条件，该活动的开始时间适当地延后，与其先验活动的间隔时间仍满足需求，如图 8.3.4 所示。

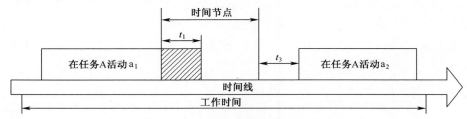

图 8.3.4 延迟先验关系之后类型约束影响示意图

在图 8.3.4 中，t_3 为活动任务 A 活动 a_2 在先验关系时间间隔之后到活动开始的时间段；明显地 $t_3 < t_1$ 时，将破坏先验关系约束；$t_3 > t_1$ 时，仍然满足先验关系约束。这说明活动任务 A 活动 a_1 的延迟可用时间比式（8.2.2）中定义的时间小，如图 8.3.5 所示。

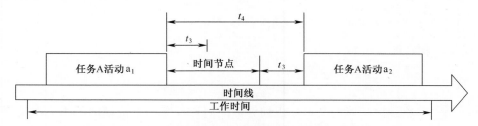

图 8.3.5 延迟先验关系之后类型可用时间示意图

在图 8.3.5 中，t_4 为活动任务 A 活动 a_1 基于式（8.2.6）的延迟可用时间；t_3 不仅为活动任务 A 活动 a_2 在先验关系时间间隔之后到活动开始的时间段，同时也为在满足之后先验关系约束条件下的延迟可用时间。进一步考虑 8.3.1 小节

"1. 非先验关系类型"中情况 2,任务 A 活动 a_1 的可用延迟时间也只有 t_3 时长。

3)之前(Before)关系

在之前关系的条件下,当一个活动的先验活动遇到延迟扰动,产生修复时间时,如果该活动的开始时间不变,能够满足之前关系约束条件,如图 8.3.6 所示。

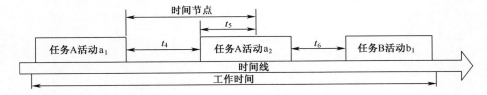

图 8.3.6　延迟先验关系之前类型约束影响示意图

在图 8.3.6 中,t_4 为活动任务 A 活动 a_1 的延迟可用时间;进一步考虑 8.3.1 小节"1. 非先验关系类型"中情况 2,为了满足先验关系约束,任务 A 活动 a_1 的延迟可用时间可能为 t_4,而任务 A 活动 a_2 的延迟可用时间可能为 t_5 或 t_6。

通过分析,延迟扰动对约束的影响,主要集中于先验关系约束,所以在问题的规划中,着重从先验关系约束入手考虑约束传播的影响。

■ 8.3.2　考虑约束传播的鲁棒规划模型

根据 8.3.1 小节分析可知,任务延迟扰动会引起约束传播影响,尤其是先验关系约束,所以有必要考虑延迟对先验关系的影响,使得到方案能够应对约束传播影响,更贴近工程实际。

根据 8.3.1 小节分析,可知在鲁棒规划问题中,约束传播的主要影响是由先验关系带来的。所以,在建立任务延迟约束传播规划模型中,需要依据先验关系类型,给出延迟扰动带来先验关系约束传播影响的应对策略。

1. 先验关系延迟策略

基于 8.3.1 小节的分析提出相应策略,应对任务活动延迟对先验关系的影响。

1)等于(Equal)关系

为了满足等于先验关系,将具有等于关系的活动合并为一个活动,合并后活动的设备和航天员为两个活动的设备和航天员,合并后的活动延迟发生假设条件和规划模型见 8.2 节。合并后活动的延迟可用时间可分两种情况进行讨论。

(1)活动之间不存在其他任务的活动。

具有等于先验关系的活动合并为

$$合并活动 = 任务 A 活动 a_1 \lor 任务 A 活动 a_2 \tag{8.3.2}$$

当活动之间不存在其他任务的活动时,合并后活动的延迟可用时间等于最后一个活动的延迟可用时间,如图 8.3.7 所示。

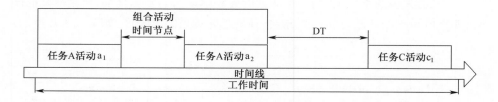

图 8.3.7　活动之间不存在其他任务活动的示意图

在图 8.3.7 中,DT 为任务 A 活动 a_2 的延迟可用时间,同时也为等于关系合并后活动的延迟可用时间。

(2)活动之间存在其他任务的活动。

当活动之间存在其他任务的活动时,则分别对比具有等于先验关系作用活动的延迟可用时间。选取较小的延迟可用时间作为合并后活动的延迟可用时间,如图 8.3.8 所示。

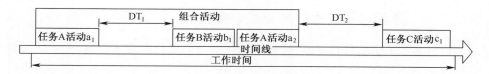

图 8.3.8　活动之间存在其他任务活动的示意图

需要明确的是,图 8.3.8 中的任务 B 活动 b_1 不属于合并后的活动,即:

$$\varnothing = 组合活动 \wedge 任务 B 活动 b_1 \tag{8.3.3}$$

在图 8.3.8 中,DT_1 为任务 A 活动 a_1 不考虑先验关系约束情况下的延迟可用时间;DT_2 为任务 A 活动 a_2 不考虑先验关系约束情况下的延迟可用时间,所以合并后或活动的延迟可用时间为

$$DT = \min\{DT_1, DT_2\} \tag{8.3.4}$$

针对等于先验关系两种情况的分析,可以看出其本质是不考虑先验关系约束传播影响和考虑先验关系约束传播影响情况下,对延迟可用时间的选取。最终选取结果的实质是比较不同情况的延迟可用时间,选取最小的延迟可用时间作为最终的结果。

2) 之后(After)关系

结合本节对等于关系的延迟策略分析,可以归纳出之后先验关系同样是寻

找最小的延迟可用时间。结合图 8.3.5,分别计算两种时间区间。一是先验关系内活动时间间隔,即

$$t_3 = M(A)A(a_2).StartTime - M(A)A(a_1).StartTime -$$
$$M(A)A(a_1).Dur - TimeNode \qquad (8.3.5)$$

式中:$M(A)A(a_2).StartTime$ 为任务 A 活动 a_2 的开始时间;$M(A)A(a_1)$ .StartTime 为任务 A 活动 a_1 的开始时间;$M(A)A(a_1).Dur$ 为任务 A 活动 a_1 的持续时间;TimaNode 为时间节点。另外,按照 8.2.1 节方法计算任务 A 活动 a_1 不考虑先验关系约束情况下的延迟可用时间 $DT_{M(A)A(a_1)}$,在这两个时间中,选取较小的作为活动任务 A 活动 a_1 的延迟可用时间,即

$$DT = \min\{DT_{M(A)A(a_1)}, t_3\} \qquad (8.3.6)$$

3)之前(Before)关系

针对之前类型先验关系,结合图 8.3.6,先验关系中的两个活动的时间间隔为 t_4,不考虑先验关系约束影响,活动任务 A 活动 a_1 的延迟可用时间为 $DT_{M(A)A(a_1)}$,所以考虑之前先验关系约束影响的任务 A 活动 a_1 的延迟可用时间为

$$DT = \min\{DT_{M(A)A(a_1)}, t_4\} \qquad (8.3.7)$$

针对之前类型先验关系中任务 A 活动 a_2,时间 t_5 的定义为

$$t_5 = M(A)A(a_1).StartTime + M(A)A(a_1).Dur +$$
$$TimeNode - M(A)A(a_2).StartTime \qquad (8.3.8)$$

t_6 为不考虑先验关系约束影响时,活动任务 A 活动 a_2 的延迟可用时间 $DT_{M(A)A(a_2)}$,所以考虑之前先验关系约束影响活动 $M(A)A(a_2)$ 的延迟可用时间为

$$DT = \min\{t_5, t_6\} \qquad (8.3.9)$$

2. 规划模型

1)设计变量

在计算方案完全执行概率时,需改变模型的设计变量。对于等于先验关系约束条件,需要将等于先验关系的活动合并为一个活动,规划模型的设计变量个数产生了变化,即

$$V = \{v_1, v_2, \cdots, v_k, \cdots, v_{U_{Combined}}\} \qquad (8.3.10)$$

式中:$U_{Combined}$ 为等于先验关系策略合并后总的活动个数。合并后活动个数与原始活动个数的关系为:

$$U_{Combined} = U - Num_{Equal} \qquad (8.3.11)$$

式中:U 为所有活动个数;Num_{Equal} 为等于先验关系个数。

2）值域

同 8.2.2 小节中规划模型值域完全相同。

3）约束条件

约束条件为领域约束条件,本节研究考虑约束传播影响,在 8.3.1 小节中对任务延迟带来的影响进行了分析,任务延迟扰动主要对先验关系的逻辑约束产生影响。

4）目标函数

在解决考虑约束传播影响的空间站在轨任务延迟规划问题时,仍然建立两目标优化模型,目标函数为优先级指标和完全执行概率指标,分别如式(7.2.7)和式(8.2.6)所示。但是在计算完全执行概率指标过程中,需对活动修复概率的计算参数进行以调整,即

$$P_{\mathrm{M}}(t) = \lambda e^{-\lambda \cdot \mathrm{DT}} \qquad \mathrm{DT} \geqslant 0 \qquad (8.3.12)$$

式中:DT 为先验关系延迟策略中给出的可用延迟时间。

考虑约束传播的空间站在轨任务延迟规划问题的多目标优化流程与 8.2.2 小节"3. 优化算法"中的相同,这里不再赘述。

8.3.3 算例分析

为了便于方法和方案的对比,本节采用的验证算例初始配置仍为 8.2.3 小节所示算例初始配置。

1. 先验关系约束传播影响

为了体现鲁棒规划中先验关系约束传播的影响,先用一个小规模的测试算例进行分析。测试算例由 3 个任务组成,每个任务分别由两个活动组成,活动之间关系分别为等于(Equal)、之前(Before)和之后(After),如表 8.3.1 和表 8.3.2 所列。测试算例方案的活动开始时间如表 8.3.3 所列。

表 8.3.1 对比测试算例任务列表

编号	名称	类型	优先级	收益值	最早开始时间	最晚结束时间
T1	舱外维护	平台	70	35	周一 8：00	周一 22：00
T2	轨道机动	站体	100	25	周一 8：00	周一 22：00
T3	物资补给	转移	80	30	周一 8：00	周一 22：00

表 8.3.2 对比测试算例活动列表

任务编号	活动编号	活动名称	设备	周期	先验关系		
					需完成活动编号	时间节点	类型
T1	T1A1	维护-1	D1,D2,D3,D4	2	—	—	—
	T1A2	维护-2	D1,D2,D3,D4	2	T1A1	2	并列
T2	T2A1	轨道准备	D1,D2,D3	1	—	—	—
	T2A2	机动	D1,D2,D3	0.5	T2A1	1	之前
T3	T3A1	交会对接	D1,D2,D3	1	—	—	—
	T3A2	物资转移	D1,D2,D3	2	T3A1	1	之后

表 8.3.3 对比测试任务执行方案

任务编号	任务名称	活动编号	活动名称	周期	开始时间
T1	舱外维护	T1A1	维护-1	2	周一 8：00
		T1A2	维护-2	2	周一 12：00
T2	轨道机动	T2A1	轨道准备	1	周一 14：00
		T2A2	机动	0.5	周一 15：00
T3	物资转移	T3A1	交会对接	1	周一 16：00
		T3A2	物资转移	2	周一 18：00

图 8.3.9 给出了先验关系约束传播对方案完全执行概率的影响对比。很明显,考虑扰动约束传播后,方案的完全执行概率比不考虑扰动约束传播时降低了,这是由于为了满足约束传播后的先验关系,任务延迟可用时间会降低。同时,任务延迟扰动的发生概率可能也会随之改变。

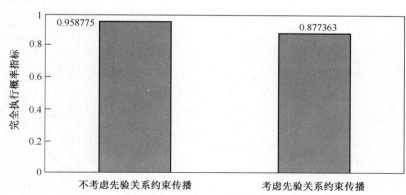

图 8.3.9 先验关系约束传播对完全执行概率指标影响分析

2. 结果方案分析

在8.3.2小节"1. 先验关系延迟策略"中给出的先验关系延迟策略的基础上,得到的两目标优化 Pareto 前沿如图8.3.10所示。从图中可以看出,在考虑约束传播的前提下,优先级指标和完全执行概率指标的 Pareto 前沿趋势与8.2.3小节"1. 结果方案分析"中未考虑约束影响规划方案 Pareto 前沿趋势一致。

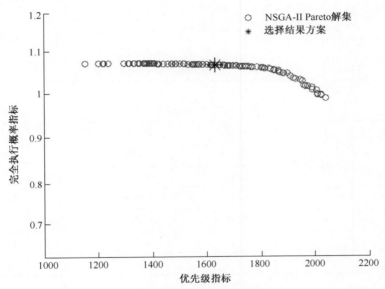

图 8.3.10 考虑约束传播任务延迟规划结果 Pareto 前沿

规划方案选择仍采用8.3.3小节"1. 先验关系约束传播影响"中的 Pareto 前沿规划方案选取方法,表8.3.4给出了选择任务方案的任务列表,在提出的35个任务需求中,有19个任务需求得到安排,16个任务需求没有得到安排。

表 8.3.4　结果任务方案(考虑约束传播的鲁棒规划)

任务编号	任务名称	活动编号	活动名称	周期	开始时间
M2	舱内设备更换	M2 A1	更换	1	周二 8:00
M3	轨道机动	M3A1	轨道准备	1	周六 8:08
		M3A2	机动	0.5	周六 9:38
M8	材料科学试验	M8A1	试验	2	周五 13:59
M9	技术发展试验	M9A1	试验	2	周五 8:00
M12	医学试验	M12A1	试验	2	周五 8:00

（续）

任务编号	任务名称	活动编号	活动名称	周期	开始时间
M13	健康检查	M13A1	检查	2	周四 12：52
M15	姿态调整	M15A1	调整准备	1	周一 8：00
		M15A2	调整	0.5	周一 9：30
M16	生物试验-Ⅱ	M16A1	试验	2	周四 8：08
M19	空间站服务	M19A1	服务	2	周六 14：02
M20	生命科学试验-Ⅱ	M20A1	试验	2	周二 14：15
M22	舱内设备更换-Ⅱ	M22A1	更换	1	周五 12：46
M26	空间站服务-Ⅱ	M26A1	服务	2	周三 8：00
M28	姿态控制	M28A1	姿态控制	0.5	周四 8：00
M30	流体试验	M30A1	试验	2	周五 14：59
M31	模块维护	M31A1	维护	2	周二 14：35
M32	舱外设备安装	M32A1	安装	3	周一 10：24
M33	系统自查	M33A1	检查	2	周六 8：00
M34	环境监测	M34A1	监测	2	周二 10：20
M35	设备系统测试	M35A1	调试测试	2	周三 12：14

图 8.3.11、图 8.3.12 和图 8.3.13 分别给出了在考虑约束传播影响下规划方案的航天员在轨操作计划、设备调度甘特图、功率和散热量曲线，可以看出获得的规划方案为可行方案。

3. 航天员作用分析

空间站在轨大部分任务由航天员操作或协助完成。在任务延迟规划问题中，设备和航天员的属性参数故障率和修复率影响着问题的求解。设备的故障率和修复率与设备的设计和制造工艺水平相关，其改变存在一定困难。航天员由于具有主观能动性，其故障率和修复率可以在一定范围内进行调整。为了进一步体现航天员的能动作用，对不同航天员参数条件下的方案完全执行概率进行对比分析。表 8.3.5 给出了四种情况的航天员属性参数，情况 1 为 8.2.3 节给出的航天员标准参数；情况 2 将航天员修复率参数 λ 增大一倍，意味着航天员在单位时间修复故障的能力翻了一倍；情况 3 将航天员故障率 μ 缩小了 50%，意味着航天员在单位时间内发生延迟扰动的情况概率缩小了 50%；情况 4 将航天员修复率参数 λ 增大一倍的同时，又将航天员故障率 μ 缩小了 50%。

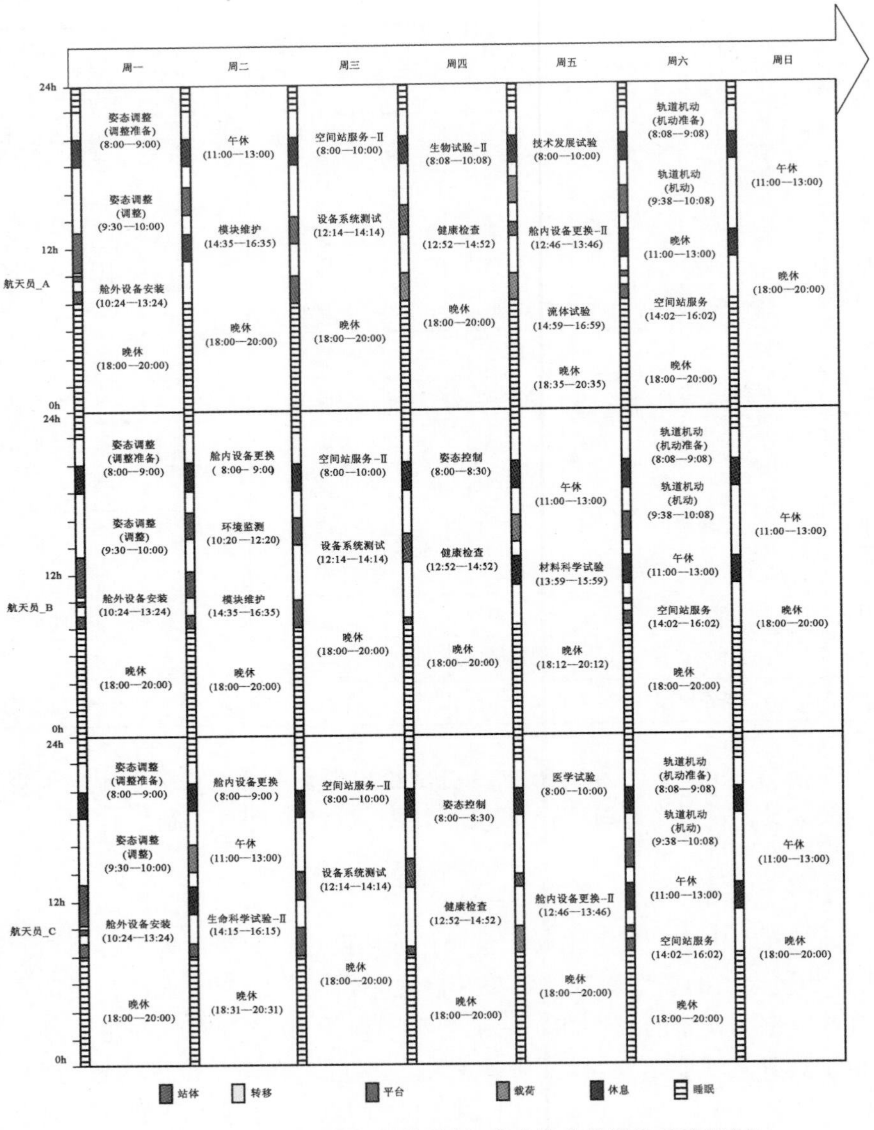

图 8.3.11　航天员在轨操作计划(考虑约束传播的鲁棒规划)

在 4 种情况下,将本章研究的不同方法获得的规划方案完全执行概率进行了对比,如表 8.3.6 和图 8.3.14 所示,由此可以得到以下结论。

(1) 航天员越少发生故障,同时处理故障的能力越强,方案的完全执行概率越好。

(2) 对于任务排布紧密的方案,航天员的故障率和修复率对方案的完全执

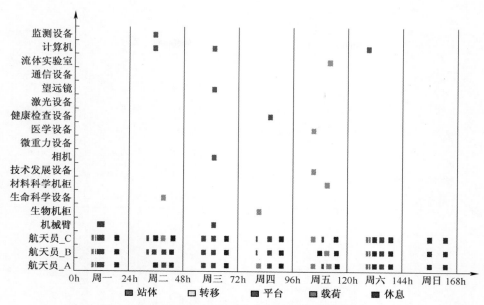

图 8.3.12　设备调度甘特图(考虑约束传播的鲁棒规划)

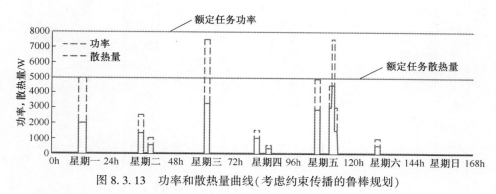

图 8.3.13　功率和散热量曲线(考虑约束传播的鲁棒规划)

行概率影响较大。

综合来看,通过科学有计划的训练,提高航天员在轨操作熟练度和应急能力,对在轨任务执行的影响是显著的。

表 8.3.5　不同航天员属性参数列表

编号	名称	情况 1		情况 2		情况 3		情况 4	
		μ	λ	μ	λ	μ	λ	μ	λ
D1	航天员_A	0.004	3	0.004	6	0.002	3	0.002	6
D2	航天员_B	0.004	3	0.004	6	0.002	3	0.002	6
D3	航天员_C	0.004	3	0.004	6	0.002	3	0.002	6

表 8.3.6　不同航天员属性参数下方案完全执行概率指标计算结果

规划方法	方案完全执行概率			
	情况 1	情况 2	情况 3	情况 4
时间迭代解冲突方法	0.533933	0.536802	0.701687	0.703577
贪婪算法(时间松弛策略)	0.532669	0.534454	0.706207	0.707480
贪婪算法(优先级策略)	0.552103	0.547906	0.709400	0.710999
单目标优化方法	0.682484	0.776861	0.800543	0.855026
三目标优化方法	0.858508	0.892567	0.920584	0.939543
任务延迟规划方法(约束传播)	0.985373	0.996056	0.991635	0.997019

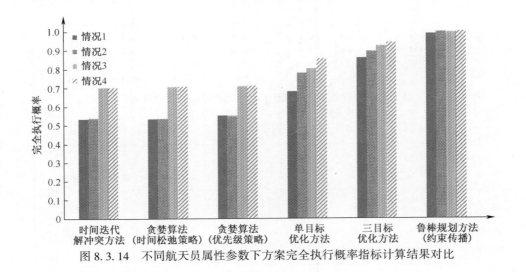

图 8.3.14　不同航天员属性参数下方案完全执行概率指标计算结果对比

8.4　面向突发任务的重规划方法

8.3 节考虑了延迟约束传播的鲁棒性规划方法,使任务规划结果具有一定的鲁棒性,但是在工程实际中,由于不确定因素引起的突发性任务也是在轨运营规划必须要考虑的问题。因此,本节面向空间站在轨运营产生突发任务的情况,提出一种实时重规划方法。

◢ 8.4.1　重规划问题分析

面向突发任务的空间站任务重规划问题,是指在空间站在轨运行期间,当设备故障、人员操作失误、外部环境改变等不确定因素发生时,快速对突发情况进行分析处理,并对任务执行计划进行重新规划。

1. 重规划需求分析

在工程实际中,空间站在轨设备可能会发生故障,人员操作失误等难以完全避免。当这些突发情况发生时,航天员必须首先处理突发事件,这样就会造成当前执行任务延迟或取消,原始的任务执行计划便失去了时效性。所以,寻找一种应对突发任务的快速重规划方法是十分必要的。

2. 重规划问题描述

重规划问题可以视为一个快速求解的约束满足问题,即不仅要求规划方案结果满足各项约束条件,还要求重规划时间尽可能短并维持原任务执行计划的相对稳定性,以实现对突发任务的快速响应。重规划问题描述如图 8.4.1 所示。

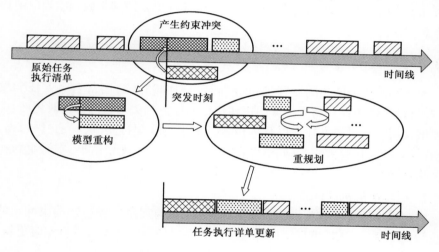

图 8.4.1 重规划问题示意图

其初始条件为原始在轨任务执行详单,当突发时刻(Pop-Up Time)有突发任务发生时,根据资源等约束条件对正在执行的任务进行模型重构,并应用合理、有效的规划求解策略,对突发任务、重构后任务以及原计划执行任务进行实时重新规划,输出新的满足要求的在轨任务执行详单。

3. 规划模型

1)设计变量

将突发任务开始时刻和由突发任务引起原任务执行计划中发生调整任务的重新开始时刻作为设计变量。设计变量集合描述为

$$\boldsymbol{X} = (t(0), t(1), \cdots, t(n)) \tag{8.4.1}$$

253

$$t_i \in \left[t_{\text{M. ST.}}(i), t_{\text{M. ET.}}(i) \right] \quad i = 1, 2, \cdots, n \qquad (8.4.2)$$

式中：X 为设计变量集合；$t(i)$ 为第 i 个重规划任务开始时刻；$t_{\text{M. ST.}}(i)$ 为第 i 个重规划任务最早开始时刻；$t_{\text{M. ET.}}(i)$ 为第 i 个重规划任务最晚结束时刻；n 为由突发任务引起原任务执行计划中发生调整任务总数。

2）目标函数

考虑空间站长期在轨运营的安全性与稳定性，应该尽量减小突发任务对原任务执行计划产生的影响，因此提出任务执行计划稳定性指标作为规划的目标函数，即

$$f = \text{Min} \left\{ \sum_{i=1}^{n-n_c} \left[\delta_{m_i} \times (t_{r_i} - t_i) \right] + \sum_{j=1}^{n_c} 100 \times \delta_{m_j} \right\} \qquad (8.4.3)$$

式中：f 为稳定性指标；t_{r_i} 为执行时间发生改变任务的重排后开始时间；t_i 为执行时间发生改变任务的原始开始时间；δ_m 为任务重要级别系数；n_c 为取消执行任务总数。

◢ 8.4.2　重规划方法

面向突发任务的空间站任务重规划是当空间站在轨运营有突发任务发生时，对与突发任务存在约束冲突的正在执行的任务相关参数进行实时更新，即任务模型重构。并对突发任务以及重构后任务进行合理再安排，并通过一系列快速、有效的冲突化解策略，得到不存在任何约束冲突的规划结果，实时更新在轨任务执行详单。

1. 突发任务执行策略

空间站在轨运营有突发任务发生时，首先对与突发任务存在约束冲突的正在执行任务进行搜索，再根据任务连续性对冲突任务相关参数进行实时更新，建立冲突任务重构模型。

1）冲突任务搜索

根据突发任务发生时刻搜索此时正在执行的任务，依次判断此时资源、功率、散热、传输带宽约束条件是否满足，如果有约束超出额定值，则依据任务优先级将其中最小优先级任务暂停执行并放入重构集合，循环判断各约束条件直至无约束冲突存在。冲突任务搜索流程如图 8.4.2 所示。

2）冲突任务模型重构

依次判断上文得到的重构集合中任务连续性性质，若其为禁断型，则直接取消执行该任务，并宣布任务执行失败，放入不可执行任务集合；若其为允断型，则依据未执行活动对该任务包含活动、活动的持续时间以及资源占用等相关参数信息进行更新，得到重构后任务；若其为重拾型，则不考虑其已经执行过活动，直

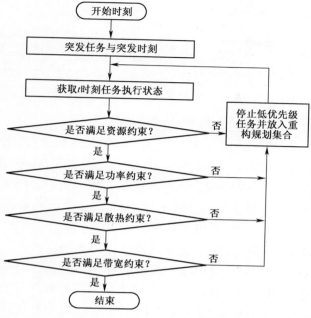

图 8.4.2　冲突任务搜索流程框图

接将该任务整体推迟;并将重构后任务和推迟后任务放入重规划集合。冲突任务模型重构流程如图 8.4.3 所示。

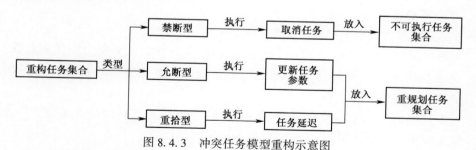

图 8.4.3　冲突任务模型重构示意图

2. 回溯迭代策略

针对每个空间站任务由多个活动组成,不同任务包含活动间存在一定的约束关系,在冲突化解过程中,由于任务执行时间调整可能会产生新的约束冲突的情况,提出基于回溯迭代的冲突化解策略。冲突化解流程如图 8.4.4 所示。图中,M_1、M_2 为执行时间存在重叠的两个任务且 M_1 优先级大于 M_2,a_{11}、a_{12}、a_{13}、a_{14}、a_{15}、a_{16} 为 M_1 包含活动,a_{21}、a_{22}、a_{23}、a_{24}、a_{25}、a_{26} 为 M_2 包含活动,a_{13} 与 a_{21} 存在约束冲突,a_{15} 与 a_{24} 存在约束冲突。回溯迭代策略按照一定步长在时间线上

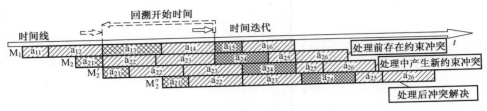

图 8.4.4　回溯迭代冲突化解示意图

推进,判断每个时间节点上正在执行任务活动的资源、功率、散热和传输带宽约束条件,如果存在约束冲突,如 M_2 中 a_{24} 与 M_1 中 a_{15} 存在约束冲突,则将正在执行任务中优先级最小的任务(M_2)推迟一个步长,同时返回到任务的开始时刻进行回溯迭代,重新判断每个时间节点上约束情况,直至无约束冲突存在,如 M_2'' 所示。

3. 基于最大冗余时间插空的启发式算法

为了尽量减小突发任务对原任务执行计划的影响,应尽可能地将 8.4.2 小节"2. 回溯迭代策略"中得到的重规划任务安排在任务允许发生时间范围内占用资源冗余量最大的时间段内。即遍历任务占用资源,在时间线上找出每种资源冗余量最大时间段,取几个时间段中最短的时间范围,将重规划任务首先安排在该时间段的起始时刻,并用回溯迭代冲突化解策略对所有任务进行约束冲突化解,以得到新的满足约束条件的在轨任务执行详单。

4. 算法流程

启发式算法流程图如图 8.4.5 所示。

图中,n_{rp} 为 8.4.2 小节"2. 回溯迭代策略"中重规划任务集合中任务总数,n_{rw} 为正在执行的重规划任务,时间节点为 t_x,时间步长为 Δt,规划结束时间为 T。

步骤 1:将 8.4.2 小节"2. 回溯迭代策略"中得到的重规划任务集合中任务按优先级由大到小排列,并首先安排优先级最大的任务。

步骤 2:根据重规划任务中最大优先级任务占用的资源,在时间线上找到任务允许发生时间范围内每种资源被占用时间段,从而找出每种资源占用最大冗余时间段。

步骤 3:根据每种资源占用最大冗余时间段找出几个时间段中最短的时间范围,将重规划任务安排在时间线上该时间段的起始时刻。

步骤 4:从重规划任务开始时刻开始,对时间线上每个时间迭代步长节点的约束冲突情况进行判断。

步骤 5:若存在约束冲突,则搜索存在约束冲突的正在执行任务,并将其中

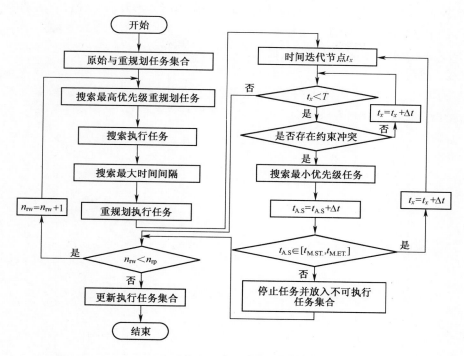

图 8.4.5　启发式算法流程图

优先级最小任务的开始时间推迟一个时间步长。

步骤 6：若任务执行时间超出允许发生时间范围，则取消任务执行，放入不可执行任务集合，继续执行步骤 8；否则，执行步骤 7。

步骤 7：迭代时间返回到该任务的开始时刻，并重新对时间线上每个时间迭代步长节点的约束冲突情况进行判断，直到规划结束时间。

步骤 8：依据任务优先级依次对重规划任务集合中任务进行安排，直到所有重规划任务安排结束。

步骤 9：输出更新后的在轨任务执行详单。

▲8.4.3　算例分析

为验证本节方法的有效性和优越性，用本节提出的面向突发任务的空间站任务重规划方法，与时间迭代启发式算法[9]和 7.3.2 小节基于约束修正策略的遗传算法都对同一个算例进行测试，并将规划结果进行对比分析。

1. 算例配置

选取 24h 内执行日常维护、载荷试验等 15 项完整任务进行分析，其中包含单次执行活动 25 项,占用仪器、设备、物资等资源 10 种,涉及功率、散热、活动顺序等约束条件 8 种。设置突发任务 1 项,突发时刻为 10:00,空间站额定功率为 5000W,额定散热量为 4500W,时间迭代步长为 0.05h。

2. 规划结果

为了更直观地展现空间站任务间关系、活动间执行顺序以及资源约束等关系,给出 3 种任务规划方法规划后的在轨任务执行详单信息,如图 8.4.6 所示。

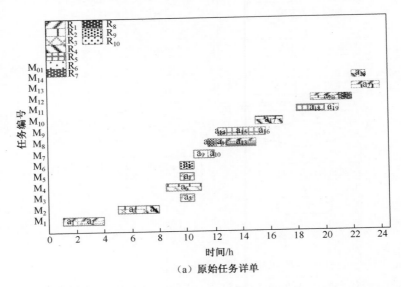

(a)原始任务详单

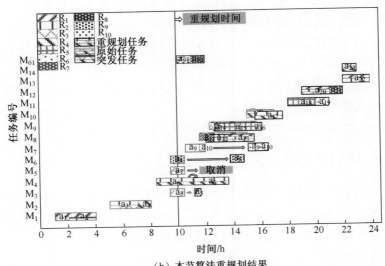

(b)本节算法重规划结果

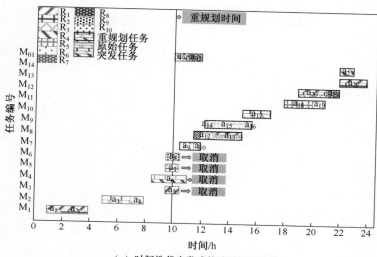

（c）时间迭代启发式算法重规划结果

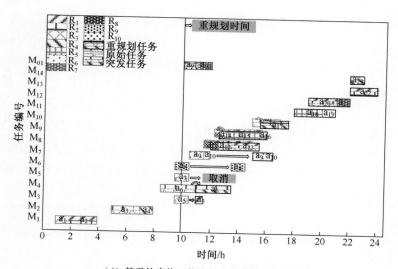

（d）基于约束修正策略的遗传算法重规划结果

图 8.4.6　在轨任务执行详单示意图

其中，$R_1 \sim R_{10}$ 代表 10 种不同资源，$M_1 \sim M_{01}$ 代表 15 个规划任务（M_{01} 代表突发任务），$a_1 \sim a_{92}$ 代表任务包含的 25 项活动，虚线单元代表原始任务执行详单，实线单元代表更新后任务执行详单，红色单元代表突发任务。

为了方便对比分析 3 种规划方法中不同算法策略对规划结果的影响，将重规划结果中各项参数信息统计如表 8.4.2 所列。

表 8.4.2　3 种不同算法规划结果对比

算法	任务数			完成率	目标函数	计算时间/s
	完成	取消	延迟			
本节算法	14	1	7	0.933	241.96	0.077
时间迭代启发式算法	11	4	0	0.733	1100.00	0.006
基于约束修正策略的遗传算法	14	1	7	0.933	230.12	10.985

3. 结果分析

1) 规划结果任务详单分析

将图 8.4.6(b)所示的本节算法规划结果任务详单与图 8.4.6(a)原始任务详单对比可知,当在任务执行过程中有突发任务(M_{01})发生时,通过本节提出的突发任务预处理策略,首先对突发任务进行了安排,同时暂停执行与突发任务存在约束冲突的正在执行的任务($M_3 \sim M_6$),并对其进行任务模型重构,有效减少了冲突任务直接取消产生的影响。进一步可以看出,应用本节提出的回溯迭代冲突化解策略,除 M_5 由于任务本身性质取消执行外,其余冲突任务均通过合理地推迟部分原始任务而得到重新安排,显著提高了任务执行计划的稳定性。

将图 8.4.6(c)所示的时间迭代启发式算法规划结果任务详单与图 8.4.6(a)原始任务详单对比可知,当在任务执行过程中有突发任务(M_{01})发生时,由于该算法没有对突发任务的预处理策略和对重规划任务的回溯迭代过程,所以与突发任务存在约束冲突的 4 项任务($M_3 \sim M_6$)均取消执行,如此将使任务的完成率明显降低。

将图 8.4.6(d)所示的基于约束修正策略的遗传算法规划结果任务详单与图 8.4.6(a)原始任务详单对比可知,该算法与本节提出的算法结果基本相同,保证了原始任务执行计划的相对稳定性。

2) 3 种不同算法结果对比分析

从表 8.4.2 中本节算法和时间迭代启发式算法规划结果数据对比可以看出,虽然本节提出的算法计算时间比时间迭代算法计算时间长,但前者规划结果中任务的完成率明显高于后者,并且规划结果中稳定性指标后者显著高于前者。因此,本节提出的算法比时间迭代启发式算法具有更好的稳定性。

从表 8.4.2 中本节算法和基于约束修正策略的遗传算法规划结果数据对比可以看出,虽然后者的稳定性指标略优于前者,但是其计算时间明显大于前者,计算效率较低,不能满足任务重规划快速响应的需求。因此,本节提出的算法比基于约束修正策略的遗传算法具有更好的时效性。

参考文献

[1] 卜慧蛟. 空间站在轨任务规划问题建模与求解方法研究[D]. 长沙:国防科技大学,2016.

[2] 牟帅. 空间站运营在轨任务重规划方法研究[D]. 长沙:国防科技大学,2017.

[3] Brian T S. The International Space Station Comparative Maintenance Analysis (CMAM) [D]. Monterey:Naval Postgraduate School,2004.

[4] Bachman T C,Kline R C. Model for Estimating Spare Parts Requirements for Future Missions [C]. Proceedings of the Space 2004 Conference and Exhibit,San Diego,2004.

[5] Russell J,Klaus D,Mosher T. Applying Analysis of International Space Station Crew-Time Utilization to Mission Design [J]. Journal of Spacecraft and Rockets,2006,43(1):130-136.

[6] Russell J F,Klaus D M. Maintenance,reliability and policies for orbital space station life support systems [J]. Reliability Engineering and System Safety,2007,92(6):808-820.

[7] Nechaev A P. Work and Rest Planning as a Way of Crew Member Error Management [J]. Acta Astronautica,2001,49(3-10):271-278.

[8] Bu H J,Zhang J,Lin K P,et al. Short-term planning of the space station operation mission based on genetic algorithm[C]. Proceedings of 64th International Astronautical Congress,Beijing,2013.

[9] Bu H J,Zhang J,Luo Y Z. Space station short-term mission planning using ontology modelling and time iteration[J]. Journal of Systems Engineering and Electronics,2016,27(2):407-421.

[10] Deb K,Pratap A,Agarwal S,et al. A Fast and Elitist Multiobjective Genetic Algorithm:NSGA-Ⅱ[J]. IEEE Transactions on Evolutionary Computation,2002,6(2):182-197.

第 9 章
空间站飞行程序编排

在短期任务重规划得到更新的空间站任务执行概要后,需要进一步细化,将各类操作与具体的轨道、姿态、测控条件等匹配,明确完成任务的系统、设备,确定各系统、设备的具体操作步骤、控制指令及发令时刻,即生成飞行程序。在这个过程中还将进一步整合各系统的具体操作计划,使多个系统协同一致共同完成任务。

本章首先在 9.1 节分析飞行程序编排的特点,然后基于作者所在团队在载人航天二期任务中掌握的飞行程序编排技术(层次化结构与基于规则的编排)[1-2],对空间站运营中涉及的三类典型任务的飞行程序编排分别进行阐述;在 9.2~9.4 节分别介绍轨道任务、对接子系统合并任务、对地观测任务的飞行程序编排。

9.1 飞行程序编排特点分析

地面任务控制中心对航天器的控制通过指令这一介质来实现。指令及其执行时间的集合按时间顺序的排列,称为飞行程序或指令序列,用于描述航天器什么时候做什么事或什么时候应当发生什么事,其表现形式包括图形化的指令时间线与表格式的指令时序表。飞行程序的设计称为飞行程序编排,一直是各国航天器制造部门与运营测控部门的重要研究内容,在空间站运营任务中同样至关重要。

早期的飞行程序都是由设计人员手动编排的,随着航天任务越来越复杂,编排飞行程序成为一项非常繁重的工作。在"旅行者号(Voyager)"发射的前几年,为了提高效率与规划更复杂的任务,其运营团队开始开发一个任务编排软件(Mission Sequence Software, MSS)[3]。

262

对载人领域的飞行程序,由于计划中一些步骤是由航天员来执行的,因此附加有大量人员可阅读并理解的信息,编排往往采用一种人机交互的方式进行。在美国负责载人任务的约翰逊航天中心,飞行程序采用程序表述语言(Procedure Representation Language,PRL)编写,其层次化的数据结构包括 Procedure、Step、Block 与 Instruction[4-5]。新版的 PRL 强调的概念是可调整的自主性(Adjustable Autonomy),以在可靠性与效率之间达到一种良好的平衡,以及逐渐提高载人航天任务运营的自动化与智能化程度[6]。

科学实验计划与载荷操作计划也是飞行程序的核心,美国 Charles Stark Draper 实验室为国际空间站编排科学实验计划开发了交互式飞行程序编排工具,即 Timeliner 集成开发环境(Timeliner Integrated Development Environment,TIDE)[7]。

空间站的运行控制往往是分布式的,由空间站平台、航天员、空间应用中心等多个技术系统配合完成。首先由分布于不同地点的各技术系统分别进行规划,得到任务周期中每个任务的详细动作时序;然后由空间站的飞行控制中心和载荷应用控制中心负责对各技术系统提供的详细动作时序进行整合、集成,形成最终的、总的空间站飞行程序,反馈给各技术系统确认后再上传到空间站执行。为更加有效地对载人航天任务提供地面支持,NASA 开启了下一代规划系统 NGPS(Next Generation Planning System)计划,后改称为 OPTimIS(Operations Planning Timeline Integration System)[8-10]。该计划为 NASA、ESA 及 JAXA 提供了规划接口,编写操作计划,并根据飞行规则和相应约束对任务方案进行验证。另外,该计划中还为远程规划人员之间的协作提供了一个接口,并为来自 MSFC、ESA 和 JAXA 等机构提供了一个基于插件的体系结构,以便提供他们自己的定制工具,实现对目前多种不同规划工具的整合。

我国在飞行程序编排领域的研究主要集中在北京航天飞行控制中心、西安卫星测控中心、国防科技大学等,已有载人航天任务主要基于飞控计划概念体系[11],解决了节省人力、基于规则自动编排的问题[15-18]。然而,对问题规模更大、更复杂的空间站飞行程序编排的系统研究还较少。本书成稿时,北京航天飞行控制中心系统提出了我国空间站运行控制任务规划系统的体系架构[19],作者所在团队正在开展新一轮的研究。

9.2 轨道任务的飞行程序编排

轨道机动与测控任务是载人航天器与轨道相关的典型任务。下面分别研究这两类任务的基于规则的飞行程序编排方法。

9.2.1 轨道机动任务的飞行程序编排

航天器轨道机动规划获得的是机动时刻与冲量,更详细的结果也只是发动机开机时刻与关机时刻。然而,航天器轨道机动的开始并不仅仅是命令开机,轨道机动的结束也不仅仅是命令关机。

发动机预热、倒计时、帆板等机构的协同、推进剂储箱阀门操作、数据采样、机动效果自动评估等,将与开机操作、关机操作紧密关联。

1. 活动的定义

本节考虑的轨道机动主要关联活动如表 9.2.1 所列。

表 9.2.1　航天器轨道机动任务活动集合

编号	名称	释放时间	动作个数	动作列表	标注
101	ENG_WARM	0	3	(warm1,⋯)	发动机预热
102	MV_COUNTDOWN	0	3	(countdown1,⋯)	机动倒计时
103	SAIL_CO	0	3	(sailco1,⋯)	帆板协同
104	VALVE_OPER	0	3	(valveoper1,⋯)	阀门操作
105	MV_SAMPLE	0	3	(sample1,⋯)	数据采样
106	ENG_OPEN	0	2	(engopen1,⋯)	发动机开机
107	ENG_CL	0	2	(engclose1,⋯)	发动机关机
108	MV_EVA	0	3	(mveva1,⋯)	机动效果自动评估

定义编号为 ID 的某活动的起始时间(其内部第一个子动作的开始时间)为 t_{ID},其内部的子动作个数为 $\mathrm{nAct}_{\mathrm{ID}}$,第 i($2 \leqslant i \leqslant \mathrm{nAct}_{\mathrm{ID}}$)个子动作的开始时间相对 t_{ID} 的间隔为 $\Delta t_{\mathrm{ID}}(i)$;定义轨道机动的开机、关机时间分别为 $t_{\mathrm{m}}^{\mathrm{o}}$、$t_{\mathrm{m}}^{\mathrm{c}}$,因此 $t_{106} = t_{\mathrm{m}}^{\mathrm{o}}$、$t_{107} = t_{\mathrm{m}}^{\mathrm{c}}$。

根据各活动的物理意义,发动机预热、机动倒计时、帆板协同、阀门操作与数据采样的起始时间均是发动机开机时间的函数,即

$$t_{\mathrm{ID}} = \mathrm{fun}_{\mathrm{m1\_ID}}(t_{\mathrm{m}}^{\mathrm{o}}) \qquad 101 \leqslant \mathrm{ID} \leqslant 105 \qquad (9.2.1)$$

另外,机动效果自动评估的起始时间为发动机关机时间的函数,帆板协同、阀门操作、数据采样中的子动作时间间隔也是发动机关机时间的函数,即

$$t_{\mathrm{ID}} = \mathrm{fun}_{\mathrm{m2\_ID}}(t_{\mathrm{m}}^{\mathrm{c}}) \qquad \mathrm{ID} = 108 \qquad (9.2.2)$$

$$\Delta t_{\mathrm{ID}}(i) = \mathrm{fun}_{\mathrm{m3\_ID\_}i}(t_{\mathrm{m}}^{\mathrm{c}}) \qquad 103 \leqslant \mathrm{ID} \leqslant 105 \qquad (9.2.3)$$

2. 飞行程序的实例化

子动作相对时间间隔 $\Delta t_{\mathrm{ID}}(i)$(101 ≤ ID ≤ 102 或 106 ≤ ID ≥ 108),以及

fun_{m1_ID}、fun_{m2_ID} 与 $fun_{m3\_ID\_i}$ 的具体表达式均需要设计人员在任务前确定。而任务中，首先由轨道机动规划得到发动机开机、关机时间：t_m^o、t_m^c，然后代入上面定义的活动关系模型，就可以快速得到航天器具体动作序列的初步结果，如表 9.2.2 所列。按照表 9.2.2 中各动作的时间先后，对初步结果进行排序，可以得到按时间排列的具体飞行程序。

表 9.2.2 轨道机动任务初步飞行程序

时间	动作	时间	动作
$fun_{m1\_101}(t_m^o)$	warm1	$fun_{m1\_105}(t_m^o)$	sample1
$fun_{m1\_101}(t_m^o) + \Delta t_{101}(2)$	warm2	$fun_{m1\_105}(t_m^o) + fun_{m3\_105\_2}(t_m^c)$	sample2
$fun_{m1\_101}(t_m^o) + \Delta t_{101}(3)$	warm3	$fun_{m1\_105}(t_m^o) + fun_{m3\_105\_3}(t_m^c)$	sample3
$fun_{m1\_102}(t_m^o)$	countdown1	t_m^o	engopen1
$fun_{m1\_102}(t_m^o) + \Delta t_{102}(2)$	countdown2	$t_m^o + \Delta t_{106}(2)$	engopen2
$fun_{m1\_102}(t_m^o) + \Delta t_{102}(3)$	countdown3	t_m^c	engclose1
$fun_{m1\_103}(t_m^o)$	sailco1	$t_m^c + \Delta t_{107}(2)$	engclose2
$fun_{m1\_103}(t_m^o) + fun_{m3\_103\_2}(t_m^c)$	sailco2	$fun_{m2\_108}(t_m^c)$	mveva1
$fun_{m1\_103}(t_m^o) + fun_{m3\_103\_3}(t_m^c)$	sailco3	$fun_{m2\_108}(t_m^c) + \Delta t_{108}(2)$	mveva2
$fun_{m1\_104}(t_m^o)$	valveoper1	$fun_{m2\_108}(t_m^c) + \Delta t_{108}(3)$	mveva3
$fun_{m1\_104}(t_m^o) + fun_{m3\_104\_2}(t_m^c)$	valveoper2		
$fun_{m1\_104}(t_m^o) + fun_{m3\_104\_3}(t_m^c)$	valveoper3		

9.2.2 测控任务的飞行程序编排

根据轨道机动规划的结果，进行高精度轨道仿真，可以获得航天器详细的测控情况，包括进出各地面站（测量船归于地面站一类）测控区时间、进出中继星测控区时间。

设地面测控网由 G 个地面站（船）组成，另有一颗中继星支持；航天器进出第 g 个地面站（船）的测控区 J_g 次，第 j_g 次进出该站（船）的时间分别为 $t_{gj,in}$、$t_{gj,out}$；航天器进出中继测控区 T 次，第 k 次进出中继覆盖区时间分别为 $t_{Tk,in}$、$t_{Tk,out}$。仿真初始时刻航天器已在某地面站（中继星）测控区时，对应的该次进站（中继区）时间为 0。

1. 活动定义

载人航天任务对测控支持的要求较高，有大量的进出地面站、进出中继区事件。航天器在不同的测控状态下进出地面站、进出中继区需要发送不同的指令，执行不同的具体动作。本书考虑的基本测控活动及要求如表9.2.3所列。

表 9.2.3　基本轨道测控活动类型及要求

编号	名称	标注	触发条件	附　加　条　件
201	TTC_IN_G	由地面进测控区	进站	不在地面测控区且不在中继测控区
201	TTC_IN_T	由中继进测控区	进中继区	不在地面测控区且不在中继测控区
203	TTC_OUT_G	由地面出测控区	出站	不在地面测控区且不在中继测控区
204	TTC_OUT_T	由中继出测控区	出中继区	不在地面测控区且不在中继测控区
205	STA_IN_T	中继区进地面站	进站	不在地面测控区且在中继测控区
206	STA_OUT_T	中继区出地面站	出站	不在地面测控区且在中继测控区
207	T_IN_G	地面测控区进中继	进中继区	在地面测控区且不在中继测控区
208	T_OUT_G	地面测控区出中继	出中继区	在地面测控区且不在中继测控区
209	STA_IN_G	地面测控区进站	进站	在地面测控区
210	STA_OUT_G	地面测控区出站	出站	在地面测控区

在表9.2.3中,触发条件为进站与进中继区,对应轨道仿真结果中的 $t_{gj,\text{in}}$ 与 $t_{Tk,\text{in}}$,其附加条件为对该事件发生之前航天器测控状态的要求;触发条件为出站与出中继区,对应轨道仿真结果中的 $t_{gj,\text{out}}$ 与 $t_{Tk,\text{out}}$,其附加条件为对该事件发生之后航天器测控状态的要求,其附加条件为对该事件发生之后航天器测控状态的要求。

2. 活动序列生成

为了使航天器在不同测控条件下发送正确的指令,执行正确的动作,本节设计以下离散事件仿真流程。

步骤1:将测控仿真结果中进站时间与出站时间配对,进中继区时间与出中继区时间配对,构成一系列轨道测控事件 TEV $[t_{\text{in}}(l),t_{\text{out}}(l),\text{na}(l)]$,其中 $t_{\text{in}}(l)=t_{gj,\text{in}}$ 、$t_{\text{out}}(l)=t_{gj,\text{out}}$ 且 $\text{na}(l)$ 为对应的地面站名,或者 $t_{\text{in}}(l)=t_{Tk,\text{in}}$ 、$t_{\text{out}}(l)=t_{Tk,\text{out}}$ 且 $\text{na}(l)$ 为对应的中继星名,L 为轨道测控事件总个数且 $1\leqslant l\leqslant L$ 。将 TEV 按照 $t_{\text{in}}(l)$ 从小到大排序,存入离散事件仿真中的待发事件表。

步骤2:定义状态变量 nInG、nInT,分别代表某时刻可以测控航天器的地面站个数与中级星个数。根据初始轨道条件对 nInG 与 nInT 置初值,离散事件仿真步置零:$q=0$,仿真时间置零:$t(q)=0$。如果待发事件中,存在 $t_{\text{in}}(l)\leqslant t(q)$ 且 $t_{\text{out}}(l)>t(q)$,则将该事件移入执行事件表。

步骤3:如果执行事件中存在某个 $t_{\text{in}}(l)=t(q)$,判断需要执行的活动。

➤ 如果该事件对应地面站,则触发条件"进站"满足;如果 nInG=0 且 nInT=0,

执行 TTC_IN_G;如果 nInG 且 nInT>0,执行 STA_IN_T;否则执行 STA_IN_G。

➤ 如果该事件对应中继星,则触发条件"进中继区"满足:如果 nInG = 0 且 nInT = 0,执行 TTC_IN_T;否则执行 T_IN_G。

步骤4:如果执行事件中存在某个 $t_{out}(l) = t(q)$,判断需要执行的活动。

➤ 如果该事件对应地面站,则触发条件"出站"满足:如果 nIng ≥ 2,执行 STA_OUT_G;如果 nInG = 1 且 nInT = 1,执行 STA_OUT_T;否则执行 TTC_OUT_G。

➤如果该事件对应中继星,则触发条件"出中继区"满足:如果 nInG ≥ 1 且 nInt = 1,执行 T_OUT_G;否则执行 TTC_OUT_G。

步骤5:根据步骤3中执行的活动,更新 nInG 与 nInT 的值;将该活动连同时间 $t(q)$ 一同存入活动序列。

步骤6:比较各执行事件的 $t_{out}(l)$,记其最小值为 $\min_q[t_{out}(l)]$;比较各待发事件的 $t_{in}(l)$,记录其最小值为 $\min_q[t_m(l)]$。下一步时间及本步仿真步长分别为

$$t(q + 1) = \min\{\min_q[t_{out}(l)], \min_q[t_{in}(l)]\} \tag{9.2.4}$$

$$step(q) = t(q + 1) - t(q) \tag{9.2.5}$$

步骤7:如果执行事件中,存在 $t_{out}(l) + step(q) < t(q + 1)$,则将该事件移入完成事件表;如果待发事件中,存在 $t_{in}(l) \leq t(q + 1)$,则将该事件移入执行事件表。

步骤8:如果执行事件表与待发事件表均为空,退出仿真;否则 $q = q + 1$,返回步骤3。

3. 算例分析

初始时刻的格林尼治世界协调时为 21Mar2010 12∶00∶00.000,航天器初始轨道要素为

$$E_{tar0} = (6714.2692km, 0, 42.4°, 98.765681°, 0°, 0°)。$$

仅考虑地球非球形摄动 J_2 项,忽略其他轨道摄动,仿真时间长度为4h。中继星定点经度为 70°,地面站参数如表 9.2.4 所列。

表 9.2.4 轨道测控活动生成地面站参数

测站名	纬度/(°)	经度/(°)	高度/km	最小仰角要求/(°)
测站1	30	−130	0	5
测站2	0	−100	0	5
测站3	−30	−50	0	5

（续）

测站名	纬度/(°)	经度/(°)	高度/km	最小仰角要求/(°)
测站 4	−30	50	0	5
测站 5	0	100	0	5
测站 6	30	120	0	5
测站 7	20	−110	0	5
测站 8	28	140	0	5

采用上小节给出的轨道测控活动序列的自动生成方法,获得的测控活动序列在表 9.2.5 中给出。

表 9.2.5　轨道测控活动序列

时间/s	设备名	活动名	时间/s	设备名	活动名
220.800	测站 5	STA_OUT_T	5054.022	测站 4	STA_OUT_T
372.264	测站 6	STA_IN_T	6058.434	测站 6	STA_IN_T
538.834	测站 8	STA_IN_G	6403.733	测站 8	STA_IN_G
726.921	测站 6	STA_OUT_G	6494.124	测站 6	STA_OUT_G
971.615	测站 8	STA_OUT_T	6648.212	测站 8	STA_OUT_T
1235.716	中继星	TTC_OUT_T	6976.646	中继星	TTC_OUT_T
1757.789	测站 1	TTC_IN_G	7567.086	测站 1	TTC_IN_G
2086.463	测站 7	STA_IN_G	7831.148	测站 1	TTC_OUT_G
2202.996	测站 1	STA_OUT_G	8221.651	测站 2	TTC_IN_G
2437.983	测站 2	STA_IN_G	8515.012	测站 2	TTC_OUT_G
2525.538	测站 7	STA_OUT_G	9135.584	测站 3	TTC_IN_G
2838.040	测站 2	TTC_OUT_G	9444.698	测站 3	TTC_OUT_G
3303.929	测站 3	TTC_IN_G	9533.854	中继星	TTC_IN_T
3743.861	测站 3	TTC_OUT_G	11896.829	测站 6	STA_IN_T
3792.111	中继星	TTC_IN_T	12193.949	测站 6	STA_OUT_T
4634.768	测站 4	STA_IN_T	12729.028	中继星	TTC_OUT_T

将表 9.2.5 结果中的各活动细化为指令,即可得到测控任务的飞行程序。

9.3　子系统合并任务的飞行程序编排

▲ 9.3.1　子系统合并任务

空间站的人员轮换和物资补给需要通过载人飞船与货运飞船对接来实现,

对接操作的主要目的是获得两个航天器结构上的刚性连接,然后两个航天器(空间站与载人或货运飞船)还需要执行一系列活动,以合并(组合)为一个航天器,然后作为一个组合航天器运行。

如图9.3.1所示,子系统合并任务主要包括三类活动。

第一类活动在舱外执行,主要用于关闭舱外的交会对接设备,如相对卫星导航设备、CCD(Charge-Coupled Devices)、电视摄像机、标志灯、照明灯、航天器间直接通信的天线、对接机构等。

第二类活动主要用于舱内航天员的转移,包括通道气密性检查、航天员通道打开、转移航天员、关闭航天员手动设备等。

第三类活动主要用于连接数据、电、推进剂、水与空气等,以合并两个航天器的子系统。

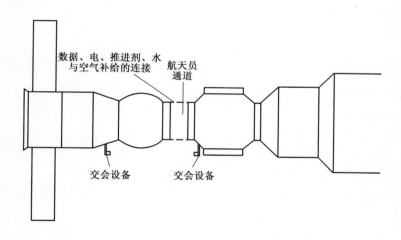

数据、电、推进剂、水
与空气补给的连接   航天员
通道

交会设备   交会设备

图 9.3.1 子系统合并任务

9.3.2 规划策略

从本质上讲,子系统合并任务规划的设计变量应该为各个动作的启动时间,然而直接以动作启动时间为设计变量难以满足不同动作间的执行顺序要求。不同动作间的执行顺序要求称为先验约束。将这里以动作的调度顺序及各活动的释放时间作为设计变量:

$$\boldsymbol{x} = (\mathrm{id}_1, \mathrm{id}_2, \cdots, \mathrm{id}_i, \cdots, \mathrm{id}_I; t_{r1}, t_{r2}, \cdots, t_{rl}, \cdots, t_{rL})^{\mathrm{T}} \qquad 1 \leqslant i \leqslant I; 1 \leqslant l \leqslant L$$

(9.3.1)

式中: id_i 为第 i 个调度的动作的身份编号; t_{rl} 为第 i 个动作的释放时间。

上述问题与车间调度问题有一些类似的地方[20]。在加工车间调度问题（Job-Shop Scheduling Problem, JSP）研究中，常将产品（对应活动）的调度顺序而不是各工序（对应动作）的开始时间作为设计变量，并得到广泛应用。这样做的目的是让每个产品加工过程内部的先验约束在调度过程中自动满足，这一特性也适用于对接子系统合并规划问题。

在 JSP 研究中，释放时间参数一般在优化计算前就已经确定，而不作为设计变量。另外，释放时间并不是对接子系统合并任务的必要参数，设计人员不能仅仅根据一个活动的目标就在规划前确定其释放时间参数。本节增加释放时间变量，是为了给调度过程增加一些松弛，以提供满足不同活动间先验约束的机会。在下一小节中，这一点将得到进一步解释。

1. 动作调度过程

对动作 ac_i，其子系统与父活动编号分别记为 sub_i 与 Far_i，其启动时间 S_i、执行时间 dur_i 与完成时间 C_i 的关系为

$$C_i = S_i + dur_i \qquad (9.3.2)$$

对动作 ac_i 的调度，主要工作是计算其最早允许启动时间，这个过程中需要考虑动作在子系统上的非间断执行要求与父活动 Far_i 的释放时间。令 $A_{is} = \{ac_{is1}, ac_{is2}, \cdots, ac_{isj}, \cdots, ac_{isJ_{is}}\}$ 为子系统 sub_i 上已经完成的动作集合，个数记为 J_{is}；令 $A_{ia} = \{ac_{ia1}, ac_{ia2}, \cdots, ac_{iak}, \cdots, ac_{iaK_{ia}}\}$ 为活动 Far_i 已经完成的动作集合，个数记录为 K_{ia}。S_{isj} 与 C_{isj} 分别为子系统 sub_i 上动作 ac_{isj} 的启动时间与完成时间，C_{iak} 为活动 Far_i 中动作 ac_{iak} 的完成时间。

首先，考虑活动的释放时间 t_{rFar_i} 与活动 Far_i 内部动作的执行顺序要求，动作 ac_i 的最早可能开始时间为

$$\begin{cases} S_i{}^* = t_{rFar_i} & SeqF_i = 1 \\ S_i{}^* = C_{iaK_{ia}} & SeqF_i > 1 \end{cases} \qquad (9.3.3)$$

式中：$SeqF_i$ 为动作 ac_i 在活动 Far_i 中的顺序号。

接着，在 A_{is} 中动作的开始时间集合 $\{0, \cdots, S_{isj}, \cdots, S_{isJ_{is}}\}$ 中搜索满足 $S_{isj} \geq S_i^*$ 的最小 S_{isj}，记为 S_{isj}^0。

然后，在 A_{is} 中动作开始时间与完成时间构成的区间集合 $\{[S_i{}^*, S_{isj}^0], \cdots [C_{isj}, S_{is(j+1)}], \cdots [C_{is(J_{is}-1)}, S_{isJ_{is}}], [C_{isJ_{is}}, \infty)\}$ 中搜索满足 $C_{isj} \leq S_{is(j+1)} - dur_i$ 的最小 C_{isj}，记为 C_{isj}^0。当 $S_i{}^* \leq S_{isj}^0 - dur_i$ 时，$C_{isj}^0 = S_i{}^*$。

因此，动作 ac_i 的最早可能开始时间为

$$S_i = C_{isj}^0 \qquad (9.3.4)$$

通过重复上述调度过程 I 次，可以完成所有动作的调度。

当各活动的释放时间不作为设计变量时，即 $t_{tl} = 0(1 \leqslant l \leqslant L)$ 时，仅通过各子系统内部的动作间的关系即可确定每个活动首个动作的启动时间。上述调度过程已经考虑了活动内部的先验约束，但由上述调度过程获得的最早启动时间可能导致一个活动的首动作总是在其属于另一个活动的先验动作前完成。因此，无论该动作的调度顺序是在其先验动作前还是后，都可能导致总是违背活动间的先验约束，这是一种调度过程的"锁死"。这里将活动释放时间作为设计变量，就是要提供机会打破这种引入 JSP 调度过程引起的"锁死"。

2. 离散事件仿真模型

给定设计变量的值后，根据上面的调度过程可以得到各动作的开始时间，然而任务的资源需求情况还需要采用一个独立的离散事件仿真过程来计算。本书仅考虑电功率的需求，令 pow_0 为初始电功率需求。下面给出离散事件仿真的基本流程。

对仿真的第 q 步，time_q 与 step_q 分别为该步的开始时间与推进步长，pow_q 为 time_q 处的电功率需求，$\mathbf{PA}_q \subseteq A$ 为已完成的动作集合，$\mathbf{NA}_q \subseteq A$ 为执行中的动作集合，$\mathbf{FA}_q \subseteq A$ 为还未启动的动作集合。每一个动作的开始与结束都是离散事件仿真的触发器，影响推进步长的计算。通过比较执行中动作的最早完成时间与还未启动动作的最早开始时间，可以计算下一步开始时间与该步的时间步长，即

$$\begin{cases} \text{time}_{q+1} = \min\{\min\{C_i \mid \text{id}_i \in \mathbf{NA}_q\}, \min\{S_i \mid \text{id}_i \in \mathbf{FA}_q\}\} \\ \text{step}_q = \text{time}_{q+1} - \text{time}_q \end{cases} \tag{9.3.5}$$

该步总电功率需求的计算需要考虑在 time_q 开始与结束的所有动作引起的变化，即

$$\text{pow}_q = \text{pow}_{q-1} + \sum \{pS_i \mid (\text{id}_i \in \mathbf{NA}_q \& S_i = \text{time}_q)\} +$$
$$\sum \{pS_i \mid (\text{id}_i \in \mathbf{PA}_q \& C_i = \text{time}_q)\} \tag{9.3.6}$$

完成上述计算后，将在 time_{q+1} 结束的动作由 $\mathbf{NA}_q$ 移动到 $\mathbf{PA}_q$，将在 time_{q+1} 开始的动作由 $\mathbf{FA}_q$ 移动到 $\mathbf{NA}_q$。

$q = q + 1$，重复上述过程直至完成所有的动作，记 Q 为总仿真步数。

3. 规划问题模型

设计目标为最小化总任务完成时间，有

$$\min f(x) = C_{\max} = \max_{i=1}^{I}(C_i) \tag{9.3.7}$$

每个活动内部的动作执行顺序要求已经在调度过程中体现，但属于不同活动的动作间的顺序要求，即先验约束，还需要处理。

令 $\mathbf{CA} \subset \mathbf{A}$ 为有属于不同活动的先验约束的动作集合，$\mathbf{DA} \subset \mathbf{A}$ 为相应的先验动作集合，这些先验约束可表示为

$$g_l(\mathbf{x}) = C_{\mathrm{ac}_{\mathrm{lda}}} - S_{\mathrm{ac}_{\mathrm{lca}}} \leqslant 0 \qquad 1 \leqslant l \leqslant L_{\mathrm{ca}} \tag{9.3.8}$$

式中：$\mathrm{ac}_{\mathrm{lca}} \in \mathbf{CA}$ 为有先验约束的动作；$\mathrm{ac}_{\mathrm{lda}} \in \mathbf{DA}$ 为 $\mathrm{ac}_{\mathrm{lca}}$ 的先验动作；$C_{\mathrm{ac}_{\mathrm{lda}}}$ 为 $\mathrm{ac}_{\mathrm{lca}}$ 的完成时间；$S_{\mathrm{ac}_{\mathrm{lca}}}$ 为 $\mathrm{ac}_{\mathrm{lda}}$ 的开始时间；L_{ca} 为不同活动间先验约束的动作对数。

采用罚函数法处理约束。

本节只阐述该问题的单目标优化求解，关于该问题的多目标优化求解可参见文献[1]。

4. 混合编码遗传算法

采用混合编码遗传算法求解上面构建的规划问题，染色体的基因由活动的 ID 与提交时间构成，即

$$x' = (\mathrm{ID}_1, \mathrm{ID}_2, \cdots, \mathrm{ID}_i, \cdots, \mathrm{ID}_I; t_{\mathrm{r}1}, t_{\mathrm{r}2}, \cdots, t_{\mathrm{r}j}, \cdots, t_{\mathrm{r}N_{\mathrm{a}}})^{\mathrm{T}} \qquad 1 \leqslant i \leqslant I; 1 \leqslant j \leqslant N_{\mathrm{a}}$$
$$\tag{9.3.9}$$

式中：N_{a} 为活动总数。一个活动的 ID 在染色体中出现的次数等于其包含动作的个数，在解码过程中，该 ID 的第 k 次出现被解释为其包含的第 k 次动作的 id。通过这样的编码解码过程，以及解码后动作的调度过程，每个活动内部的先验约束（执行顺序要求）将自动满足。这种编码方式称为基于工序的编码（Operation-Based Representation）。

适应度为一个大数减去目标函数值。采用的选择算子是锦标赛选择，同时在选择过程中采用精英策略，以避免丢失已经找到的好解。

对实数基因部分，采用算术交叉算子与非均匀变异算子。对整数基因部分 $x'' = (\mathrm{ID}_1, \mathrm{ID}_2, \cdots, \mathrm{ID}_i, \cdots, \mathrm{ID}_I)^{\mathrm{T}}$，采用 JSP 遗传算法中的部分交换交叉算子（Partial Exchanging Crossover）与两点交换变异算子[21-23]。

1）部分交换交叉算子

参与交叉操作的父个体为 $x''_{\mathrm{f}1}$ 与 $x''_{\mathrm{f}2}$，生成的子个体为 $x''_{\mathrm{c}1}$ 与 $x''_{\mathrm{c}2}$，部分交换交叉算子的基本步骤如下。

步骤1：随机找出 $N''_{\mathrm{a}} \in [1, N_{\mathrm{a}}]$ 个活动，集合记为 $\mathbf{Ax}_{\mathrm{unchanged}}$。

步骤2：在 $x''_{\mathrm{f}1}$ 与 $x''_{\mathrm{f}2}$ 中搜索对应活动属于 $\mathbf{Ax}_{\mathrm{unchanged}}$ 的基因，这些基因的位置分别记为 $\mathbf{K}_1^-$ 与 $\mathbf{K}_2^-$，$x''_{\mathrm{f}1}$ 与 $x''_{\mathrm{f}2}$ 中剩余位置分别记录为数组 $\bar{\mathbf{K}}_1^-$ 与 $\bar{\mathbf{K}}_2^-$。

步骤3：将 $x''_{\mathrm{f}1}$ 中位置 $\mathbf{K}_1$ 上的基因直接复制到 $x''_{\mathrm{c}1}$ 中位置 $\mathbf{K}_1$ 上，将 $x''_{\mathrm{f}2}$ 中位置 $\mathbf{K}_2$ 上的基因直接复制到 $x''_{\mathrm{c}2}$ 中 $\mathbf{K}_2$ 位置上。

步骤4：将 $x''_{\mathrm{f}1}$ 中不属于 $\mathbf{Ax}_{\mathrm{unchanged}}$ 的基因依序复制到 $x''_{\mathrm{c}2}$ 的空余位置 $\bar{\mathbf{K}}_2^-$ 上，

将 x''_{f2} 中不属于 $Ax_{unchanged}$ 的基因依序复制到 x''_{c1} 的空余位置 K_1^- 上。

2）两点交换变异算子

随机找出父个体 $x''_f = (ID_1, ID_2, \cdots, ID_i, \cdots, ID_j, \cdots, ID_I)^T$ 中值不相等的两个基因 ID_i 与 ID_j（$ID_i \neq ID_j$），交换两者的值获得子个体 $x''_m = (ID_1, ID_2, \cdots, ID_j, \cdots, ID_i, \cdots, ID_I)^T$。

9.3.3 算例分析

1. 问题配置

表 9.3.1 给出了采用的混合遗传算法的参数,表 9.3.2 和表 9.3.3 分别给出了航天器合并过程中涉及的动作集合与活动集合,活动内动作间执行顺序由正体列表给出,而活动间动作的先验关系由先验动作编号给出。离散事件仿真的最小时间步长为 0.05。算例中时间、功率等均采用了无量纲化处理。

表 9.3.1 子系统合并任务规划混合遗传算法参数

参数名	参数值	参数名	参数值
种群规模	400	整数变异概率	0.4
最大进化代数	400	实数交叉概率	0.7
锦标赛选择规模	3	实数变异概率	0.3
整数交叉概率	0.8		

2. 最短完成时间解

根据提出的混合求解策略可以获得最短完成时间解。获得的最短任务完成时间为 72,相应的最大电功率需求为 310.6,各活动的释放时间为(2.90, 29.35, 1.25, 0.00, 28.55, 32.30, 5.15, 0.00, 11.50, 37.00, 62.50, 5.45, 0.05, 29.85, 29.400, 32.40)。

动作调度顺序为(17, 3, 29, 19, 75, 70, 23, 13, 11, 59, 76, 15, 21, 31, 79, 48, 71, 5, 68, 51, 9, 80, 1, 18, 77, 7, 34, 25, 66, 74, 52, 53, 37, 38, 43, 64, 72, 62, 46, 33, 73, 56, 22, 69, 50, 39, 78, 60, 49, 57, 35, 27, 58, 16, 55, 40, 32, 65, 2, 26, 20, 36, 67, 47, 10, 41, 42, 12, 14, 45, 63, 30, 44, 54, 28, 4, 8, 61, 6, 24)。

表9.3.2 子系统合并任务规划动作集合

子系统	动作编号	持续时间	动作开始对功率的影响	动作结束对功率的影响	先验动作编号	动作编号	持续时间	动作开始对功率的影响	动作结束对功率的影响	先验动作编号
命令与数据处理（sub=1）	1	1.0	0.1	-0.1	—	18	0.5	0.1	-0.1	—
	2	0.5	0.1	-0.1	—	19	1.0	0.1	-0.1	18
	3	1.0	0.1	-0.1	—	20	0.5	0.1	-0.1	—
	4	0.5	0.1	-0.1	—	21	1.0	0.1	-0.1	20
	5	1.0	0.1	-0.1	—	22	0.5	0.1	-0.1	—
	6	0.5	0.1	-0.1	—	23	1.0	0.1	-0.1	—
	7	1.0	0.1	-0.1	—	24	0.5	0.1	-0.1	—
	8	0.5	0.1	-0.1	—	25	1.0	0.1	-0.1	—
	9	1.0	0.1	-0.1	—	26	0.5	0.1	-0.1	—
	10	0.5	0.1	-0.1	—	27	1.0	0.1	-0.1	26
	11	1.0	0.1	-0.1	26	28	0.5	0.1	-0.1	—
	12	0.5	0.1	-0.1	—	29	1.0	0.1	-0.1	26
	13	1.0	0.1	-0.1	—	30	0.5	0.1	-0.1	—
	14	0.5	0.1	-0.1	—	31	1.0	0.1	-0.1	26
	15	1.0	0.1	-0.1	—	32	0.5	0.1	-0.1	—
	16	0.5	0.1	-0.1	—	33	10.0	5.0	-6.0	—
	17	1.0	0.1	-0.1	16					
制导导航与控制（sub=2）	34	2.0	2.0	-4.0	—	39	3.0	2.0	-2.0	—
	35	3.0	2.0	-5.0	—	40	3.0	2.0	-2.0	—
	36	4.0	2.0	-6.0	—	41	5.0	5.0	-5.0	—
	37	1.0	0.5	-1.0	—	42	5.0	5.0	-8.0	—
	38	1.0	0.5	-1.0	—					
能源（sub=3）	43	2.0	1.0	-6.0	—	50	5.0	3.0	-30.0	—
	44	2.0	1.0	-8.0	—	51	2.0	1.0	-5.0	—
	45	2.0	1.0	-15.	—	52	2.0	1.0	-5.0	—
	46	2.0	1.0	-4.0	—	53	4.0	4.0	-4.0	—
	47	2.0	1.0	-6.0	—	54	4.0	4.0	-4.0	—
	48	2.0	1.0	-12.	—	55	2.0	2.0	-20.0	—
	49	2.0	1.0	-12.	—					

（续）

子系统	动作编号	持续时间	动作开始对功率的影响	动作结束对功率的影响	先验动作编号	动作编号	持续时间	动作开始对功率的影响	动作结束对功率的影响	先验动作编号
环热控制（sub=4）	56	10.	5.0	−5.0	—	58	6.0	1.0	−4.0	—
	57	6.0	1.0	−4.0	—					
通信（sub=5）	59	3.0	1.0	−3.0	—	63	1.0	1.0	−1.0	—
	60	3.0	1.0	−3.0	—	64	3.0	1.0	−3.0	—
	61	1.0	1.0	−1.0	—	65	1.0	1.0	−1.0	—
	62	1.0	1.0	−1.0	—					
结构机构（sub=6）	66	5.0	2.0	−3.0	—	71	3.0	2.0	−2.0	—
	67	5.0	2.0	−3.0	—	72	5.0	2.0	−3.0	—
	68	7.0	2.0	−5.0	—	73	3.0	2.0	−2.0	—
	69	7.0	2.0	−5.0	—	74	3.0	2.0	−2.0	—
	70	3.0	2.0	−2.0	—					
载荷（sub=7）	75	8.0	1.0	−1.0	—	78	11.0	2.0	−2.0	—
	76	10.0	1.0	−1.0	—	79	2.0	1.0	−1.0	—
	77	7.0	0.1	−0.1	—	80	2.0	1.0	−1.0	—

表 9.3.3　子系统合并任务规划活动集合

编号	名称	释放时间	动作个数	动作列表	标注
1	GPS_CL	0	4	(1,34,43,2)	关闭卫星相对导航
2	CCD_CL	0	4	(3,35,44, 4)	关闭 CCD
3	TV_CL	0	4	(5,36,45, 6)	关闭电视摄像机
4	LAMP_CL_S	0	4	(7,37,46, 8)	关闭信号灯
5	LAMP_CL_I	0	4	(9,38,47,10)	关闭舱外照明灯
6	ANT_CL_R	20	8	(11,59,48,66,60,49,67,12)	关闭天—天通信天线
7	DOCKM_CL	30	6	(13,68,69,50,14,61)	关闭对接机构
8	PASS_V	0	3	(15,56,16)	检查航天员通道气密性
9	PASS_O	10	7	(17,75,70,76,71,18,62)	打开航天员通道
10	CREWD_T	40	7	(19,77,39,78,40,20,63)	转移航天员及舱内货物
11	CREWD_CL	70	6	(21,79,51,80,52,22)	关闭航天员交会对接手动设备
12	POWER_IC	20	5	(23,53,73,54,24)	集成两航天电源供应

（续）

编号	名称	释放时间	动作个数	动作列表	标注
13	BUS_IC	0	4	(25,74,33,26)	并网两航天器总线
14	GNC_IC	10	4	(27,41,42,28)	集成两航天器GNC
15	EN_T_IC	50	4	(29,57,58,30)	集成两航天器换热控制
16	COM_IC	10	6	(31,64,72,55,32,65)	集成两航天器天地通信

表 9.3.4 给出了最短任务完成时间解的每个活动中子动作的启动时间,根据表 9.3.4 与表 9.3.2 很容易验证该解满足约束式(9.3.8),即满足了不同活动间的先验约束。

表 9.3.4 子系统合并任务规划最短完成时间解的动作启动时间

活动编号	活动子动作启动时间							
	1	2	3	4	5	6	7	8
1	2.90	3.90	10.45	12.50				
2	29.35	30.35	40.30	42.30				
3	1.25	6.90	14.45	16.45				
4	3.90	5.90	12.45	14.45				
5	34.30	35.30	38.30	40.30				
6	32.30	33.30	36.30	38.30	43.30	46.30	48.30	53.30
7	6.45	7.45	23.50	30.50	38.00	40.30		
8	0.00	1.00	11.00					
9	11.50	12.50	20.50	23.50	33.50	36.50	39.30	
10	37.00	38.00	45.00	48.00	59.00	62.00	62.50	
11	62.50	63.50	65.50	67.50	69.50	71.50		
12	5.45	6.45	17.45	20.45	27.95			
13	7.45	14.45	17.45	27.45				
14	35.30	36.30	48.00	53.80				
15	30.35	31.35	37.35	43.35				
16	33.30	36.30	43.30	48.30	50.30	50.80		

图 9.3.2 给出了最短任务完成时间解的电功率需求变化过程,并分别从子系统与活动两个角度给出了执行甘特(Gantt)图。

根据表 9.3.4 将每个子动作与对应的指令进行匹配即可得到子系统合并任

务的飞行程序,这里不再赘述。

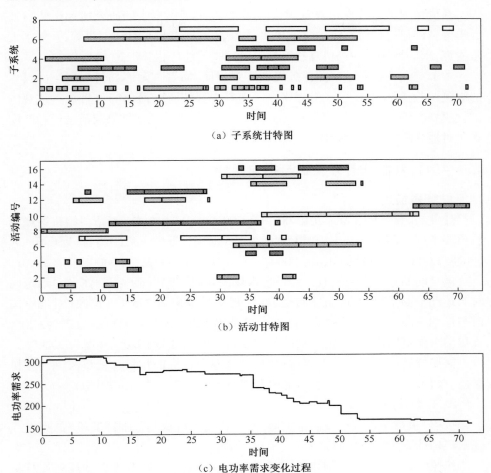

（a）子系统甘特图

（b）活动甘特图

（c）电功率需求变化过程

图 9.3.2　子系统合并任务规划最短完成时间解的执行甘特图与电功率需求

9.4　空间站对地观测试验飞行程序编排

在空间站上装配对地观测相机等敏感器,如同一般对地观测卫星一样,可开展对地观测试验。在对地观测方面,空间站作为观测平台的特点主要体现在两方面:一方面,空间站可以提供更大的平台、更多的能源,而且可以不断补给、维修、升级敏感器;另一方面,作为大质量航天器,空间站难以根据对地观测任务需求进行频繁的姿态、轨道机动。

在成像卫星任务规划方面,中国电子科技集团第五十四研究所和国防科技大学等,针对点目标与区域目标、单星与多星、一般卫星与灵巧卫星等,开展了大量研究,求解算法分为经典算法、启发式算法、智能优化算法三大类[24]。

本节重点不在对地观测任务规划宏观层面,而着重阐述如何规划一次具体的观测试验,编排对应的飞行程序。下面首先介绍一个简单的点目标对地观测试验规划案例,然后定义相应的活动模板,最后将试验规划结果与活动模板匹配生成对地观测试验飞行程序。

◣ 9.4.1　观测任务开关机与指向规划

1. 问题描述

任务初始时刻 13 Mar 2017 00:00:00.000(UTCG),空间站初始轨道经典轨道要素(半场轴、偏心率、轨道倾角、升交点赤经、近拱点角距离、真近点角)为(6678.137km,0.00000000,40.0000°,35.0000°,0.0000°,0.0000°)。

设空间站正下方安装有一台矩形视场的相机,参数如下:距离向(对地定向时与运动平面垂直的方向,左右摆方向)视场半锥角为 2.5°,方位向(对地定向时与运动方向一致,前后摆方向)视场半锥角为 2.0°;距离向可摆范围为 ±20°,方位向可摆范围为 ±5°。需要观测的地面目标的经度为 10.0°,纬度为 20.0°。

需要规划计算 0.5 天内,空间站观测该地面目标的相机开关机时刻与相机指向。轨道计算采用二体模型,地球考虑为半径 6378.137 km 的圆球。

2. 规划策略

按照"目标一进入可观测范围即开机,一脱离可观测范围即关机"的启发式规则规划计算相机开机时刻 t_{open}、关机时刻 t_{close}。

按照"开关机中心时刻相机视场中心指向目标"的启发式规则规划计算试验过程中相机距离向摆角 β_{FOV}。

按照"开关机过程中相机视场中心尽量保持指向目标"的启发式规则规划计算开机时方位向摆角 α_{FOV_open}、关机时方位向摆角 α_{FOV_close}。

根据开关机时刻、相机摆角参数、相机视场参数等计算目标附近的有效成像区域。

3. 规划结果

根据上述启发式求解策略,可计算得空间站在 0.5 天的时间范围内对目标有一次观测机会,对应的相机开关机时刻分别为

t_{open} = 2234.770 s = 13 Mar 2017 00:37:14.770(UTCG),

t_{close} = 2242.314 s = 13 Mar 2017 00:37:22.314(UTCG)。

相机指向参数为

$$\beta_{FOV} = -7.088377° = -0.123716 \text{ rad} ,$$

$$\alpha_{FOV\_open} = 5.000000° = 0.087266 \text{ rad} ,$$

$$\alpha_{FOV\_close} = -5.000000° = -0.087266 \text{ rad} 。$$

其中,方位向摆角匀速转动速率为 $\dot{\alpha}_{FOV} = -1.325638°(-0.023137 \text{ rad/s})$。

对应的目标附近有效成像区域边界点(经度,纬度)为

$(10.007894°,19.846496°)$, $(10.157498°,20.043796°)$,

$(9.993194°,20.155068°)$, $(9.843788°,19.957540°)$ 。

9.4.2 试验活动定义

对地观测试验活动主要关联动作(指令)如表 9.4.1 所列,为了简明地介绍方法,忽略了能量准备、数传、数据处理、数据存储等操作。

表 9.4.1 空间站对地观测试验活动定义

编号	名称	标注	时间基准	相对时/s	参数名
301	CIO_ON	综合接口单元加电	t_{open}	−216	—
302	CAM_ME_ON	相机伺服机构加电	t_{open}	−214	—
303	CAM_MA_ON	相机管理控制器加电	t_{open}	−212	—
304	CAM_ANG_B	置相机距离指向	t_{open}	−210	β_{FOV}
305	CAM_ANG_A	置相机方位指向	t_{open}	−110	α_{FOV_open}
306	CAM_ANG_Ad	置相机方位指向变率	t_{open}	−10	$\dot{\alpha}_{FOV}$
307	CAM_ON	相机成像开	t_{open}	0	t_{open}
308	CAM_CLOSE	相机成像关	t_{close}	0	t_{close}
309	CAM_ANG_Z	相机指向归零	t_{close}	2	—
311	CAM_ MA _C	相机管理控制器加电	t_{close}	202	—
312	CAM_ME_CLOSE	相机伺服机构断电	t_{close}	204	—
313	CIO_CLOSE	综合接口单元断电	t_{close}	206	—

9.4.3 飞行程序生成

将 9.4.2 小节定义的活动模板与 9.4.1 小节规划获得的相机开机时刻、相机关机时刻、距离向摆角、开机方位向摆角、方位向摆角变化率等参数按规则进行匹配,即可得到表 9.4.2 所列的对地观测试验飞行程序。

表 9.4.2　空间站对地观测试验飞行程序

（2017 年 3 月 13 日）	编号	名称	标注	参数值
00：33：38. 770	301	CIO_ON	综合接口单元加电	—
00：33：40. 770	302	CAM_ME_ON	相机伺服机构加电	—
00：33：42. 77	303	CAM_MA_ON	相机管理控制器加电	—
00：33：44. 770	304	CAM_ANG_B	置相机距离指向	−0. 123716
00：35：24. 770	305	CAM_ANG_A	置相机方位指向	0. 087266
00：37：04. 770	306	CAM_ANG_Ad	置相机方位指向变率	−0. 023137
00：37：14. 770	307	CAM_ON	相机成像开	—
00：37：22. 314	308	CAM_CLOSE	相机成像关	—
00：37：24. 314	309	CAM_ANG_Z	相机指向归零	—
00：40：44. 314	311	CAM_ MA _C	相机管理控制器加电	—
00：40：46. 314	312	CAM_ME_CLOSE	相机伺服机构断电	—
00：40：48. 314	313	CIO_CLOSE	综合接口单元断电	—

参考文献

[1] Zhang J,Luo Y Z,Tang G J. Hybrid Multi−objective Optimisation for Concurrent Activities Consolidating Two Docked Spacecraft [J]. International Journal of Systems Science,2015,46(16):2905−2917.

[2] Zhang J,Tang G J,Lin K P,et al. A Command Sequencing Assistant Tool for Spacecraft Rendezvous and Docking Plan Design[C]. 62th International Astronautical Congress,Cape Town,2012.

[3] Brooks Jr R N. The Evolution of the Voyager Mission Sequence Software and Trends for Future Mission Sequence Software Systems[C]. AIAA 26th Aerospace Sciences Meeting,Reno,1988.

[4] Kortenkamp D,Bonasso R P,Schreckenghost D. A Procedure Representation Language for Human Spaceflight Operations[C]. The 9th International Symposium on Artificial Intelligence, Robotics and Automation for Space (i−SAIRAS−08),Hollywood,2008.

[5] O'Rourke S,Walker S R,Dunham S. Rendezvous,STS−125/STS−400,Space Shuttle Program Flight Data File[R]. Houston:Johnson Space Center,2008.

[6] Schreckenghost D,Bonasso R P,Kortenkamp D,et al. Adjustable Autonomy with NASA Procedures[C]. The 9th International Symposium on Artificial Intelligence,Robotics and Automation in Space (i−SAIRAS−08), Hollywood,2008.

[7] Dobuzhskaya M. Timeliner Integrated Development Environment[D]. Massachusetts:Massachusetts Institute of Technology,2005.

[8] Clement B J,Barreiro J,Iatauro M J,et al. Spatial Planning for International Space Station Crew Operations

［C］. Proceedings of the International Symposium on Artificial Intelligence, Robotics and Automation in Space,2010.

［9］ Smith E, Korsmeyer D. Intelligent Systems Technologies for Ops［C］. SpaceOps 2012 Conference Stockholm,2012.

［10］ Smith EE,Korsmeyer D J,Hall V. Exploration Technologies for Operations［C］. SpaceOps 2014 Conference, Pasadena,2014.

［11］ 席政,朱民才,周彬. 载人航天飞控计划的概念体系[J]. 载人航天,2001,7(3):42-48.

［12］ 席政. 载人航天飞行控制计划的自动生成[J]. 载人航天,1998,4(1):36-40.

［13］ 席露华,周彬,朱华. 基于专家系统的飞控计划自动生成中的冲突消解[J]. 飞行器测控学报,2003, 22(4):22-25.

［14］ 洪春辉,梁爽,唐歌实. 飞行试验任务的计划工作模式研究[C]//飞行力学与飞行试验(2006)学术交流年会论文集,中国航空学会,2006.

［15］ 周彬,席政,孙军. 航天任务计划工作模式研究[J]. 飞行器测控学报,2006,25(1):15-19.

［16］ 席政. 人工智能在航天飞行任务规划中的应用研究[J]. 航空学报,2007,28(4):791-795.

［17］ 韩威华. 航天任务计划工作模式的改进研究[J]. 载人航天,2008,14(3):31-34.

［18］ 邹佩,刘成军. 测控计划的冲突检测与自动修正[J]. 载人航天,2010,16(2):26-30.

［19］ 李剑,邹雪梅,王成. 空间站运行控制任务规划体系方案研究[J]. 载人航天,2019,25(1):64-70.

［20］ Biefeld E W,Cooper L P. Comparison of Mission and Job Shop Scheduling[C]. Proceeding of 3rd International Conference on Expert Systems and the Leading Edge in Production and Operations Management,South Carolina,1989.

［21］ Bagchi T P. Multiobjective Scheduling by Genetic Algorithms［M］. Dordrecht: Kluwer Academic Publishers,1999.

［22］ Gen M,Tsujimura Y,Kubota E. Solving Job-Shop Scheduling Problems by Genetic Algorithm［C］. IEEE International Conference on Systems,Man,and Cybernetics,San Antonio,1994.

［23］ 李春廷. 基于遗传算法的作业车间调度问题研究[D]. 秦皇岛:燕山大学,2007.

［24］ 邢立宁. 演化学习型智能优化方法及其应用研究[M]. 长沙:国防科学技术大学出版社,2015.

内 容 简 介

本书以我国载人空间站工程为背景,对空间站运营任务规划相关理论、方法及应用等问题进行了系统阐述。全书共分9章,主要分5个方面内容。第一方面阐述了空间站运营总体层、任务层及执行层3层规划概念框架和该领域技术发展现状;第二方面是空间站飞行动力学规划技术,包括空间站多阶段飞行轨道方案规划方法和大角度姿态机动路径规划方法;第三方面是总体层规划技术,包括后勤补给总量分配规划方法和长期任务与补给详单统筹规划方法;第四方面是任务层规划技术,包括在轨任务的快速启发式规划方法和全局优化并行规划方法;第五方面是执行层规划技术,包括短期任务鲁棒规划与重规划方法和飞行程序编排方法。

本书系统阐述了空间站运营任务规划的问题建模、求解理论、算法模型等内容,是国内第一部系统论述空间站运营任务规划研究的专著,在我国空间站后续运营中具有重要的推广价值。本书可供从事航天任务设计与运营的工程技术人员和研究人员参考,也可作为高等院校飞行器设计及相关专业研究生的参考教材。

With the background of the Chinese space station engineering, this book systematically introduces the theories, methods and applications of space station operation mission planning. The main content contains five aspects. The first aspect describes the concept framework of the space station operation mission multi-level planning and the related technology development. The second aspect is the space station flight dynamics mission planning, including trajectory maneuver mission planning and large-angle attitude maneuver mission planning. The third aspect is the overall planning, including the logistics supply and allocation scheme planning and the mission and supply inventory overall planning. The fourth aspect is the increment planning, including heuristic planning and parallel planning. The fifth aspect is the execution planning, including short-term mission robust planning and re-planning and flight procedure arrangement.

This book covers modeling method, solution theory and optimization algorithm in related to space station operation planning with full and detailed content. It is the first Chinese monograph to systematically discuss the space station operation planning technology and has important promotion value in the future Chinese space station operation mission. This monograph is a good reference book for the engineers, researchers that are engaged in the design and operation of the space mission. It is also valuable to be taken as a reference for the teaching of postgraduate aerospace courses.

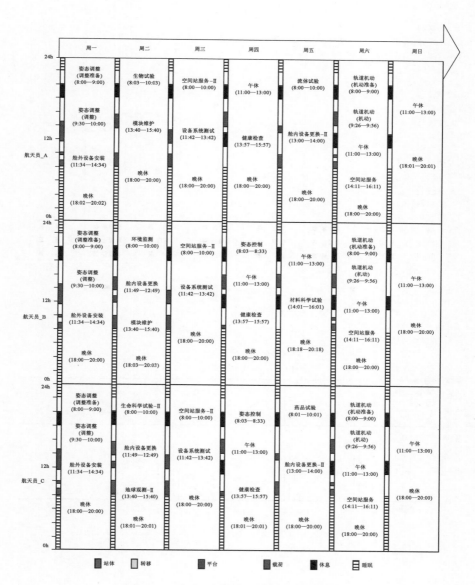

图 8.2.3 航天员在轨操作计划(鲁棒规划)

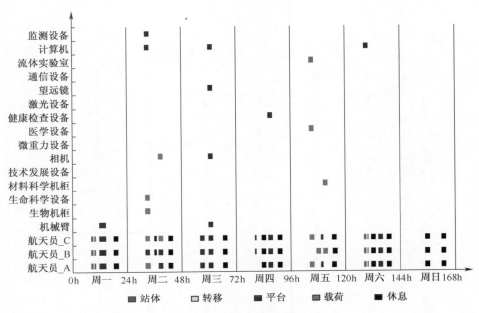

图 8.2.4　设备调度甘特图(鲁棒规划)

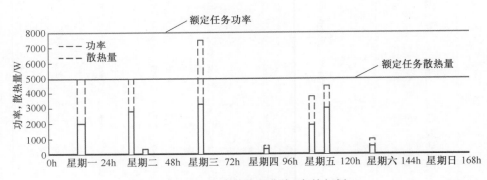

图 8.2.5　功率和散热量曲线(鲁棒规划)

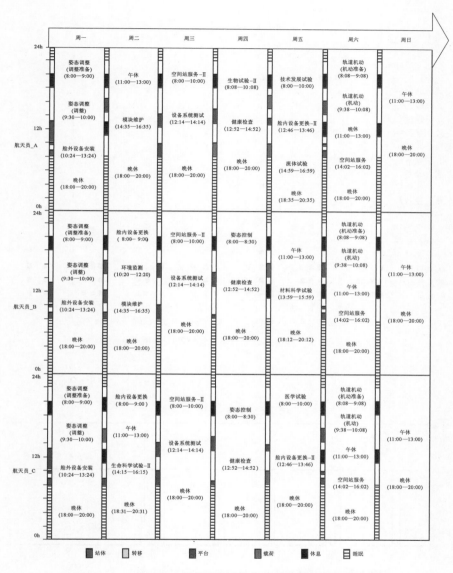

图 8.3.11　航天员在轨操作计划(考虑约束传播的鲁棒规划)

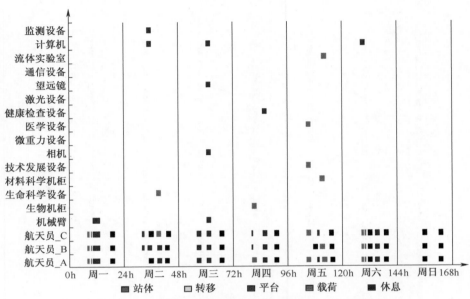

图 8.3.12   设备调度甘特图(考虑约束传播的鲁棒规划)

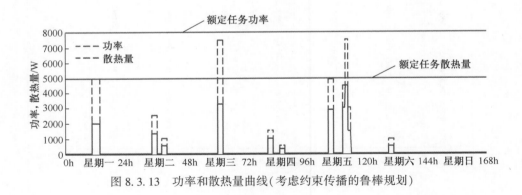

图 8.3.13   功率和散热量曲线(考虑约束传播的鲁棒规划)

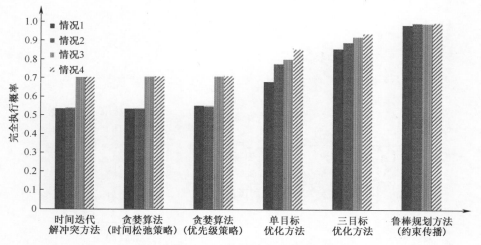

图 8.3.14　不同航天员属性参数下方案完全执行概率指标计算结果对比

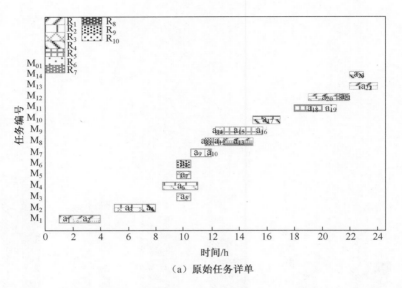

（a）原始任务详单

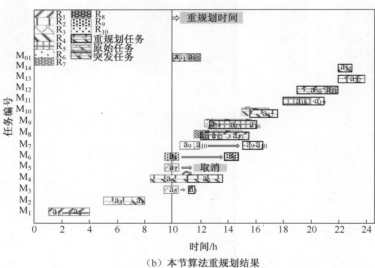

（b）本节算法重规划结果